Oliver Hoffmann

Die Ökonomie der Erinnerung

Innere Austauschprozesse als Weg zu mentaler Effizienz

Nomos

Das Coverbild wurde mit Hilfe von KI (DALL-E) erstellt.

Die Deutsche Nationalbibliothek verzeichnet diese Publikation in der Deutschen Nationalbibliografie; detaillierte bibliografische Daten sind im Internet über http://dnb.d-nb.de abrufbar.

ISBN 978-3-7560-1935-9 (Print)

ISBN 978-3-7489-4826-1 (ePDF)

Onlineversion
Nomos eLibrary

1. Auflage 2024

Inhaltsverzeichnis

Abbildungsverzeichnis

Tabellenverzeichnis

Prolog I – Gedanken zur „Ökonomie der Erinnerung"

„Es gibt nicht zwei Augenblicke bei einem lebenden Wesen, die einander identisch wären. Man nehme das einfachste Gefühl und nehme an, es sei konstant und absorbiere die ganze Persönlichkeit: das Bewusstsein, das dieses Gefühl begleitet, kann nicht zwei aufeinander folgende Augenblicke hindurch identisch bleiben, da der folgende Augenblick immer gegenüber dem vorhergehenden noch die Erinnerung enthält, die jener zurückgelassen hat."[1]

Erkenntnis ist der entscheidende Eckpfeiler des menschlichen Seins – sei sie nach außen (was sie in der liberalistisch-kapitalistischen Moderne meistens ist) oder eben nach innen gerichtet. Praktisch jede philosophische, naturwissenschaftliche oder spirituelle Denkschule speist sich aus Erkenntnis; Erkenntnis ist der Weg nach außen hin, in die Welt hinein.

Das alles als nette Kalendersprüche oder realitätsferne Lehrsätze abzutun, wäre absurd, gerade weil moderne Psychologie und Neurowissenschaften ebenfalls darauf hinauslaufen, dass alle Erkenntnis aus dem Selbst heraus kommen muss, um effektiv wirken zu können.[2] Die wirklich große Herausforderung im Leben ist die Erforschung seines ICHs sowie die Erlangung von Erkenntnis über seine innere Welt (schlicht und ergreifend alleine schon wegen der schieren Größe des Innen). Hier liegt sowohl die Wurzel als auch die Lösung aller Probleme, die uns im Leben ereilen – es gibt nur wenige Dinge, die der Geist nicht selbst in sich lösen könnte.[3] Um diese einfache Tatsache dreht sich das vorgestellte Konzept in diesem Buch.

Der Titel dieses Buchs mag zunächst verwirren. Denn die meisten Menschen tun sich zunächst schwer damit, die in der äußeren Welt so unan-

1 Bergson (1948), S. 186.
2 Vgl. Freire(2022), S. 365f.
3 Vgl. Roth (2010), S. 5–18.

gefochten und unhinterfragt herrschenden Prinzipien der Ökonomie[4] auf das, was sie als „Innen“ bezeichnen – also dem schwammigen, meist diffusen Bereich ihrer Psyche, ihres Geistes oder ihres Denkens – zu übertragen. Das ist allein schon ein fehlerhafter Gedanke aus dem einfachen Grund, da mitnichten die äußere Welt auf die innere Welt übertragen werden soll – vielmehr ist alles Äußere in seiner Interpretation ein Produkt unseres Geistes, genauer unserer *Erinnerungen* und Vorstellungen (welche auch wieder Suggestionen von Erinnerungen sind).[5]

Dazu kommt der Umstand, dass das Wort Ökonomie[6] im Alltag nicht sehr präzise verwendet wird, denn im Kern bezeichnet es die rationale, sprich die vernünftige und zweckmäßige Verwendung von etwas.[7] Und dass Erinnerungen – wie intuitiv begriffen werden kann, aber noch ausführlicher dargestellt werden wird – das Gerüst bilden, aus dem sich alles, was wir als existent betrachten, aufspannt, können sie als wertvolle und

---

4 Die Prinzipien der Ökonomie beziehen sich auf grundlegende Konzepte und Regeln, die die wirtschaftlichen Aktivitäten und Entscheidungen von Einzelpersonen, Unternehmen und Regierungen leiten. Diese Prinzipien bilden das Fundament der Wirtschaftswissenschaften und dienen als Grundlage für die Analyse sämtlicher sozioökonomischer Prozesse; Wirtschaften wird zur anthropologischen Konstante. Hier sind einige der zentralen Prinzipien der Ökonomie, welche für die Belange der «inneren Ökonomie» besonders von Belang sind:
Knappheit: Dieses Prinzip besagt, dass Ressourcen begrenzt sind. Da die Bedürfnisse und Wünsche der Individuen unbegrenzt sind, müssen Gesellschaften wie Individuen entscheiden, wie sie begrenzte Ressourcen optimal nutzen.
Kosten-Nutzen-Analyse: Individuen und Organisationen treffen Entscheidungen, indem sie die Kosten und Nutzen abwägen. Sie versuchen, ihre Ressourcen so zu verteilen, dass sie den größten Nutzen aus ihren Investitionen ziehen.
Anreize: Menschen reagieren auf Anreize. Änderungen in Anreizstrukturen beeinflussen das Verhalten umfassend.
Wettbewerb: Der Wettbewerb zwischen Entitäten fördert Effizienz und Innovation.
Spezialisierung: Die Aufteilung von Aufgaben und Spezialisierung ermöglichen es Entitäten, Prozesse effizienter zu gestalten.
Rationalität: Die meisten ökonomischen Modelle gehen von der Rationalitätsannahme aus, wonach Individuen vernünftige Entscheidungen treffen, um ihre eigenen Interessen zu maximieren.
Dynamische zeitliche Präferenzstrukturen: Individuen haben zeitliche Präferenzen, was bedeutet, dass sie den Wert von Ressourcen und Nutzen in der Zukunft im Vergleich zur Gegenwart bewerten.
Vgl. dazu auch Blum / Dudley / Leibbrand / Weiske (2015), S. 59ff. und Fehr/Schwarz (2002), S. 11–27 und S. 49ff. sowie Leibbrand (1998), S. 299–301.

5 Vgl. auch Benoit (2019), S. 23–27.

6 Aus dem Altgriechischen οἶκος *oĩkos* «Haus» und νόμος *nómos* «Gesetz» zusammengesetzt.

7 Vgl. Blum / Dudley / Leibbrand / Weiske (2015), S. 43.

weitreichende Ressource angesehen werden. Auf diese „Bausteinen unseres Denkens" wird später noch einzugehen sein – mit weitreichenden Konsequenzen und Möglichkeiten für den Geist, das Fühlen und das eigene ICH (oder unser Bild davon).

In diesem universellen Sinne sind Erinnerungen ökonomisch wertvoll – man könnte sogar sagen, sie sind die einzigen Dinge (so meta-real sie auch sein mögen), die irgendeinen Wert haben.[8] Und sie sind wertvoll für jede individuelle Erkenntnis und die grundlegende geistige Gesundheit; beides wiederum sehr wertvolle Güter, besonders in modernen, ungesunden Zeiten.[9]

Die Beschäftigung mit Erinnerungen ist der ideale Ausgangspunkt für die Entwicklung und Erforschung des Denkens, der Selbstwerdung[10] sowie der fundamentalen Erkenntnis der Wirklichkeit – vermutlich sogar der ein-

---

8 Ein grundlegendes Verständnis der ökonomischen Bedeutung von Erinnerungen beruht auf ihrer Rolle bei der Schaffung und dem Erhalt von sozialem Kapital. Soziales Kapital bezieht sich auf die Netzwerke, Beziehungen und Normen, die in einer Gesellschaft existieren und zur sozialen Zusammenarbeit beitragen. Erinnerungen können als Bindeglied fungieren, das soziales Kapital stärkt, indem sie gemeinsame Erfahrungen, Traditionen und kulturelle Identitäten bewahren. In Gemeinschaften und Gesellschaften, in denen Erinnerungen aktiv kultiviert und geteilt werden, können sie den Zusammenhalt fördern und soziale Bindungen verstärken.
In der kapitalistischen Marktökonomie liegt die ökonomische Bedeutung von Erinnerungen desweiteren in ihrer Rolle als Treiber für Konsumverhalten und Markenbindung. Unternehmen haben erkannt, dass Emotionen und Erinnerungen oft stärkere Kaufanreize bieten als rationale Überlegungen. Durch gezielte Werbung und Marketingstrategien versuchen Unternehmen, positive Erinnerungen mit ihren Produkten oder Dienstleistungen zu verknüpfen, um Kundenloyalität aufzubauen und Umsätze zu steigern sowie in ihrem Potenzial der Gesundheitsfürsorge (was zentraleres Thema dieser Arbeit ist).
Vgl. dazu Dessí (2008) sowie Erll / Rigney (2009), S. 4–8.

9 Die Kosten psychischer Erkrankungen liegen alleine in Deutschland bei jährlich bis zu 45 Milliarden Euro; das wirtschaftliche Potenzial für neue Erkenntnisse und Behandlungsformen ist enorm. Siehe auch Bödeker / Friedrichs (2011).

10 In diesem Kontext hat gerade Jung die psychologische Theorie umfassend erweitert; so spricht er von dem Selbst: „Das Selbst ist nicht nur unbestimmt, sondern enthält auch paradoxerweise den Charakter der Bestimmtheit, ja der Einmaligkeit." Jung (1944), S. 25.
Darin spielt der Prozess der Selbstwerdung eine entscheidende konzeptionelle Rolle; Die Selbstwerdung nach C.G. Jung bezieht sich auf den Prozess der individuellen Entwicklung und Integration verschiedener Persönlichkeitsaspekte, um ein Gleichgewicht und eine Ganzheitlichkeit des Selbst zu erreichen. Jung betrachtete das Selbst als das Zentrum des psychischen Organismus, das sowohl bewusste als auch unbewusste Elemente umfasst. Die Selbstwerdung beinhaltet die Auseinandersetzung mit dem Schatten, der Anima/Animus, den Archetypen und anderen Aspekten des

zige erfolgsversprechende Ausgangspunkt. Denn ein geschärftes Bewusstsein für die Basis unseres Denkens und der Denkprozesse selbst hilft zum einem, vielen psychologischen Problemen effektiv entgegenzuwirken und bietet auf der anderen Seite die Grundlage für ein „Darüberhinausgehen“ (im Sinne der spirituellen inneren Entwicklung).[11]

Demnach existieren drei Säulen der ökonomisch-psychologischen Erkenntnis:

1. **Die materielle Ebene des *Homo oeconomicus*.**[12] Wirtschaften wird als menschliche Grundfunktion angesehen und definiert.[13] Und hat enorme Auswirkungen auf psychische Konstitution und individuelle Verfassung; Grundbedürfnisse und basale Erkenntnisse über die sozioökonomische Realität gelten darin als Basis für Glück und individuelle Erkenntnis und sogar Transzendenz. Diese Sichtweise ist zur zentralen Auffassung des liberalen Kapitalismus geworden und hat starke Auswirkungen auf die Psyche des Individuums.[14]

Unbewussten, um eine authentische und ausgeglichene Persönlichkeit zu entwickeln. Vgl. Kast (2014), S. 39–65 sowie Jung (2022), S. 69ff.

11 Psychologische Ansätze wie die Transpersonale Psychologie und die Humanistische Psychologie befassen sich mit dieser Dimension der Transzendenz und betonen die Bedeutung von Selbsttranszendenz für persönliches Wachstum und psychisches Wohlbefinden. Vgl. ebd.

12 Der Homo oeconomicus, auch als "ökonomischer Mensch" bezeichnet, ist ein Konzept in der Wirtschaftswissenschaft, das eine abstrakte Annahme über das Verhalten von Individuen in wirtschaftlichen Entscheidungssituationen darstellt. Dieses Modell geht von bestimmten Annahmen aus, die das Verhalten des Homo oeconomicus charakterisieren. Die grundlegenden Annahmen des Homo oeconomicus sind Rationalität und Konsistenz in Entscheidungsprozessen, vollständige Informationen, das Verfolgen von Eigeninteresse, transitive Präferenzen und Nutzenmaximierung.
Es ist wichtig zu beachten, dass der Homo oeconomicus ein idealtypisches Konzept ist und in der realen Welt nicht immer die tatsächlichen Verhaltensweisen von Menschen widerspiegelt. Tatsächlich sind viele dieser Annahmen in der Verhaltensökonomie und der psychologischen Ökonomie, die menschliche Verhaltensabweichungen von diesen idealen Annahmen untersuchen, kritisch hinterfragt worden. Diese Forschungsbereiche haben gezeigt, dass Menschen in der Praxis oft von emotionalen, kognitiven und sozialen Faktoren beeinflusst werden und nicht immer rein rational handeln.
Vgl. auch Frey / Jonas /Maier (2007), S. 76ff.

13 Vgl. auch Kirchgässner (2013), S.113ff.

14 Gerade das häufig verwendete Konzept des „zeitkonsistente Erwartungsnutzenmaximierers“ hat psychische Prozesse nachhaltig verändert; vgl. auch Breyer (et. al.) (2015), 191.

2. **Die immaterielle Ebene des Geistes und der Psychologie.** Hier entstehen Abbildungen von mentalen Prozessen, welche eigenen Regeln gehorchen und nicht einer physischen Logik unterliegen. Darauf baut das Konzept einer „inneren Welt" auf, welche als solche ebenfalls eigenen Regeln und Gesetzen unterliegt.
   Mensch und Psyche werden auf dieser Ebene als umfassend beforschtes Konglomerat von Mechanismen und Eigenstrukturen aufgefasst.[15] Der Geist ist allerdings noch immer an physische Formen (beispielsweise der Idee von Wert und Geld in ihrer physischen Repräsentanz) gebunden, die er beständig zu erweitern sucht (Selbstverwirklichung und Transzendenzstreben).
3. **Die transmaterielle Ebene der Erkenntnistheorie.** Auf jener Ebene tritt die Ökonomisierung als Konzept in den Vordergrund, da hier Fragen nach den Voraussetzungen für Erkenntnis, dem Zustandekommen von Wissen und anderer Formen von Überzeugungen am Individuum abgehandelt werden.[16]
   Der Diskurs der Erkenntnistheorie ist ein riesiges Feld, in dem universelle Grundelemente und Grunderkenntnisse, die in kultisch-verklärter Manier erprobt sind, zur Geltung kommen können. Trotz der Abstraktheit können hier wesentliche Elemente für individuelle Erkenntnis und Eigenentwicklung gefunden werden;[17] ebenso kommen hier eine ganze Reihe von „Glückstheorien" zum Tragen.[18]

Alle drei Erkenntnisebenen sind dabei auf der Ebene des individuellen Geistes zu verorten. Daraus folgt, dass mit diesen Erkenntnissen auch gemeinsame Grundprinzipien zur Anwendung kommen können; die Ökonomie der inneren Welt – des Geistsystems – kann dahingehend Gestalt annehmen. Dabei sind diese ubiquitär und daher zum (synthetischen) Erkenntnisgewinn geeignet.[19]

Somit möchte dieses Buch nicht mehr und nicht weniger als sich dem idealen Umgang mit den (nennen wir sie einmal kurz so) „Bausteinen unseres Denkens" und Erkennens widmen. Ein simples und doch komplexes

15 Vgl. auch Billhardt / Storck (2021), S.90 und S. 148.
16 Vgl. auch Luhmann (1988), S. 87–89, S. 119ff.
17 Vgl. Baumann (2006), S. 133ff.
18 Vgl. Thomä (2004).
19 Die Ubiquität von Systemen bedeutet, dass sie allgegenwärtig oder weit verbreitet sind und in verschiedenen Kontexten existieren; seine Komplexität, seine Struktur und seine Anpassungsfähigkeit vertiefen dabei die Qualität. Vgl. Baumann (2006), 232–236.

Anliegen – mit weitreichenden Konsequenzen und Möglichkeiten für den Geist, das Fühlen und das eigene ICH (oder unser Bild davon). Soviel einmal zunächst zum Titel dieses Buches.

In diesem universellen Sinne sind Erinnerungen ökonomisch wertvoll – man könnte sogar sagen, sie sind die einzigen Dinge (so meta-real sie auch sein mögen), die irgendeinen Wert haben.[20] Und sie sind wertvoll für jede individuelle Erkenntnis und die grundlegende geistige Gesundheit; beides wiederum sehr wertvolle Güter, besonders in modernen, ungesunden Zeiten.[21]

Die Beschäftigung mit Erinnerungen ist der ideale Ausgangspunkt für die Entwicklung und Erforschung des Denkens, der Selbstwerdung[22] sowie der fundamentalen Erkenntnis der Wirklichkeit – vermutlich sogar der ein-

---

20 Ein grundlegendes Verständnis der ökonomischen Bedeutung von Erinnerungen beruht auf ihrer Rolle bei der Schaffung und dem Erhalt von sozialem Kapital. Soziales Kapital bezieht sich auf die Netzwerke, Beziehungen und Normen, die in einer Gesellschaft existieren und zur sozialen Zusammenarbeit beitragen. Erinnerungen können als Bindeglied fungieren, das soziales Kapital stärkt, indem sie gemeinsame Erfahrungen, Traditionen und kulturelle Identitäten bewahren. In Gemeinschaften und Gesellschaften, in denen Erinnerungen aktiv kultiviert und geteilt werden, können sie den Zusammenhalt fördern und soziale Bindungen verstärken.
In der kapitalistischen Marktökonomie liegt die ökonomische Bedeutung von Erinnerungen desweiteren in ihrer Rolle als Treiber für Konsumverhalten und Markenbindung. Unternehmen haben erkannt, dass Emotionen und Erinnerungen oft stärkere Kaufanreize bieten als rationale Überlegungen. Durch gezielte Werbung und Marketingstrategien versuchen Unternehmen, positive Erinnerungen mit ihren Produkten oder Dienstleistungen zu verknüpfen, um Kundenloyalität aufzubauen und Umsätze zu steigern sowie in ihrem Potenzial der Gesundheitsfürsorge.
Vgl. dazu Dessí (2008) sowie Erll / Rigney (2009), S. 4–8.

21 Die Kosten psychischer Erkrankungen liegen alleine in Deutschland bei jährlich bis zu 45 Milliarden Euro; das wirtschaftliche Potenzial für neue Erkenntnisse und Behandlungsformen ist enorm. Siehe auch Bödeker / Friedrichs (2011).

22 In diesem Kontext hat gerade JUNG die psychologische Theorie umfassend erweitert; so spricht er von dem Selbst: „Das Selbst ist nicht nur unbestimmt, sondern enthält auch paradoxerweise den Charakter der Bestimmtheit, ja der Einmaligkeit." Jung (1944), S. 25.
Darin spielt der Prozess der Selbstwerdung eine entscheidende konzeptionelle Rolle; Die Selbstwerdung nach C.G. Jung bezieht sich auf den Prozess der individuellen Entwicklung und Integration verschiedener Persönlichkeitsaspekte, um ein Gleichgewicht und eine Ganzheitlichkeit des Selbst zu erreichen. Jung betrachtete das Selbst als das Zentrum des psychischen Organismus, das sowohl bewusste als auch unbewusste Elemente umfasst. Die Selbstwerdung beinhaltet die Auseinandersetzung mit dem Schatten, der Anima/Animus, den Archetypen und anderen Aspekten des Unbewussten, um eine authentische und ausgeglichene Persönlichkeit zu entwickeln.
Vgl. Kast (2014), S. 39–65 sowie Jung (2022), S. 69ff.

zige erfolgsversprechende Ausgangspunkt. Denn ein geschärftes Bewusstsein für die Basis unseres Denkens und der Denkprozesse selbst hilft zum einem, vielen psychologischen Problemen effektiv entgegenzuwirken und bietet auf der anderen Seite die Grundlage für ein „Darüberhinausgehen“ (im Sinne der spirituellen inneren Entwicklung)[23].

Als Professor für Innovationsmanagement und Psychologie habe ich mich in den letzten Jahren intensiv mit intra-psychologischen Prozessen und der eigenen Erforschung des Selbst beschäftigt. Diese Reise begann mit einem persönlichen Interesse an den Schriften großer Philosophen und Denker, das mich dazu inspirierte, meine eigenen inneren Entdeckungen zu reflektieren und zu erforschen. Während ich mich mit diesen Werken auseinandersetzte, begann ich, Muster und Zusammenhänge zwischen verschiedenen Disziplinen zu erkennen und einen multidisziplinären Ansatz zur systemischen Erforschung des Selbst zu entwickeln.

Ein zentrales Thema, das sich durch meine Arbeit zieht, ist die Erkenntnis, dass viele (oder auch praktisch alle) Probleme und Herausforderungen des Menschen in ihm selbst liegen. Diese Einsicht wird durch einen kulturell-philosophischen Hintergrund verstärkt, der verschiedene philosophische Perspektiven auf das Selbst umfasst. Von Existenzialismus bis hin zum Buddhismus habe ich mich mit einer Vielzahl von philosophischen Ansätzen auseinandergesetzt, die alle darauf hinweisen, dass Selbstverantwortung und Eigenwürde zentrale Eckpfeiler unseres Daseins sind.

Durch dieses Buch sowie meine Forschung und Lehre möchte ich dazu beitragen, ein tieferes Verständnis für die menschliche Psyche und das Selbst zu entwickeln und Menschen dabei zu unterstützen, eine gesunde Selbstwahrnehmung und Selbstführung zu kultivieren. Meine Arbeit basiert auf einem ganzheitlichen Ansatz, der psychologische Erkenntnisse mit philosophischem Denken verbindet, um ein umfassenderes Bild des menschlichen Wesens zu zeichnen.

Dieser Ansatz spiegelt sich auch in den drei übergeordneten Zielen dieses Buches:

1. Einführung eines holistischen Konzepts zur Erforschung seiner Selbst samt flankierenden und unterstützenden Methoden und Techniken.

---

23 Psychologische Ansätze wie die Transpersonale Psychologie und die Humanistische Psychologie befassen sich mit dieser Dimension der Transzendenz und betonen die Bedeutung von Selbsttranszendenz für persönliches Wachstum und psychisches Wohlbefinden. Vgl. ebd.

2. Mechanismen aufzeigen, um die eigene innere Welt zu festigen und zugleich Probleme leichter identifizieren und betrachten zu können.
3. Das Potenzial zu entwickeln, Erinnerungen vollumfänglich erleben zu können, sie als wertvolle innere Ressourcen zu wertschätzen. Dabei ist es auch entscheidend, die eigene Imagination und Sprache zu harmonisieren und die eigenen Fähigkeiten in diesen hoch menschlichen Kategorien zu verbessern.

Summa summarum stellt dieses Buch die wesentlichen Eckpfeiler einer ökonomischen Erkenntnistherapie vor, welche das eigene Erkennen und die daraus resultierenden, speziellen mentalen Fähigkeiten stärkt. Der Fokus liegt dabei tatsächlich im praktischen Umgang mit Erinnerung; einem ökonomischen inneren Prozess, den jeder von uns praktiziert, aber sehr oft nicht wirklich bewusst analysiert und auf seine Effektivitätskriterien hin untersucht hat.[24]

Die Verbindung und Verschmelzung von Ökonomie und Psyche ist naheliegend – und ist es auch wieder nicht. Die meisten Menschen werden sich intuitiv dagegen sträuben, ihre innere Welt, ihre Gedanken und auch ihre Erinnerungen als System mit ökonomischen Regeln, mit monetären Werten und Transaktionsmechanismen zu sehen. Und dennoch sind viele Abläufe, die in unserem Geistsystem bewusst und unbewusst stattfinden, eben solchen Prinzipien unterworfen. Dabei ist es weit weniger so, dass die innere Ökonomie ein Spiegelbild der äußeren ist – vielmehr ist die äußere Ökonomie ein Geisteskind eben unserer inneren Welt.

Der teilweise recht nüchterne Blick auf das eigene Innere birgt zwei große Vorteile:

Zum einen gibt er einem ein deutlich klareres Bild von dem, was man innere Prozesslandschaft nennen kann, den «Transaktionsmechanismen», «Ressourcen» und «Währungen» unserer Psyche.

Zum anderen entlastet dieser Blick auch und durchbricht das in der Psychologie häufig anzutreffende Phänomen der Selbstbeschäftigung und Selbstbeobachtung – beides kann sinnvoll sein, kann aber auch in endlosen Schleifen zu nichts Effektivem führen. Die Einführung einer Art inneren Effizienzgedanken in die Psyche ist letztendlich nichts weiter als eine Entlastung und eine Aufhebung vielfach zutreffender pseudowissenschaftlicher und esoterischer Aufladungen, was den eigenen Geist betrifft. Unser Geistsystem ist ein System, das funktionieren *möchte;* seine vielen Prozesse

24 Vgl. dazu auch Quante (1993), S. 625ff.

arbeiten (meist unbewusst) Hand in Hand, um unser Wohlergehen auf den verschiedensten Ebenen abzusichern. Vor diesem einfachen Hintergrund ist es nicht zu unterschätzen, dass jeder äußere Wert (was noch weiter ausgeführt wird) letztendlich in unserem Geist konstituiert wird.[25]

Die Erkenntnisse in diesem Buches kumulieren letztendlich in einer ökonomischen Erkenntnistheorie und -Therapie, welche die ökonomischen Ablauf- und Aufbauprinzipien der Psyche betonen und dadurch dem Individuum einen klaren Raum zur persönlichen Entwicklung bieten – ganz ohne ein zu viel an metaphysischem und tiefenpsychologischem Ballast. Denn oft ist eine zu lange durchgeführte Psychotherapie oder Analyse nicht unbedingt die (potenzielle) Heilung der Krankheit, sondern eher Symptom und Teil der Ursache eben jener.[26] Insofern möchte ich auch diesen Ansatz als weiterführenden Ansatz auf dem Weg zu einer Vereinheitlichung einer Theorie der Psyche sehen, die eben nicht nur auf subjektiven Einschätzungen, sondern auch auf objektiven und transaktionalen Prinzipien beruht.

---

25 Vgl. auch Wiest (2010), S. 89ff.

26 Vgl dazu auch umfassend Linden / Strauß (2018).

Prolog II – Einführung und Übersicht

„Auch das Wissen gehört zu den Schlacken der Erkenntnis."[27]

In praktisch jeder Glaubenslehre, jeder Philosophie geht es um den Quell menschlicher Erkenntnis. Jene Erkenntnis wird meist als Schlüssel zum Verständnis des Lebens selbst gesehen.[28]

Die Rolle der Erkenntnis in menschlichen Glaubens- und Lebenssystemen ist ein komplexes Thema, das sowohl in der Philosophie als auch in der Psychologie intensiv erforscht wird. Erkenntnis – definiert als das Verständnis von Wahrheit oder Realität – bildet das Fundament für individuelle Glaubenssysteme und prägt maßgeblich das menschliche Verhalten und die soziale und intersoziale Lebensgestaltung.

In philosophischer Hinsicht wird die Natur der Erkenntnis seit Jahrhunderten untersucht, wobei verschiedene Denkschulen unterschiedliche Ansichten vertreten. Von der rationalistischen Betonung der Vernunft bis hin zur empirischen Betonung der Sinneserfahrung gibt es zahlreiche Theorien darüber, wie Menschen Erkenntnis erlangen und Wahrheit verstehen. Diese philosophischen Überlegungen beeinflussen auch die spirituellen Traditionen, da viele Glaubenssysteme auf bestimmten Konzepten von Wahrheit und Erkenntnis basieren.[29]

In der Psychologie wird die Rolle der Erkenntnis in menschlichen Glaubens- und Lebenssystemen aus einer empirischen Perspektive betrachtet. Psychologen untersuchen, wie Menschen Wissen erwerben, Informationen verarbeiten und ihre Überzeugungen formen. Kognitive Prozesse (wie Wahrnehmung, Gedächtnis und Denken) spielen dabei in ihrer (oft recht unstrukturierten Gesamtheit) eine entscheidende Rolle. Darüber hinaus wird die Bedeutung von Erkenntnis für psychologische Konzepte wie

---

27 Wilhelm von Humboldt, Brief an Alexander von Rennenkampff, 20. März 1832.
28 Vgl. Tillich / Siemsen (1965), S. 48ff.
29 Ebd.

Selbstwahrnehmung, Selbstkonzept und Selbstregulierung immer wichtiger in der Moderne und Postmoderne.

Die Interpretation der Rolle der Erkenntnis in menschlichen Glaubens- und Lebenssystemen variiert je nach kulturellem, religiösem und philosophischem Kontext erheblich. Einige spirituelle Traditionen legen großen Wert auf die Suche nach innerer Erkenntnis und Selbstverwirklichung[30], während andere eher auf externe Autorität und Überlieferung vertrauen.[31] Darüber hinaus können persönliche Erfahrungen, soziale Einflüsse und individuelle Unterschiede die Art und Weise beeinflussen, wie Menschen Wissen erlangen und interpretieren.

Dennoch sind untereinander erstaunliche Entsprechungen und kohärente Erkenntnisansätze zu beobachten; fast alle wollen und sagen das gleiche in unterschiedlichen Worten. Glaubenserkenntnis ist in vielen religiösen Traditionen als Erkenntnisart ein Schlüsselelement der spirituellen Wahrheit; Erkenntnis oder Verständnis über spirituelle Wahrheiten und Prinzipien können dabei fast ausschließlich durch Gebet, Meditation, das intensive Studium heiliger Texte, ja religiöse Praktiken und spirituelle Erfahrungen im Allgemeinen erlangt werden. Diese Erkenntnis kann als die Grundlage eines individuellen Glaubens dienen, der wiederum selbst Teil von Erkenntnis ist.

Was ist also in jenem spirituellen Kontext Erkenntnis? Im Wesentlichen gibt es dabei vier Aspekte und Ausprägungen:

- **Das Konzept der Offenbarung:** In einigen Glaubenssystemen wird die Erkenntnis als Ergebnis göttlicher Offenbarung betrachtet. Gläubige erhalten göttliche Weisheit und Wissen durch direkte Kommunikation mit Gott oder über Propheten und Heilige, die als Mittler zwischen dem Göttlichen und den Menschen dienen.
- **Ihre Rolle bei der Glaubensgründung und der Doktrinierung der Lehre:** Religiöse Lehren und Doktrinen werden oft von (später zugeschriebenen) Erleuchteten, Heiligen oder Propheten entwickelt, die behaupten, besondere Erkenntnisse oder göttliche Einsichten erhalten zu haben. Diese Erkenntnisse bilden die Grundlage für die Glaubenspraxis und die moralischen Verflechtungen innerhalb einer (religiösen oder sozialen) Gemeinschaft.

---

30 Vgl. Knoblauch (2009), S. 25 und S. 201–204.
31 Ebd., S. 182–188.

- **Die individuelle Suche nach Weisheit und Wahrheit:** Die Suche nach Erkenntnis spielt auch eine wichtige Rolle in der individuellen spirituellen Entwicklung. Menschen können durch philosophische Reflexion, innere Kontemplation und die Suche nach Bedeutung und Wahrheit in ihrem Leben eine tiefere Erkenntnis über spirituelle Fragen erlangen.
- **Das Entstehen von Glaubensgewissheit:** Erkenntnis kann dazu beitragen, die Gewissheit des Glaubens an eine Realität zu stärken. Wenn Gläubige durch eigene Erfahrungen oder Studium zu einem tieferen Verständnis ihrer Glaubenslehren gelangen, kann dies dazu beitragen, Zweifel zu vertreiben und das Vertrauen in den Glauben zu festigen.[32]

Die Bedeutung der Erkenntnis ist für die menschliche Selbstwerdung auch in einem rein psychologisch-philosophischen Kontext elementar; dient doch in vielen Fällen die Suche nach Erkenntnis dazu, das Verständnis des Göttlichen, der Moral und der spirituellen wie physischen Realität zu vertiefen und eine ausgeprägtere Verbindung zu dem Konzept des Selbst zu entwickeln.

Glaube und (Selbst-)Erkenntnis haben also schon eine lange Geschichte der Interferenz (und wohl auch der gegenseitigen Skepsis) hinter sich.

Ich stelle diese Aussage bewusst an den Anfang dieser Einführung, da ich betonen möchte, dass Erkenntnis (und besonders eben auch Selbsterkenntnis) immer eine spirituelle, ja transzendentale Komponente aufweist. Zum einen wegen der offensichtlichen faktischen Grenzüberschreitung, die jeder Erkenntnis innewohnt (wo zuvor etwas diffus oder unbewusst war, ist danach mehr Klarheit und Struktur)[33], zum anderen aber eben auch wegen der erkenntnistheoretischen Nähe zum Konzept des Glaubens. Und dies ist auch ein wesentlicher Wirkmechanismus von Erkenntnis (die in Summe die Wahrnehmung und Nutzung des gesamten Geistsystems modifizieren und transformieren kann): Sie befördert die Überzeugung von inneren Realitäten.

Deswegen ist Erkenntnis sogleich Ausgangspunkt und Ziel einer «Ökonomie der Erinnerung», einer «inneren Ökonomie». Was rein gar nichts mit Spiritualismus zu tun hat, sondern eher mit Praktikabilität.

So absurd man das als Leser auch finden mag, für mich steht die individuelle Praktikabilität jeder inneren Erkenntnis beim Verfassen dieses

32 Glaubensgewissheit ist nicht zuletzt auch eine Reaktion auf die ständige Begegnung mit Vielfalt (Ambiguität) in den gegenwärtigen pluralen Gesellschaftsstrukturen. Vgl. Klessmann (2018), S. 37–41.

33 Vgl. Malter / Rickert / Lask (1969), S. 89ff.

Buches im Vordergrund. Es wird viel die Rede von verschiedenen Theorien sein, welche aber allesamt nur dazu dienen sollen, den individualpsychologischen Umgang mit den eigenen mentalen Ressourcen besser gestalten zu können.

Wenn man sich intensiver mit psychologischen (Selbst-) Erkenntnistheorien und Formen der Entdeckung der inneren Wirklichkeit beschäftigt – seien es spirituell-buddhistische oder psychologische – beeindruckt vieles, was geschrieben wurde, gerade durch seine Weltfremdheit oder Realitätsignoranz. Viele Techniken oder Lehren sind gut formuliert, erfordern aber sehr radikale Maßnahmen in der persönlichen Umsetzung. Dies ist für sich genommen gut und kann Erkenntnisse nach sich ziehen, aber nur wenig vereinbar mit der komplexen modernen Lebensrealität.[34] Ebenso trifft man auf viele eher abschreckende Elemente, die zwar intellektuell-emotional nachvollziehbar sein mögen, aber in ihrer übergeordneten Verantwortungslosigkeit nur bedingt sozial zu empfehlen und zu praktizieren sind.

Man darf dabei nicht vergessen, dass die Idee der Selbsterkenntnis allein schon von ihrer Natur her ultimativ selbstbezogen und egoistisch ist. Daher ist es mir auch sehr wichtig, auf die soziale, interaktive Einbettung von Erkenntnis zu achten, denn wie jedes ökonomische System lebt auch unsere Psyche von vielfachen Austausch- und Transaktionsprozessen mit dem Außen, also der äußeren Welt der Realität und der sozialen Interaktion.

Im spirituell-buddhistischen Umfeld wird gerne von Erleuchtung gesprochen – meiner Erfahrung nach ist eine solche gar nicht notwendig, um die eigene innere Wirklichkeit zu erkennen und zu begreifen und ein besseres, ruhigeres und bewussteres Leben zu führen; 20–40 % der «Elemente» einer Erleuchtung dazu reichen vollkommen aus.[35]

Erkenntnis ist zum einen ein gradueller, zum anderen ein binärer Prozess. In der klassischen Vorstellung ist Erkenntnis ein gradueller Prozess,

---

34 Vgl. auch Klessmann (2018), S. 141–146.

35 Diese Perspektive stützt sich auf die Vorstellung, dass die Praktiken und Einsichten des Buddhismus graduell und kumulativ wirken. Der Ansatz, dass 20–40 % der "Elemente" einer Erleuchtung ausreichen könnten, basiert auf der Idee, dass selbst partielle Fortschritte in der spirituellen Praxis zu spürbaren und nachhaltigen Veränderungen führen können. Dies könnte bedeuten, dass bestimmte Aspekte der Erleuchtung – wie erhöhte Achtsamkeit, ethisches Verhalten und die Akzeptanz der Vergänglichkeit – bereits signifikante Vorteile für das Leben und das Wohlbefinden bieten. Diese Teilaspekte sind erreichbar und umsetzbar für viele Individuen, ohne dass sie das Ideal einer vollständigen Erleuchtung verfolgen müssen.
Vgl. auch Kabat-Zinn (2003), S. 146ff.

bei dem Menschen allmählich Informationen sammeln, verstehen und daraus Schlüsse ziehen. Diese stufenweise Annäherung an Wissen und Verständnis spiegelt sich in der alltäglichen Erfahrung wider, wenn Individuen kontinuierlich neue Erkenntnisse gewinnen und ihre innere Welt entsprechend anpassen.[36]

Auf der anderen Seite gibt es jedoch auch Momente der plötzlichen Einsicht oder des "Heureka"-Erlebnisses[37], die den Erkenntnisprozess als binär erscheinen lassen. Diese Momente können unerwartet auftreten und führen zu einem radikalen Umdenken oder einer grundlegenden Veränderung der Perspektive. Diese binäre Natur der Erkenntnis, kann als plötzlicher Übergang von Unwissenheit zu Wissen betrachtet werden.

Interessanterweise lassen sich diese zwei Aspekte der Erkenntnis mit Konzepten aus der Quantenmechanik vergleichen. In der Quantenmechanik können Teilchen sowohl Wellen- als auch Teilcheneigenschaften aufweisen und sich sowohl kontinuierlich als auch diskret verhalten, je nachdem, wie sie beobachtet werden. Ähnlich dazu kann Erkenntnis sowohl als stetiger, gradueller Prozess betrachtet werden, der durch die schrittweise Integration neuer Informationen gekennzeichnet ist, als auch als diskreter, binärer Prozess, der durch plötzliche Einsichten oder Erleuchtungsmomente charakterisiert ist. Dieses Charakteristikum von Erkenntnis zeigt die Vielschichtigkeit und Komplexität des mentalen Prozesses hinter ihr. Beide Aspekte sind Teil eben jener Prozesse, beide werden in diesem Buch konzeptionell behandelt werden. Durch die Integration von sowohl graduellen als auch binären Elementen wird ein umfassenderes Verständnis der Dynamik individualpsychologischer Erkenntnisentwicklung möglich. Diese individualpsychologische Erkenntnisentwicklung basiert jedoch auf dem Einsatz von mentalen Ressourcen wie Erinnerungen – kanalisiert über diverse Austauschprozesse im Geistsystem wie Narration oder Imagination.

36 In SECHS wird noch näher auf diese Zusammenhänge eingegangen.

37 Heureka ist altgriechisch (εὕρηκα oder älter ηὕρηκα) und bedeutet „Ich habe [es] gefunden". Der Ausruf ist vor allem im Zusammenhang mit Archimedes von Syrakus überliefert.
Die Kognitionswissenschaft hat in diesem Zusammenhang aufgezeigt, dass kreative Problemlösung häufig eine Phase der Inkubation beinhaltet, in der das bewusste Nachdenken über das Problem unterbrochen wird, was letztendlich zu einem "Heureka"-Moment führen kann (vgl. Seifert (et al.) (1995)). Ebenso hängt die plötzliche Erkenntnis mit spezifischen neuronalen Aktivitäten im Gehirn zusammen, bekannt als neuronale Korrelate; insbesondere in Regionen, die mit Einsicht und Problemlösung in Verbindung stehen, wie dem anterioren temporalen Kortex (vgl. Kounios (et al.) (2006)).

In diesem Buch wird es darüber hinaus auch ausführlich um begleitende Techniken und Methoden zu den vorgestellten Konzepten des Geistsystems gehen, hauptsächlich unterteilt in Narration (transzendentale Narration) und Imagination (Imaginationsrekonstruktion). Beides sind Prinzipien, um vor allem den inneren Erkenntnisstrang für sich selbst hinaufzuklettern und sich gezielt nach innen hin auszubreiten und zu entwickeln.

Flankiert wird die Erschließung der mentalen Ökonomie von Hilfssystemen, oft entlehnt aus spirituellen und mentalen Praktiken.[38] Häufig tritt schnell eine vollkommene Überforderung mit den vermeintlichen Zielen von spirituellen Praktiken (Yoga, Meditation oder auch Tantra) im Alltag auf. Daher ist die Integration von einfachen, aber wirkungsvollen Elementen dieser «Hilfssysteme» in den Alltag und das eigene alltägliche Denken effektiver und ein zentrales Anliegen dieses Buches. Dabei betone ich die Wirkungen jener Hilfssysteme auf die individuelle mentale Ökonomie; die meist anzutreffende Praxis eines «Guru-Kultes» verstärkt den Eindruck des Metaphysischen, des Abstrakten gezielt und ist für die eigene Erkenntnis somit eher abträglich, unnötig und sogar kontraproduktiv. Innere Erkenntnis kann ein alltäglicher, im Alltag erlebbarer Prozess sein, der nur mit sich selbst zu tun hat.

Noch ein Hinweis zum Aufbau des Buches und zur Terminologie: Ich unterteile relativ deutlich in drei unterschiedliche Ansätze (Imaginationsrekonstruktion, transzendentale Narration und holistische Suggestion) zum Umgang mit Erinnerung mitsamt verschiedenen Sets an passenden Methodiken und Techniken. Dies dient letztendlich nur einem besseren Verständnis – und natürlich sind alle Ansätze in ihrer praktischen Anwendung bei weitem nicht so scharf getrennt.

Die inhaltliche Zielsetzung dieses Buches beinhaltet drei wesentliche Betrachtungsweisen, die allesamt auf eine engere Verknüpfung von psychologischen und ökonomischen Aspekten hinzielen sowie das Theoriengebäude der kognitiven Psychologie vereinheitlichen und ausbauen sollen:

- Zum einen möchte ich das **Konstrukt der Erinnerung** greifbarer machen und klar in ein individualpraxisorientiertes Gedanken- und Geistsystem einbetten. Die Literatur in diesem Bereich ist wenig ausgeprägt und stellenweise unspezifisch[39]; bis heute gibt es keine wirklich umfassenden (Meta-) Analysen des Geistsystems mitsamt dessen Funktionen

38 Siehe Kapitel FÜNF.

39 Siehe 2.3.3.

wie Erinnern oder Imaginieren, mit denen in der (psychologischen) Praxis gearbeitet werden kann.[40]

- Darüber hinaus ist es ein Ziel, die Bereiche der **Ökonomie** und der **Psychologie** auch auf individueller Ebene enger zu **verschmelzen** – gerade, weil die Konzepte der Ökonomie im Hinblick auf eine Art ressourcenbasierter Kosten-Nutzen-Analyse auch im Umgang mit Gedanken und Erinnerungen von großem Wert sein können.[41]
- Als letzten Beitrag möchte ich auch einen **Überblick über den bisherigen Wissensstand zum interdisziplinären Geistsystem** geben – dazu zählt auch die Integration von Forschungsansätzen oder Theorie-Konstrukten aus anderen Wissenschaftssystemen und Kulturräumen; gerade die fernöstliche Philosophie hat hier erhebliche, oft wenig beachtete oder ignorierte Beiträge geleistet.[42]

Die individuale, praktische Zielsetzung des Buches ist ein erweitertes Verständnis für eigene mentale Prozesse, deren ökonomische Ausrichtung sowie ein ausgewogeneres Verhältnis zur eigenen inneren Welt samt einem klar strukturierten Vorgehen für das Erzielen von Erkenntnissen.

Dieses Buch ist:

- Die Quintessenz aus langen Jahren der Arbeitspraxis und Selbsterforschung und somit eine Herzensangelegenheit.
- Eine integrierte, wissenschaftlich fundierte Verschmelzung von Philosophie, Psychologie und Wissenschaftstheorie.
- Eine umfassende Einführung in die komplexe und nicht ganz leicht zu erfassende Welt in uns.
- Eine umfassende Würdigung von Narration und Imagination, den beiden wichtigsten Fähigkeiten in uns selbst.

---

40 Vgl. dazu auch Rosenberg (2004) sowie Rosenberg (1999), S. 39ff.

41 Interessant ist in dem Zusammenhang insbesondere das Konzept der gemeinsamen Rezeptivität; so werden ökonomische Werte im Individuum konstituiert und kollektiv übertragen. „A natural individual's receptivity is an element of its being that binds lower level individuals within it, making those individuals effective states relevant to one another in a direct way. As such, receptivity is an irreducible global property of a natural individuum. The term "irreducible" is not the sum, either linearly or nonlinearly, of the receptivity of its lower-level constituents. It is a novel element in the world, unique to the individual that it helps constitute.", Rosenberg (1999), S. 43.

42 Vgl. Walsh (1998), S. 679f. sowie Yates (2015), S. 192ff.

Dieses Buch bietet:

- Ein umfassendes Modell zur Erforschung seiner Selbst innerhalb einer Erkenntnistherapie
- Viele Methoden und Techniken auf verschiedenen Anspruchsniveaus, die die Erkenntnistherapie gezielt unterstützen und eignen Komplexe und Knotenpunkte aufzeigen können.
- Viele Anregungen zu Reflexion und individuellem Wachstum.
- Ein Konzept für das Lernen von sich selbst über sich selbst.
- Eine Erklärung, wie ergänzende Hilfstechniken (Yoga, Meditation, kulturelle Immersion) effektiv genutzt werden können.

EINS: Die Welt in mir – Identität, Kultur, Erinnerung

«Diese Bemerkung gibt den Schlüssel zur Entscheidung der Frage, inwieweit der Solipsismus eine Wahrheit ist. Was der Solipsismus nämlich meint, ist ganz richtig, nur läßt es sich nicht sagen, sondern es zeigt sich. Daß die Welt meine Welt ist, das zeigt sich darin, dass die Grenzen der Sprache (der Sprache, die alleine ich verstehe) die Grenzen meiner Welt bedeuten. Die Welt und das Leben sind Eins. Ich bin meine Welt.»[43]

Jeder von uns trägt seine eigene Welt in sich; eine Welt, zu der nur wir selbst gelangen können. Wenn ich von „Welt“ spreche ist das durchaus wörtlich zu verstehen: Wir bestimmen dort mittelbar und unmittelbar deren Regeln, Naturgesetze und Strukturen; wir lassen die Sonne aufgehen oder aber Kometen einschlagen.

Was reichlich exotisch (oder metaphorisch) klingt, ist in Wirklichkeit ein komplexes Zusammenspiel von Konzepten, die das eigene ICH (oder unsere Vorstellung von diesem) konstituiert. Die Rede ist von Identität, Kultur und Erinnerung – drei Komponenten, die gemeinsam die individuelle Position im Innen und Außen definieren und in intersubjektiver, dynamischer Abhängigkeit co-kreieren.

Zusammen bilden sie die Grundlage für unser Geistsystem und dessen innere Ökonomie – der wesentliche Grund, warum man sich zuerst aus diesem Winkel mit der inneren Welt beschäftigen muss.

43 Wittgenstein (2019), 5.62 – 5.63, S. 67.

Überblick: Was macht unsere innere Welt aus?

- **Identität – Stützpfeiler der inneren Welt:** Identität, Stützpfeiler der inneren Welt, umfasst die fundamentalen Fragen: Was ist Identität? Wie formt sie sich? Und welche Funktion hat Identität in der inneren Welt? Identität definiert das Selbst und prägt die Wahrnehmung der eigenen Person. Sie entwickelt sich durch individuelle Erfahrungen, soziale Interaktionen und kulturelle Einflüsse, die das Selbstbild formen und beeinflussen.
- **Kultur – der Atlas der inneren Welt:** Kultur dient als der Atlas der inneren Welt, der von außen kommt und diese prägt und „Grenzen" und „Gebiete" festlegt. Sie repräsentiert das kollektive Unbewusste und wird in einem kaskadierenden Prozess selektiv in die eigene Welt eingebunden. Kultur fungiert als Vermittler zwischen Innen und Außen und verleiht sowohl dem individuellen Selbst als auch der äußeren Umwelt gegenseitig Bedeutung, indem sie Normen, Werte und Traditionen vermittelt und interpretiert.
- **Erinnerung – Inhalte und Entitäten der inneren Welt:** Erinnerungen stellen die Inhalte und Entitäten der inneren Welt dar, die das Geistsystem formen. Sie sind keine statischen Entitäten, sondern vielmehr veränderliche und aktiv veränderbare Konzepte. Erinnerungen dienen als Bausteine des Geistsystems und werden als transaktionale Güter betrachtet, die durch bewusstes Erleben und aktive Verarbeitung geformt werden. Durch den Prozess des Erinnerns werden Erfahrungen verarbeitet, interpretiert und in das Selbstbild integriert, wodurch sie die Identität und die kulturelle Prägung der inneren Welt beeinflussen

Identität – vermeintlicher Stützpfeiler der inneren Welt

> *«Ich bin das, was ich scheine, und scheine das nicht, was ich bin, mir selbst ein unerklärlich Rätsel, bin ich entzweit mit meinem Ich!»*[44]

Identität bezieht sich auf das Verständnis von Selbst und die Art und Weise, wie Individuen sich selbst definieren und in Beziehung zu anderen und ihrer Umwelt stehen. Insofern ist sie ein selbstreflexives Konstrukt – diese

44 Hoffmann (2022), S. 46.

komplexe und mehrschichtige Konstruktion führt häufig zu Missverständnissen in uns selbst. Identität umfasst verschiedene Dimensionen, darunter persönliche Identität, soziale Identität und kulturelle Identität – alle bezogen auf deren Aspekt im Individuum. Zusammen kumulieren sie in einem Konzept des eigenen ICHs, das aus vielen Teilkomponenten besteht und von Teilentitäten (oft ein wenig krampfhaft)[45] versucht wird, zusammengehalten zu werden; die Fliehkräfte sind oft stark.

Wichtig ist bereits an diesem Punkt zu betonen, dass viele „Mosaiksteine" zu jener Art von Identität zusammengebracht werden; diese Entsprechung wird sich später auch im Geistsystem selbst finden.[46]

In der Philosophie gibt es zahlreiche Theorien zur **persönlichen Identität**, die sich hauptsächlich auf zwei Fragen konzentrieren: Was macht eine Person zu der Person, die sie ist? Und wie wahrt eine Person ihre Kontinuität über die Zeit hinweg, trotz aller Veränderung?

Die Diskussion dieses Themas hat bereits viele, viele Bücher gefüllt und Wissenschaftler wie Laien verschlissen – für die Zwecke dieses Buches ist die psychologische Kontinuitätstheorie am relevantesten. Jene argumentiert, dass persönliche Identität durch die Kontinuität des psychologischen Zustands oder der mentalen Eigenschaften einer Person definiert ist.[47] Dies umfasst Aspekte wie Erinnerungen, Persönlichkeitsmerkmale und Überzeugungen, die dazu beitragen, die Identität einer Person zu formen und zu erhalten. Die psychologische Kontinuitätstheorie geht davon aus, dass die Identität einer Person nicht als statisch oder unveränderlich betrachtet werden kann, sondern vielmehr als ein dynamischer Prozess, der sich im Laufe der Zeit entwickelt und transformiert. Diese Perspektive betont die Kontinuität des Selbstkonzepts, also die Tatsache, dass Menschen eine kohärente Vorstellung von sich selbst haben, die sich zwar im Laufe der Zeit verändern kann, aber dennoch eine gewisse Stabilität aufweist (die Meta-Stabilität des ICHs wird auch im Geistsystem eine wichtige Rolle spielen).[48]

Ein zentraler Aspekt der psychologischen Kontinuitätstheorie ist die Betonung der autobiographischen Erinnerung als Mechanismus zur Aufrechterhaltung der Identität. Autobiographische Erinnerungen sind persönliche Erinnerungen an vergangene Ereignisse und Erfahrungen, die es einer

---

45 Vgl. Fetscher (1985), S. 243ff.

46 Siehe auch Kapitel ZWEI: Mentale Kontingenz und Fluidität des ICH.

47 Vgl. auch Haußer (1995), S. 62ff.

48 Ebd., S. 32f., S. 46f.

Person ermöglichen, ihre Vergangenheit zu rekonstruieren und sich mit ihrem früheren Selbst zu identifizieren. Durch den Prozess der Erinnerungs(re)konstruktion können Individuen eine kohärente narrative Identität entwickeln, die es ihnen ermöglicht, ihre Lebensgeschichte als zusammenhängende und sinnvolle Einheit zu verstehen – diesem Prozess wird im Kapitel ZWEI und DREI noch viel mehr Aufmerksamkeit gewidmet werden.

Darüber hinaus betont die psychologische Kontinuitätstheorie die Bedeutung sozialer Interaktionen und Beziehungen für die Entwicklung und Aufrechterhaltung der Identität. Indem Menschen in soziale Gruppen und Gemeinschaften eingebettet sind, können sie sich mit anderen identifizieren und sich selbst durch die Augen anderer sehen. Diese sozialen Spiegelungen und Interaktionen tragen dazu bei, das Selbstkonzept einer Person zu formen und zu stabilisieren, indem sie ihr eine externe Bestätigung ihrer Identität bieten.[49]

Ein weiterer wichtiger Aspekt der psychologischen Kontinuitätstheorie ist die Betonung der Entwicklungsaufgaben im Lebensverlauf. Hierbei durchlaufen alle Individuen im Laufe ihres Lebens bestimmte Entwicklungsaufgaben oder -krisen, die es ihnen ermöglichen, ihre Identität weiter auszudefinieren oder zu bestätigen bzw. zu verwerfen. Diese Entwicklungsaufgaben sind mit bestimmten Lebensphasen verbunden und erfordern eine aktive Auseinandersetzung und Bewältigung seitens der Person, um ein Gefühl von Kontinuität und Kohärenz zu erreichen.[50]

In der Psychologie wird die persönliche Identität oft im Rahmen der Selbstkonzept- und Identitätsentwicklungsforschung untersucht. Nach Theorien wie der Identitätsstatus-Theorie entwickeln Individuen im Laufe ihres Lebens ein stabiles Selbstkonzept, das aus verschiedenen Dimensionen (wie zum Beispiel Beruf, Interessen, Beziehungen und Werten) besteht.[51] Diese Identitätsdimensionen können sich im Laufe der Zeit ver-

---

49 Vgl. Schäfer (2012), S. 81ff.

50 Vgl. Erikson (1973), S. 43ff.

51 "Adolescents are classified into one of four identity statuses based on their level of exploration and commitment: Identity Diffusion, Identity Foreclosure, Identity Moratorium, and Identity Achievement."
Diese vier Identitätsstatus sind
Identity Diffusion (Identitätsdiffusion): Keine klare Richtung oder Festlegung der Identität, wenig Exploration oder Verpflichtung.
Identity Foreclosure (Identitätsvorgabe): Verpflichtung zu einer Identität ohne vorherige Exploration, oft basierend auf den Erwartungen anderer.

ändern, während das Individuum neue Erfahrungen macht und sich neuen Herausforderungen stellt. Die psychologische Forschung hat gezeigt, dass ein stabiles Selbstkonzept und ein Gefühl der Kohärenz wesentlich für das psychische Wohlbefinden und die persönliche Entwicklung sind.[52]

Persönliche Identität bezieht sich also stark auf die individuellen Merkmale, Eigenschaften und Erfahrungen, die ein Individuum für sich selbst einzigartig machen. Dies umfasst Aspekte wie Persönlichkeit, Interessen, Fähigkeiten, Werte und Lebensgeschichte. Die Entwicklung der persönlichen Identität ist ein kontinuierlicher, lebenslanger und daher nie abgeschlossener Prozess, der durch Interaktionen mit der Umwelt und Reflexion über das Selbst geprägt ist. Somit ist auch das Individuum (und dessen Individuation)[53] nie abgeschlossen, sondern verbleibt dauerhaft ein offenes Konzept im permanenten Werden.[54]

Die für die Mechanismen und Prozesse der inneren Welt etwas weniger zentrale **soziale Identität** bezieht sich auf die Zugehörigkeit zu sozialen Gruppen und die Identifikation mit diesen Gruppen. Dies kann auf verschiedenen Ebenen erfolgen, einschließlich Familie, Freundeskreis oder Nationalität. Die soziale Identität eines Individuums beeinflusst sein Verhalten, seine Einstellungen und seine Interaktionen mit anderen. Maßgebend für die soziale Identität ist nach der sozialen Identitätstheorie die Formung und Aufrechterhaltung des inneren Selbstkonzepts.[55] Dies geschieht vor allem durch soziale Kategorisierung. Individuen tendieren dazu, sich selbst und andere in Bezug auf bestimmte soziale Kategorien zu klassifizieren, wie Geschlecht, Ethnizität, Bildungsstand oder Beruf. Durch diese Kategorisierung entwickeln sie eine Gruppenzugehörigkeit und identifizieren sich mit den sozial antrainierten und kommunizierten Merkmalen

---

Identity Moratorium (Identitätsmoratorium): Intensive Exploration ohne endgültige Verpflichtung, eine Phase des Suchens und Experimentierens.
Identity Achievement (Identitätsfindung): Erfolgreiche Exploration und anschließende Verpflichtung zu einer gefestigten Identität.
Vgl. Marcia (1966), S. 554ff.

52 Vgl. Marcia (1980), S. 181f.

53 Individuation ist ein zentraler Begriff in der psychologischen Theorie von Carl Gustav Jung, der den Prozess der Selbstverwirklichung und Persönlichkeitsentwicklung beschreibt. Jung prägte diesen Begriff, um den komplexen Weg zu einem individuellen, authentischen Selbst zu beschreiben, der durch die Integration verschiedener Aspekte der Psyche gekennzeichnet ist.
Vgl. Jung (2022), S. 69ff.

54 Ebd.

55 Vgl. Tajfel / Turner (2004a), S. 280f.

und Werten ihrer Gruppe. Ein weiterer Prozess innerhalb der sozialen Identitätstheorie ist der der sozialen Vergleichsprozesse. Individuen neigen dazu, ihr Selbstwertgefühl durch den Vergleich mit anderen zu bewerten, sowohl innerhalb ihrer eigenen Gruppe (interne Vergleiche) als auch mit Individuen anderer Gruppen (externe Vergleiche). Diese Vergleiche können dazu führen, dass Menschen ihr Gruppenmitglied positiver bewerten und sich mit dieser identifizieren, um ihr Selbstwertgefühl zu steigern.

Davon abgegrenzt existiert auch noch eine (regional unterschiedlich ausgeprägte) **kulturelle Identität**, welche sich auf die Werte, Normen, Überzeugungen, Bräuche und Traditionen bezieht, die mit einer bestimmten Kultur oder ethnischen Gruppe verbunden sind. Diese Aspekte der Identität werden durch die weitere soziale Umgebung und die kulturelle Zugehörigkeit geprägt und beeinflussen das Verhalten, die Kommunikation und die Weltanschauung eines Individuums. Kulturelle Identität kann auch mit Fragen der Integration und Akkulturation in multikulturellen Gesellschaften verbunden sein und zu transindividualen und gesellschaftlichen Identitätskonflikten führen.

Es ist wichtig anzumerken, dass sich Identität stets aus allen drei Teilidentitäten zusammensetzt, ohne dabei kumulativ oder widerspruchsfrei zu sein.[56] Individuelle Identität bildet keine statische oder einheitliche Entität, sondern wirkt vielmehr dynamisch und situativ. Identität kann sich im Laufe der Zeit verändern, je nach Lebensereignissen, sozialen Beziehungen und kulturellen Einflüssen – darüber hinaus können Individuen verschiedene Identitäten haben, die in verschiedenen Kontexten zum Ausdruck kommen und miteinander in Konflikt geraten können.[57]

Dabei hat Identität vor allem eine Funktion: Sie ist ein Mechanismus der Vereinheitlichung innerhalb der inneren Welt, indem ihr Konstrukt ermöglicht, die Vielheit des Geistsystems und aller mentaler Prozesse in einem bindenden Narrativ zu vereinen – dem des ICH. Diese Funktion ist die ökonomische Dimension von Identität; ansonsten unkoordinierbare Komplexität wird gebündelt und identifizierbar gemacht.[58] Die Wirkung sei an der Stelle ein wenig mit der Form einer Unternehmung verglichen – Identität ist ein mentaler Leuchtturm, an dem sich sämtliche bewussten und unbewussten Prozesse orientieren können und der ein Individuum erst adressierbar und handlungsfähig werden lässt.

---

56 Vgl. Tajfel / Turner (2004a), S. 59f.

57 Ebd.

58 Siehe auch die Beschreibung des Geistsystems in Kapitel ZWEI und FÜNF.

Somit spannt individuelle Identität gewissermaßen den Rahmen auf, in dem unser Selbst funktionieren und wirken kann, sie ist ein hilfreiches Konstrukt, ohne welches die innere Welt nicht dauerhaft bestehen könnte.

Die drei Kernaussagen:

1. **Komplexität der Identität:** Identität ist ein vielschichtiges Konstrukt, das aus verschiedenen Dimensionen wie persönlicher Identität, sozialer Identität und kultureller Identität besteht. Diese Teilidentitäten kumulieren zu einem Konzept des eigenen Selbst, das aus vielen Teilkomponenten besteht und oft in einem Prozess der Rekonstruktion zusammengehalten wird.
2. **Psychologische Kontinuitätstheorie:** Die persönliche Identität wird durch die Kontinuität des psychologischen Zustands oder der mentalen Eigenschaften einer Person definiert. Autobiographische Erinnerungen spielen eine zentrale Rolle bei der Aufrechterhaltung der Identität, indem sie eine kohärente narrative Identität ermöglichen. Soziale Interaktionen, Entwicklungsaufgaben im Lebensverlauf und die Entwicklung eines stabilen Selbstkonzepts sind ebenfalls wichtige Aspekte.
3. **Dynamik und Vielfalt der Identität:** Identität ist dynamisch und situativ und kann sich im Laufe der Zeit verändern. Individuen können verschiedene Identitäten haben, die in verschiedenen Kontexten zum Ausdruck kommen und miteinander in Konflikt geraten können. Identität hat die Funktion, die Vielheit des Geistsystems in einem bindenden Narrativ zu vereinen und somit eine koordinierte Handlungsfähigkeit zu ermöglichen.

Kultur – Vermittler und Wegweiser zwischen Identität und Erinnerung

„Kultur beginnt im Herzen jedes Einzelnen."[59]

Die Beziehung zwischen Kultur, Identität und Erinnerung ist von zentraler Bedeutung für das Verständnis der menschlichen Erfahrung und des sozialen Zusammenhalts. Kultur dient nicht nur als Vermittler zwischen in-

59 Suzuki (1969).

dividueller Identität und kollektiver Zugehörigkeit, sondern fungiert auch als Wegweiser für die Konstruktion und Interpretation von Erinnerungen.

Was ist Kultur? Kultur kann auf verschiedene Weisen definiert werden, abhängig von disziplinären Perspektiven und theoretischen Ansätzen. Im Allgemeinen bezieht sich Kultur auf die Gesamtheit der geistigen, materiellen, emotionalen und Verhaltensmuster, die von einer Gesellschaft oder einer sozialen Gruppe geteilt und über Generationen hinweg weitergegeben werden.[60] Diese Muster umfassen Normen, Werte, Überzeugungen, Bräuche, Sprachen, Kunstformen, Religionen, Institutionen und andere Aspekte des menschlichen Lebens.

Eine für die Zwecke dieses Buches gut zu verwendende Definition, die diese verschiedenen Dimensionen von Kultur umfasst, definiert Kultur als "ein Muster von Grundannahmen – Erfindungen, Entdeckungen und Erfahrungen -, das sich bewährt hat, um Probleme der äußeren Anpassung und der internen Integration zu lösen, und das den Mitgliedern einer Gruppe ermöglicht hat, sich besser an ihre Umwelt anzupassen."[61] Wenn man den intersubjektiven Kontext mehr betonen möchte, kann Kultur als " the collective programming of the mind which distinguishes the members of one group or category of people from another."[62] definiert werden. Beide Definitionen betonen die gemeinsamen Merkmale und Normen, die eine kulturelle Gruppe teilt, sowie deren Rolle für die Konstitution der inneren Welt gemeinsam mit der Bedeutung von Kultur für die Anpassung an die Umwelt und die soziale Integration, ohne außer Acht zu lassen, dass es sich um eine gegenseitige Beeinflussung handelt, sprich Kultur auch immer das Produkt einzelner Grundannahmen und Erfahrungen ist und durch diese gespeist und mittelfristig auch modifiziert wird.

Kultur als Entität umfasst somit die gemeinsamen Werte, Normen, Überzeugungen, Traditionen und Praktiken einer bestimmten Gruppe oder Gemeinschaft. Diese kulturellen Elemente dienen als Grundlage für die Konstruktion individueller Identitäten, da sie den Rahmen für die Selbstdefinition und die Zugehörigkeit zu einer bestimmten sozialen Gruppe bieten. Durch die Internalisierung kultureller Normen und Werte identifizieren sich Menschen mit ihrer kulturellen Gemeinschaft und konstruieren ihre

---

60 Vergleiche konzeptionell Thomas / Utler (2013), S. 41ff.

61 Schein (1985), S.9.

62 Hofstede (1980), S. 25.

Identität in Bezug auf diese Gruppe – Kultur wirkt daher als Vermittler von Identität.[63]

Die kulturelle Identität beeinflusst nicht nur die Selbstwahrnehmung und das Selbstkonzept eines Individuums, sondern prägt auch dessen Verhalten, Einstellungen und Weltanschauungen. Indem sie sich mit ihrer kulturellen Identität identifizieren, suchen Individuen nach Gemeinschaft, Anerkennung und Sicherheit in einer Welt, die oft von Divergenz und Komplexität geprägt ist – individuell erlebte Kultur wird zum Konvergenzfaktor für transpersonale Identität.[64]

Parallel dazu wird Kultur interpersonell zum „Wegweiser" für Erinnerungen: Erinnerungen sind nicht nur individuelle situative Repräsentationen vergangener Ereignisse[65], sondern werden auch durch kulturelle Kontexte und Rahmenbedingungen geformt und interpretiert. Kultur fungiert als Wegweiser für die Konstruktion und Interpretation von Erinnerungen in der eigenen inneren Welt, indem sie die Bedeutung von Ereignissen und Erfahrungen kontextualisiert und in einen größeren kulturellen Rahmen einbettet. Zusätzlich dienen kulturelle Narrative (welche das individuelle Narrativ ergänzen und transzendieren) wie auch Symbole, Rituale und Traditionen als Mittel zur Aufrechterhaltung und Weitergabe von ehemals individuellen Erinnerungen über Generationen hinweg.[66] Indem sie gemeinsame Narrative und deren Interpretationen teilen und kulturelle Praktiken praktizieren, erinnern sich Individuen nicht nur an vergangene Ereignisse, sondern konstruieren auch ihre Identität in Bezug auf ihre kulturelle Zugehörigkeit.[67]

Die Wechselwirkungen zwischen Kultur, Identität und Erinnerung sind für die Vermittlerrolle von Kultur entscheidend: Kultur bietet den Rahmen für die Konstruktion individueller Identitäten und prägt die Art und Weise, wie Menschen ihre Erinnerungen interpretieren und weitergeben. Gleichzeitig formen individuelle Identitäten und Erinnerungen auch die Kultur, indem sie neue Perspektiven und Erfahrungen einbringen und zur kulturellen Vielfalt beitragen. Kultur konstituiert ein eigenes „kollektives Unbewusstes".[68]

---

63 Thomas / Utler (2013), S. 51f.

64 Vgl. Assmann (1988), S. 10–12.

65 Dieser Aspekt wird später noch ausführlich behandelt.

66 Vgl. Assmann (2018), S. 48–59 und S. 66f.

67 Ebd.

68 Das Konzept des kollektiven Unbewussten wurde von Carl Gustav Jung entwickelt und ist ein zentraler Bestandteil seiner analytischen Psychologie. Jung argumentierte,

Zusammengenommen verdeutlicht die Beziehung zwischen Kultur, Identität und Erinnerung die enge Verflechtung dieser Konzepte und ihre Bedeutung für das individuelle Erleben von Realität und Verhalten. Indem sie als Vermittler und Wegweiser zwischen Identität und Erinnerung fungiert, ermöglicht Kultur nicht nur die Konstruktion individueller und kollektiver Identitäten, sondern auch die Bewahrung und Weitergabe intersubjektiven Wissens und der Transponierung einer kollektiven, transpersonalen Identität über Generationen hinweg.

Kultur verbindet die äußere Welt mit der inneren, erlebten Realität und lässt diese in einem Kontext begreifbar werden; sie ist der Wegweiser auf dem komplexen Terrain des ICH.

Die drei Kernaussagen:

1. **Zentrale Bedeutung der Beziehung zwischen Kultur, Identität und Erinnerung:** Die Verflechtung von Kultur, Identität und Erinnerung spielt eine entscheidende Rolle für das Verständnis der menschlichen Erfahrung und des sozialen Zusammenhalts.
2. **Kultur als Vermittler von Identität und Wegweiser für Erinnerungen**: Kultur dient als Vermittler zwischen individueller Identität und kollektiver Zugehörigkeit, während sie gleichzeitig als Wegweiser für die Konstruktion und Interpretation von Erinnerungen fungiert.
3. **Wechselwirkung zwischen Kultur, Identität und Erinnerung:** Kultur formt individuelle Identitäten und prägt die Interpretation von Erinnerungen, während individuelle Identitäten und Erinnerungen wiederum die Kultur beeinflussen und zur kulturellen Vielfalt beitragen. Diese Wechselwirkungen verdeutlichen die enge Verbindung zwischen Kultur, Identität und Erinnerung sowie ihre Bedeutung für das individuelle Erleben von Realität und Verhalten.

---

dass neben dem persönlichen Unbewussten jedes Individuums, das aus persönlichen Erinnerungen, unterdrückten Wünschen und individuellen Komplexen besteht, es auch ein kollektives Unbewusstes gibt, das die gesamte Menschheit miteinander verbindet. Das kollektive Unbewusste besteht aus archetypischen Inhalten, die in den kulturellen Überlieferungen, Mythen, Symbolen und Ritualen aller Gesellschaften zu finden sind. Diese archetypischen Inhalte sind angeborene psychische Strukturen, die die Grundlage für universelle menschliche Erfahrungen und Verhaltensweisen bilden. Sie sind im Laufe der Evolution entstanden und werden von Generation zu Generation weitergegeben.
Vgl. Jung (2022), S. 19f., S. 58ff.

Die konstituierende Funktion von Erinnerung

> *«Wir sind so eingerichtet, daß wir nur den Kontrast intensiv genießen können, den Zustand nur sehr wenig. Somit sind unsere Glücksmöglichkeiten schon durch unsere Konstitution beschränkt.»*[69]

Einer der wesentlichsten Begriffe dieses Buches und für die innere Ökonomie ist die mentale Ressource «Erinnerung»; um sie kreist die Ökonomie in uns.

Und zentraler Dreh- und Angelpunkt für diese innere Ökonomie ist das Geistsystem – das, was meist als Psyche, Persönlichkeit oder innere Stimme bezeichnet wird. Hierzu wurde ohne Frage bereits viel geschrieben – ist es doch bereits seit der Antike ein Feld, an dem sich das Interesse des Menschen mannigfaltig abgearbeitet hat – hier entstand auch der Begriff der „Erinnerung".[70] Diese wurde schnell als vermittelnde oder inhärent bedeutungsvolle Ressource angesehen, welche Eindrücke aus der Realität in die Seele transponiert.

Im 19. Jahrhundert begann die wissenschaftliche Untersuchung der Erinnerung mit Pionieren wie EBBINGHAUS, der 1885 das erste systematische Experiment zur Erforschung des Gedächtnisses durchführte.[71] EBBINGHAUS prägte den Begriff "Retroaktion" und entwickelte das Konzept des "Vergessens".[72] Seine Arbeit legte den Grundstein für die experimentelle Psychologie der Erinnerung – auch er misst dieser eine entscheidende Bedeutung für den Menschen zu:

> *„Den Kenntnissen von dem Dasein des Gedächtnisses und seinen Wirkungen geht zur Seite ein mannigfaltiges Wissen um die Bedingungen, von denen die Intensität des inneren Nachlebens, sowie die Treue und Promptheit der Reproduktion sich abhängig zeigen."*[73]

69 Freud (2009), S. 43.

70 Zum Begriff der Erinnerung in der (westlichen) Psychologie finden sich die ersten wesentlichen Ansätze bei Plato und Aristoteles mit Fragen zur Erinnerung und zur Funktionsweise des Gedächtnisses. Plato beschrieb in seinem Konzept "Anamnesis" die Erinnerung als Prozess des Wiedererlebens vergangener Eindrücke, die die Seele bereits kannte. Siehe dazu auch Huber (1964); S. 20–41.
In der östlichen Philosophie gehen die Wurzeln dieses Erkenntnisinteresses noch deutlich weiter zurück, vgl. dazu Borghardt/ Erhardt (2016), S. 227–268.

71 Vgl. Ebbinghaus / Dürr (1913), S. 224–242 und S. 303f.

72 Vgl. Ebbinghaus (1885), S. 68 und S. 143f.

73 Ebd. S. 3.

Diese basalen Theorien und Modelle zur Erinnerung haben sich im Laufe der Zeit weiterentwickelt, wobei wichtige Beiträge von Wissenschaftlern wie JAMES, FREUD, JUNG und anderen kamen. JAMES beschrieb beispielsweise das Gedächtnis als einen dreiteiligen Prozess, der aus dem sensorischen Gedächtnis, dem Kurzzeitgedächtnis und dem Langzeitgedächtnis besteht – einer Einteilung, die heute im Allgemeinwissen nach wie vor hohe Präsenz genießt. Gleichzeitig etablierte er in seinen *„Principles of Psychology"* (1890) die Darstellung der Psyche als Bewusstseinsprozess, dem Konzept des *„stream of consciousness"* – einem wichtigen Anknüpfungspunkt für die Ausführungen dieser Arbeit.[74]

Dies korreliert mit dem Konzept der Apperzeption von WUNDT, dem Eintreten eines Bewusstseinsinhaltes in das Aufmerksamkeitsfeld, vermittelt durch eine Anzahl an Funktionen, die in den Bewusstseinsprozess eingreifen.[75]

FREUD erweiterte dieses Modell mit dem Konzept des Unterbewusstseins und dem unbewussten Gedächtnis praktisch um die „Unterseite" des grundlegenden Bewusstseinsmodells, innerhalb dessen sich Erinnern als wichtigste Funktion abspielt.[76]

Insgesamt hat die Erforschung der Erinnerung in der Psychologie einen langen Weg zurückgelegt (sämtliche genannten Wissenschaftler verfassten ihre Werke Ende des 19. / Anfang des 20. Jahrhunderts) und bleibt ein zentrales Thema für die moderne kognitive Psychologie und die Neurowissenschaften – eine Erweiterung in Richtung „innere Ökonomie"[77] ist lediglich ein nächster konsequenter Schritt der Erforschung des Geistes und seines Systems.

---

74 Vgl. James (1890), S. 179ff. sowie S. 245ff.

75 Vgl. Wundt (1896), S. 134ff sowie S. 187ff.

76 Vgl. Freud (1988), S. 266ff.

77 Entgegen der ab und zu gebräuchlichen Verwendung des Begriffes im Kontext der materiellen Seite menschlichen Handelns und der wirtschaftlichen Ordnung als Auswirkung psychischer und geistiger Aspekte möchte diese Arbeit den Begriff als rationalen inneren Umgang mit mentalen Ressourcen verwenden, siehe auch Kapitel 1.2.

Die drei Kernaussagen:

1. Die mentale Ressource "Erinnerung" steht im Zentrum der inneren Ökonomie und ist das zentrale Thema dieses Buches.
2. Das Geistsystem, oft als Psyche oder Persönlichkeit bezeichnet, bildet den Dreh- und Angelpunkt dieser inneren Ökonomie und hat seit der Antike das Interesse der Menschen geweckt.
3. Die wissenschaftliche Erforschung der Erinnerung bleibt ein relevantes Thema und erweitert sich konsequent in Richtung einer inneren Ökonomie.

Der Aufbau von Erinnerung und ihre Rolle im Geistsystem – ein Stand der Forschung

> *«Die Gegenwart ist Gegenstand der Wahrnehmung, die Zukunft Sache der Erwartung, die Vergangenheit Gegenstand der Erinnerung.»*[78]
> *„Heute dasselbe fühlen wie gestern heißt nicht fühlen – heißt sich heute an das erinnern, was man gestern gefühlt hat, heißt heute der lebendige Leichnam dessen zu sein, was gestern gelebt und verlorenging."*[79]

Zunächst ein kurzer Abriss der neurologischen Seite der Erinnerung.

Das Erinnern aus psychologischer Sicht ist ein von komplexer Interaktion geprägter Prozess, der durch kognitive, neurologische und emotionale Mechanismen gekennzeichnet und eingeteilt wird. Die aktuellen Forschungsergebnisse[80] lassen sich in Hinblick auf die Funktionsweise des Erinnerns folgendermaßen kurz zusammenfassen:

Grundlegend basiert das Erinnern auf dem Zusammenspiel verschiedener Gehirnregionen, die in einem Netzwerk verbunden sind. Ein zentrales Element dieses Netzwerks ist der Hippocampus, der eine Schlüsselrolle bei der Bildung neuer Erinnerungen spielt. Der Prozess der Enkodierung, bei dem Informationen aus der Umwelt in das Langzeitgedächtnis aufgenommen werden, beginnt oft mit der Aktivierung sensorischer Bereiche des Gehirns, die Eindrücke wie Geräusche, Bilder und Gerüche verarbeiten.

78 Aristoteles, Parva naturalia. De memoria et reminiscentia, Cap. I.

79 Pessoa (2008), S. 107.

80 Diese sind naturgemäß umfangreich; es wird nur ein kleiner, kondensierter Umfang dargestellt.

Diese sensorischen Eindrücke gelangen in den Hippocampus, wo sie in neuronalen Netzwerken verarbeitet und organisiert werden. Dabei spielen emotionale Komponenten eine wichtige Rolle, da emotionale Ereignisse oft intensiver und langanhaltender erinnert werden. Der Hippocampus arbeitet eng mit anderen Hirnregionen wie dem präfrontalen Kortex zusammen, um Erinnerungen zu konsolidieren und zu speichern.[81]

Das Phänomen des Erinnerns ist jedoch nicht nur auf die Bildung neuer Erinnerungen beschränkt, sondern beinhaltet auch den Abruf gespeicherter Informationen. Hier kommen verschiedene Mechanismen wie Abrufhinweise und Assoziationen zum Tragen. Abrufhinweise können externe Reize oder interne Gedanken sein, die mit einer bestimmten Erinnerung verbunden sind und den Zugriff darauf erleichtern. Interessanterweise ist das Erinnern selbst neurologisch gesehen nicht ein passiver Abruf von Informationen, sondern ein aktiver Rekonstruktionsprozess.[82] Das bedeutet, dass Erinnerungen nicht einfach gespeichert und abgespielt werden, sondern eher auf Basis von Fragmenten und Schemata rekonstruiert werden, die im Gedächtnis gespeichert sind. Dies kann dazu führen, dass Erinnerungen verzerrt oder verfälscht werden, insbesondere im Laufe der Zeit oder unter dem Einfluss von externen Faktoren.[83]

Ein weiterer wichtiger Aspekt des Erinnerns ist seine Flexibilität und Plastizität.[84] Das Gedächtnis ist nicht statisch, sondern kann sich im Laufe der Zeit verändern und an neue Informationen anpassen.[85] Dieser Prozess der Gedächtnisplastizität ermöglicht es, Erfahrungen multidimensional zu integrieren, zu aktualisieren und zu modifizieren, was ein zentraler Mechanismus für das Lernen und die Anpassung an neue Situationen ist – Erinnerungen sind also veränderlich.[86]

Insgesamt ist aus neurologischer Sicht das Erinnern (als Funktion des Geistsystems) ein komplexer und dynamischer Prozess, der von einer Vielzahl von internen wie externen Faktoren beeinflusst wird. Diese sind jedoch nicht-situativ – das Individuum steckt nicht im Hier und Jetzt fest: Die Gedächtnisplastizität ermöglicht ein Nach- oder sogar Neuerleben

81 Vgl. dazu ausführlich Thompson (2016), S. 45ff. sowie OECD (2005), S. 64–71.
82 Vgl. Logie / Camos / Cowan (2020), S. 4–9 sowie Baddeley / Hitch / Allen (2020), S. 19ff. und Mauser / Pfeiffer (Hrsg.) (2004), S. 46–48.
83 Ebd.
84 Vgl. auch Jäncke (2021), S. 19f., S. 43ff.
85 Ebd.
86 Ebd.

vergangener[87] (oder die Vorwegnahme zukünftiger[88]) Erlebnisse. Auch aus neurologischer Sicht ist ein Individuum imstande, auf „mentale Zeitreisen" zu gehen und so Entscheidungen im Jetzt zu beeinflussen.[89]

Diese inzwischen gut belegte Funktionalität des Geistsystems findet in der kognitiven Psychologie seine Entsprechung. Ein grundlegender Ansatz in der kognitiven Psychologie ist das Mehrspeichermodell des Gedächtnisses, das davon ausgeht, dass das Gedächtnis in verschiedene Systeme oder Speicher unterteilt ist, die unterschiedliche Arten von Informationen verarbeiten.[90] Das Arbeitsgedächtnis ist ein temporärer Speicher, der für die Verarbeitung und Manipulation von Informationen im Bewusstsein zuständig ist; das Langzeitgedächtnis hingegen ist ein dauerhafterer Speicher, der eine breite Palette von Informationen über einen längeren Zeitraum speichern kann.[91] Der Prozess des Erinnerns beginnt mit der Enkodierung von Informationen, bei dem sensorische Eindrücke in für das Gedächtnis zugängliche Formate umgewandelt werden.[92] Das Langzeitgedächtnis ist in verschiedene Kategorien unterteilt, darunter das deklarative Gedächtnis, das explizit bewusste Erinnerungen wie Fakten und Ereignisse umfasst, sowie das nicht-deklarative Gedächtnis, das unbewusste Erinnerungen wie Fähigkeiten und Gewohnheiten beinhaltet.[93]

Der Abruf von gespeicherten Informationen aus dem Langzeitgedächtnis ist ein entscheidender Schritt im Erinnerungsprozess. Dieser Abruf kann durch verschiedene Faktoren beeinflusst werden, darunter Abrufhinweise, Kontext und emotionale Zustände.[94] Beispielsweise können spezifische Hinweisreize dazu beitragen, dass relevante Erinnerungen aktiviert und abgerufen werden.[95]

Ein wichtiger Aspekt des Erinnerns aus kognitiver Sichtweise ist ebenfalls die Rekonstruktion von Erinnerungen. Das heißt, dass Erinnerungen

87 Dieser Vorgang wird als „Narration" verstanden.

88 Dieser Vorgang wird als „Imagination" verstanden.

89 Vgl. dazu Daniel/ Stanton/ Epstein (2013), S. 2340 sowie Schacter/ Benoit/ Szpunar (2017), S. 41f.

90 Es handelt sich bei dem Drei-Stufen-Modell um ein mehrkomponentiges Gedächtnismodell, welches heute noch zu den grundlegenden Modellen der Gedächtnisforschung zählt. Für diese Arbeit ist dessen exaktes Funktionsprinzip nur von peripherem Interesse. Vgl. dazu Atkinson/ Shiffrin (1968).

91 Vgl. Thompson (2016), S. 55.

92 Ebd.

93 Ebd. sowie Billhardt / Storck (2021), S. 108–112.

94 Ebd., S. 276.

95 Vgl. Billhardt / Storck (2021), S. 124ff.

oft nicht als genaue Wiedergabe vergangener Ereignisse betrachtet werden können, sondern vielmehr als Konstruktionen, die auf gespeicherten Fragmenten und Schemata basieren.[96] Diese Rekonstruktion kann zu Verzerrungen und Fehlern führen, insbesondere bei komplexen oder emotional geladenen Ereignissen.[97]

Beide Sichtweisen zeigen, wie zentral Erinnerungen als mentale Ressource sind – und wie fließend der Zusammenhang zwischen Erinnerung und objektiver äußerer Realität ist. Erinnerungen sind in beiden Modellen kein Abbild der Realität, sondern konstruieren diese auf individueller Basis. Daher ist eine bewusste Beschäftigung mit Erinnerungen (welche veränderbar und interpretierbar sind) ein individualpsychologisches Element, das unmittelbar aktiven Einfluss auf das Erleben sowie den psychischen Zustand hat – so bringt es bereits Aristoteles auf den Punkt: «Die Gegenwart ist Gegenstand der Wahrnehmung, die Zukunft Sache der Erwartung, die Vergangenheit Gegenstand der Erinnerung».[98]

Die drei Kernaussagen:

1. **Rekonstruktive Natur von Erinnerungen:** Erinnerungen werden aktiv rekonstruiert und basieren auf gespeicherten Fragmenten und Schemata, was zu Verzerrungen oder Fehlern führen kann, insbesondere bei komplexen oder emotionalen Ereignissen.
2. **Gedächtnisplastizität und Flexibilität:** Das Gedächtnis ist flexibel und plastisch, was bedeutet, dass es sich im Laufe der Zeit verändern und an neue Informationen anpassen kann. Dieser Prozess ermöglicht es, Erfahrungen zu integrieren, zu aktualisieren und zu modifizieren, was entscheidend für das Lernen und die Anpassung an neue Situationen ist.
3. **Sensorische Eindrücke und Abrufhinweise:** Der Prozess des Erinnerns beginnt mit der Enkodierung von sensorischen Eindrücken, die dann im Langzeitgedächtnis gespeichert werden. Der Abruf gespeicherter Informationen wird durch verschiedene Faktoren beeinflusst, darunter sensorische Hinweisreize und Assoziationen, was dazu führen kann, dass relevante Erinnerungen aktiviert und abgerufen werden.

---

96 Ebd., S. 156–163.
97 Ebd.
98 Aristoteles (2021), S. 11.

Konzeptionelle, methodische und begriffliche Grundlagen – die Begrifflichkeiten der Erinnerungspsychologie

> *"Stulti autem malorum memoria torquentur, sapientes bona praeterita grata recordatione renovata delectant."*[99]

Um die eingangs erwähnten Ziele dieses Buches umsetzen zu können, bedarf es im Vorfeld der Klärung einiger Begrifflichkeiten und theoretischen wie methodischen Rahmenbedingungen zum besseren Verständnis und zur besseren Einordung der kommenden Kernaussagen.

Die Erinnerungspsychologie ist ein komplexes, interdisziplinäres Forschungsfeld, dass sich mit der Untersuchung jener Prozesse beschäftigt, durch die Informationen im menschlichen Gedächtnis gespeichert, behalten, abgerufen und modifiziert werden.[100] Die zentralen Begrifflichkeiten der Erinnerungspsychologie bieten einen ersten Einblick in die Funktionsweise des Geistsystems und helfen dabei, die Komplexität der menschlichen Erinnerung zu verstehen. Die folgenden Punkte umreißen knapp die für dieses Buch wichtigen Konzepte und Begriffe der Erinnerungspsychologie.[101]

- Gedächtnis: Das Gedächtnis ist der Schlüsselbegriff der Erinnerungspsychologie. Es bezeichnet die Fähigkeit eines Individuums, Informationen zu speichern, zu behalten und abzurufen. Das Gedächtnis ist keine statische Entität, sondern ein dynamischer Prozess, der durch verschiedene Faktoren beeinflusst wird.[102]
- Gedächtnissysteme: Das Gedächtnis wird oft in verschiedene Systeme oder Phasen unterteilt, die unterschiedliche Funktionen und Kapazitäten haben. Dazu gehören das sensorische Gedächtnis, das Kurzzeitgedächtnis und das Langzeitgedächtnis.[103] Das sensorische Gedächtnis speichert sensorische Eindrücke wie Sehen oder Hören für kurze Zeit. Das Kurz-

99 „Während sich die Dummen aber mit den Erinnerungen an üble Dinge quälen, erfreuen sich die Weisen an vergangenem Glück, das sie sich in ihrer Erinnerung vergegenwärtigen."
Cicero, Tusculanae Disputationes, Liber V, 40.

100 Vgl. Wentura / Frings (2013), S. 101–125.

101 Gleichzeitig lohnt sich auch bei allen Fachbegriffen ein Blick in den ausführlichen Glossar.

102 Ebd., S. 118–122.

103 Vgl. Billhardt / Storck (2021), S. 90–106.

zeitgedächtnis hat eine begrenzte Kapazität und Dauer und dient der temporären Speicherung von Informationen. Das Langzeitgedächtnis hat eine nahezu unbegrenzte Kapazität und speichert Informationen langfristig.[104]

- Explizites und implizites Gedächtnis: Das Langzeitgedächtnis kann weiter in explizites (deklaratives) und implizites (nicht-deklaratives) Gedächtnis unterteilt werden. Das explizite Gedächtnis umfasst Fakten und Ereignisse, die bewusst abgerufen werden können. Das implizite Gedächtnis bezieht sich auf das Wissen über Fähigkeiten und Verhaltensweisen, das oft unbewusst abläuft.[105]
- Vergessen: Vergessen bezieht sich auf die Unfähigkeit, Informationen abzurufen, die zuvor im Gedächtnis gespeichert wurden. Es gibt verschiedene Ursachen für Vergessen, darunter Interferenz, Desintegration und mangelnde Kodierungstiefe.[106] Vergessen ist ein natürlicher und normaler Teil des Gedächtnisprozesses.[107]
- Erinnerungsverzerrung: Erinnerungsverzerrung tritt auf, wenn Erinnerungen durch verschiedene Einflüsse verändert oder verzerrt werden. Dies kann durch suggestive Fragestellungen, persönliche Interpretationen oder Vorurteile geschehen.[108] Erinnerungsverzerrung kann zu falschen Erinnerungen führen und hat wichtige Implikationen für das Geistsystem als Ganzes.[109]
- Erinnerungsfähigkeit: Die Erinnerungsfähigkeit bezeichnet die Fähigkeit eines Individuums, Informationen abzurufen und wiederzugeben. Die Erinnerungsfähigkeit kann durch verschiedene Faktoren beeinflusst werden, darunter Wiederholung, Elaboration, Organisation und Kontextabhängigkeit.[110]

Die zentralen Begrifflichkeiten der Erinnerungspsychologie bieten einen ersten Rahmen für den Aufbau einer dezidierten Ökonomie der Erinnerung. Auf diesen Begriffen bauen die mentalen Erinnerungs-Prozesse auf, werden die Mechanismen entwickelt, die dazu führen können, dass Erinnerungen verändert oder neu bewertet werden.

---

104 Vgl. Wentura / Frings (2013), S. 120–125.
105 Ebd., S. 182–184.
106 Vgl. Pritzel / Markowitsch (2017), S. 18–22.
107 Ebd.
108 Ebd., S. 19.
109 Ebd., S. 20.
110 Vgl. Billhardt / Storck (2021), S. 116–119.

EINS: Die drei Kernaussagen in Kurzform:

1. Identität, Kultur und Erinnerung bestimmen den Rahmen und die Grenzen unserer inneren Welt.
2. Unsere innere Ökonomie hängt von unserem Geistsystem ab; dieses umfasst sämtliche mentalen Ressourcen und Prozesse.
3. Erinnerungen sind eine wesentliche mentale Ressource.

ZWEI: Der Wesenskern – Veränderung, Fluidität des Ich, Narration und Erkenntnis

„Das Ideal-Schöne, obgleich untheilbar und einfach, zeigt in verschiedener Beziehung sowohl eine schmelzende als energische Eigenschaft; in der Erfahrung gibt es eine schmelzende und energische Schönheit. So ist es, und so wird es in allen den Fällen sein, wo das Absolute in die Schranken der Zeit gesetzt ist und Ideen der Vernunft in der Menschheit realisiert werden sollen. So denkt der reflektierende Mensch sich die Tugend, die Wahrheit, die Glückseligkeit; aber der handelnde Mensch wird bloß Tugenden üben, bloß Wahrheiten fassen, bloß glückselige Tage genießen. Diese auf jene zurück zu führen – an die Stelle der Sitten die Sittlichkeit, an die Stelle der Kenntnisse die Erkenntniß, an die Stelle des Glückes die Glückseligkeit zu setzen, ist das Geschäft der physischen und moralischen Bildung; aus Schönheiten Schönheit zu machen, ist die Aufgabe der ästhetischen.“[111]

Nach der ersten Annährung an die Funktionsweise des Geistsystems und der inneren Ökonomie geht ZWEI nun mehr in die Tiefe.

Dabei geht es vor allem um zwei Aspekte: Zum einen möchte ich die innere Ökonomie weiter ausdifferenzieren und als Konzept verständlich und nutzbar machen; die Basis für eine Erkenntnistherapie legen. Zum anderen möchte ich das Geistsystem, welches in unserem Inneren am Wirken ist und erstaunliche Funktionsprinzipien aufweist, explizit darstellen – meiner Meinung nach ist es unerlässlich, ein präzises Verständnis für ein derart komplexes Werkzeug wie das Geistsystem zu entwickeln, um es effektiv nutzen zu können. Die meisten Menschen beschäftigen sich ausführlich mit der Funktionsweise von technischen Geräten oder Applikationen – aber nur die wenigsten machen sich Gedanken darüber, wie ihr eigener Geist aufgebaut ist und arbeitet.

Ebenso stellen die Weiterentwicklung der inneren Ökonomie und die Erarbeitung eines Konzepts für eine Erkenntnistherapie wichtige Schwer-

111 Schiller (1903), S. 192.

punkte dar. Dabei geht es nicht nur um die Erforschung der Funktionsweise des menschlichen Geistes, sondern auch um die praktische Anwendung dieses Wissens zur Förderung von innerem Wachstum und Effizienz des Geistsystems.[112]

Die innere Ökonomie bezieht sich auf die effiziente Nutzung der mentalen Ressourcen eines Individuums, einschließlich Erinnerung, Achtsamkeit, Resilienz und (allgemeiner) kognitiver Kapazität. Durch die Weiterentwicklung dieses Konzepts können wir ein besseres Verständnis dafür entwickeln, wie wir unsere mentalen Ressourcen optimal nutzen können, um Ziele zu erreichen, Herausforderungen zu bewältigen und Entscheidungsprozesse zu verbessern. Dies kann dazu beitragen, Effizienzsteigerungen im Denken, Fühlen und Handeln zu erzielen, psychische Probleme zu lösen sowie ein Gleichgewicht zwischen den verschiedenen, oft gegensätzlichen Aspekten unseres Lebens herzustellen.

Ein erster Überblick:

- Die Erkenntnistherapie basiert schließlich auf der Idee, dass unsere Erkenntnisse und Überzeugungen einen entscheidenden Einfluss auf unsere bewusste Psyche und unsere Handlungen haben. Durch die Entwicklung der Erkenntnistherapie können wir Wege identifizieren, wie wir unsere Denkmuster und Überzeugungen aktiv beeinflussen können, um eine positive Veränderung herbeizuführen. Dies wird die Identifizierung und Überwindung von irrationalen Überzeugungen, die Förderung von Selbstmitgefühl und Selbstakzeptanz sowie die Entwicklung eines konstruktiveren Denkens und Handelns umfassen.
- Darüber hinaus ist es von entscheidender Bedeutung, ein präzises Verständnis für das Geistsystem zu entwickeln, das in unserem Inneren am Wirken ist. Dieses System umfasst komplexe Prozesse wie Wahrnehmung, Gedächtnis, Emotionen, Motivation und Selbstregulation. Durch die explizite Darstellung und Erforschung dieses Geistsystems können wir ein tieferes Verständnis für uns selbst entwickeln und effektive Strategien zur Selbststeuerung und Selbstentwicklung identifizieren. Dies kann dazu beitragen, unsere mentalen Ressourcen effektiver zu nutzen, emotionales Wohlbefinden zu fördern und ein erfüllteres Leben zu führen.

---

112 Vgl. Kaiser-El-Safti (2001), S. 259ff.

Die Ökonomie der Erinnerung

> *„Erkenntnis lässt sich nicht von anderen lernen. Erkenntnis muss aus dem eigenen Ich hervorgehen."*[113]

Wenn man eine *„Ökonomie der Erinnerung"* aufstellen möchte, ist es in einem ersten Schritt zentral, sich über jene Elemente und aktive Komponenten zu verständigen, welche in Erinnerungen und dem Erinnerungsprozess an sich enthalten sind. Dies wird der erste Fokus in vorliegendem Hauptteil sein – man erstellt einen Betrachtungsrahmen.

In einem zweiten Schritt wird dadurch ermöglicht, einen neuen Blick auf das Erinnern (und Imaginieren – als zukunftsgerichtetes Rück-Erinnern) als intrapersonellen Vorgang zu werfen und hierzu Mechanismen aufzuzeigen, die eine individualholistische Herangehensweise unter ökonomisch sinnhaften Bedingungen möglich macht. Diese zu erarbeitende Herangehensweise ist sowohl von Elementen der traditionellen (kognitiven) Psychologie als auch von Elementen anderer Wissenschaftstraditionen[114] durchsetzt.

Das Ganze setzt sich am Ende zu einem Modell einer inneren Ökonomie zusammen, deren konkrete psychische Implikationen und Ableitungen im folgenden Kapitel diskutiert werden.

Ökonomische Aspekte in der Individualpsychologie: Eine Rekonstruktion

> *«Das Sorgenschränkchen, das Allerheiligste der innersten Seelen-Ökonomie, das nur des Nachts geöffnet wird. Jedermann hat das seinige.»*[115]

> *„Wir müssen uns freilich unsre gegenwärtigen Augenblicke alle mal zu nutzen machen suchen und dieses wäre nicht so schwer, denn wir dürften nur jeden Augenblick tun, was uns am meisten gefällt. Allein wer sich nicht das uns bald der Stoff dazu fehlen, würde zwei Jahre so hingebracht, würden uns alle künftigen verderben. Jeder gegenwärtige Augenblick ist*

113 Zhuangzi, zitiert nach Watson (1968), S. 237.

114 Insbesondere der fernöstlichen Wissenschaftstradition des Buddhismus und der Zen-Gnostik.

115 Lichtenberg (2017), S. 17 [A 43]

ein Spiegel aller künftigen unsere gegenwärtiges Vergnügen, verglichen mit dem, dass er ein künftiges wird, kann darin ein größeres werden."[116]

Einleitend ist es zweckmäßig, sich mit dem wichtigen mentalen Konzept der Rekonstruktion näher zu befassen;[117] da dieses im Geistsystem eine Schlüsselrolle einnimmt und zugleich erste enge, offensichtliche Anknüpfungspunkte an ökonomische Aspekte in sich trägt.

Die Rolle der Rekonstruktion in der Psyche und im Geistsystem, insbesondere im Kontext von Erinnerungen, ist ein Konzept, das die Grundlage unseres Verständnisses von Identität, Wahrnehmung und Verhalten bildet.[118] Rekonstruktion bezieht sich auf den Prozess, durch den unser Geist Informationen, Erfahrungen und Ereignisse aus der Vergangenheit aufgreift, neu arrangiert und interpretiert, um Sinn und Kohärenz zu schaffen.[119] Dieser Prozess ist fundamental für die Art und Weise, wie wir uns selbst verstehen und wie wir die Welt um uns herum interpretieren – vom Konzept her symbolischer Interaktionismus.[120]

Erinnerungen sind dabei ein wesentlicher Bestandteil der Rekonstruktion in der Psyche.[121] Sie sind nicht einfach statische Aufzeichnungen vergangener Ereignisse, sondern werden durch eine Vielzahl von Faktoren geformt und verzerrt, während sie im Gedächtnis verarbeitet und wiedergegeben werden. Die Erinnerungen, die wir haben, sind nicht nur das Ergebnis objektiver Wiedergabe vergangener Ereignisse, sondern werden stark situativ und soziohistorisch geprägt. Ein wichtiger Aspekt der Rolle der Rekonstruktion in der Psyche ist die Art und Weise, wie wir unsere Identität formen. Unsere Erinnerungen an vergangene Erfahrungen beeinflussen maßgeblich, wie wir uns selbst wahrnehmen und wie wir unser Leben interpretieren. Durch die Rekonstruktion vergangener Ereignisse schaffen wir eine narrative Struktur (Narration), die unserem Leben Sinn verleiht und es uns ermöglicht, ein kohärentes Bild von uns selbst zu entwickeln. Diese Narrative können jedoch auch verzerrt oder selektiv sein, da wir tendenziell Ereignisse und Informationen auswählen und interpretieren, die

116 Lichtenberg (2017), S. 17 [A 43]

117 Vgl. Westermann (2013), S. 70f.

118 Vgl. ebd. und Bohleber (2019), S. 69–73.

119 Vgl. dazu Kapitel 3.3.1.

120 Vgl. auch Drüe (1963), S. 255ff. sowie Winter (2010), S. 83–85 und Sutter (2013), S. 65ff.

121 Vgl. Ebd.

mit unserem Selbstbild und unseren Überzeugungen in Einklang stehen.[122] Ebenso erschaffen wir aus dem Jetzt heraus eine imaginative Zukunft, die aus der Vergangenheit abgeleitet wird (Imagination). Dies sind die wesentlichen Geistfunktionen von Narration und Imagination;[123] beides sind als ökonomisch aktive Konzepte zu definieren, da beide zentral zur Funktion des Geistsystems und so auch zu seinem inhärenten Wert beitragen.

Die Betrachtung ökonomischer Aspekte im Zusammenhang mit der Rekonstruktion im Geistsystem wird also aufzeigen, wie individuelle und kollektive psychologische Prozesse mit ökonomischen Prinzipien interagieren.

Obwohl der Terminus "Rekonstruktion" eher aus psychologischer Perspektive betrachtet werden wird, beziehen sich die weiteren ökonomischen Überlegungen auf folgende Teilaspekte:

- **Ressourcenallokation und innere Opportunitätskosten:** Im Geistsystem kann die Rekonstruktion als ein Prozess betrachtet werden, der Ressourcen wie Aufmerksamkeit, kognitive Kapazität und (emotionale) Energie (auch als Willen bezeichnet)[124] erfordert. Individuen (und Gruppen)[125] müssen entscheiden, wie sie diese begrenzten Ressourcen allozieren[126], um vergangene Erfahrungen zu reflektieren, neue Informationen zu verarbeiten und sich auf zukünftige Herausforderungen vorzubereiten. Ähnlich wie in der Wirtschaft steht das Geistsystem dabei vor Opportunitätskosten: Indem es sich auf eine bestimmte Art der Rekonstruktion konzentriert, verzichtet es möglicherweise auf andere potenziell wertvolle Prozesse oder Erkenntnisse. Dies gilt es zu verstehen und zu antizipieren.
- **Investitionen in inneres Wachstum und Entwicklung:** Individuen investieren Zeit, Energie und weitere (meist nichtphysische) Ressourcen in ihre innere Entwicklung und das Erinnern selbst. Ähnlich wie bei (makro-) ökonomischen Investitionen können diese Investitionen in das Geistsystem langfristige Renditen in Form von verbessertem Wohlbefinden, größerer Resilienz und einem tieferen Verständnis von Selbst (innerer Welt) und äußerer Welt generieren.[127]

122 Vgl. u.a. Neumann (2005), S. 172–178.
123 Vgl. dazu Gregorio et. al. (2024), S. 78, 145ff. sowie 220–228.
124 Vgl. Eccles / Wigfield (2002), S. 114ff.
125 Was nicht im Betrachtungsfokus dieser Arbeit steht.
126 Vgl. Christie / Schrater (2015).
127 Vgl. dazu Greene / Galambos / Lee (2004), S. 76ff sowie Southwick (2014), S. 25339ff. und Cyrulnik (2009), S. 22f.

- **Externalitäten und interpersonelle Effekte:** Die Rekonstruktion im Geistsystem hat oft nicht nur intrapersonelle, sondern auch interpersonelle Auswirkungen. Die Art und Weise, wie Menschen ihre Erinnerungen interpretieren und ihre Lebenserfahrungen reflektieren, beeinflusst ihre Interaktionen mit anderen und die Entwicklung von sozialen Normen, Werten und Institutionen.[128] Ähnlich wie bei ökonomischen Externalitäten können diese interpersonellen Kollektivauswirkungen positiv oder negativ sein und können weit über das Individuum hinausreichen.
- **Effizienz und Optimierung:** Auch das Geistsystem unterliegt einem systemimmanenten Optimierungspotenzial. So können Ressourcen aufgewendet werden, um geistige Prozesse zu reflektieren und fortzuentwickeln, um Effizienzgewinne in der inneren Welt zu realisieren.[129] Auch hier geht es um die optimale Nutzung von (mentalen) Ressourcen.
- **Risikobewertung und Entscheidungsfindung:** Bei der Rekonstruktion von Erfahrungen und Erinnerungen im Geistsystem spielen Risikobewertung und Entscheidungsfindung eine wichtige Rolle. Das Geistsystem muss eine Basis finden, um Erinnerungen und Imaginationen bewerten zu können, um jene abändern zu können. Ähnlich wie in der ökonomischen Theorie basieren diese Entscheidungen oft auf systemimmanenten Einschätzungen von Risiko und Belohnung sowie auf individuellen Präferenzen und Wertvorstellungen.[130]

Der ökonomische Basisrahmen – übertragen auf das Geistsystem, von welchem im nächsten Kapitel noch ausführlich die Rede sein wird – beinhaltet also eine verschachtelte Hierarchie von Teilaspekten, welche im Nachgang auf den mentalen Gesamtprozess angewendet werden können. Abbildung 1 verdeutlicht dies nochmals.

Zu beachten ist dabei, dass die Ökonomisierung an der Funktion der Rekonstruktion im Geistsystem ansetzt – quasi jene den aufgezählten ökonomischen Aspekten unterwirft. Dies ist ein Vorgang, der klar im Bereich des Bewusstseins liegen sollte, dazu später mehr.

---

128 Vgl. Hummell (1971), S. 68–74.

129 Hier sei am Rand auf externe Techniken wie Achtsamkeitstraining, die kognitive Verhaltenstherapie oder kreative Selbstreflexion hingewiesen; für die Beschäftigung mit dem Geistsystem an sich hat dies jedoch nur nachgelagerte Relevanz.

130 Vgl. Küchle (2012), S. 188f.

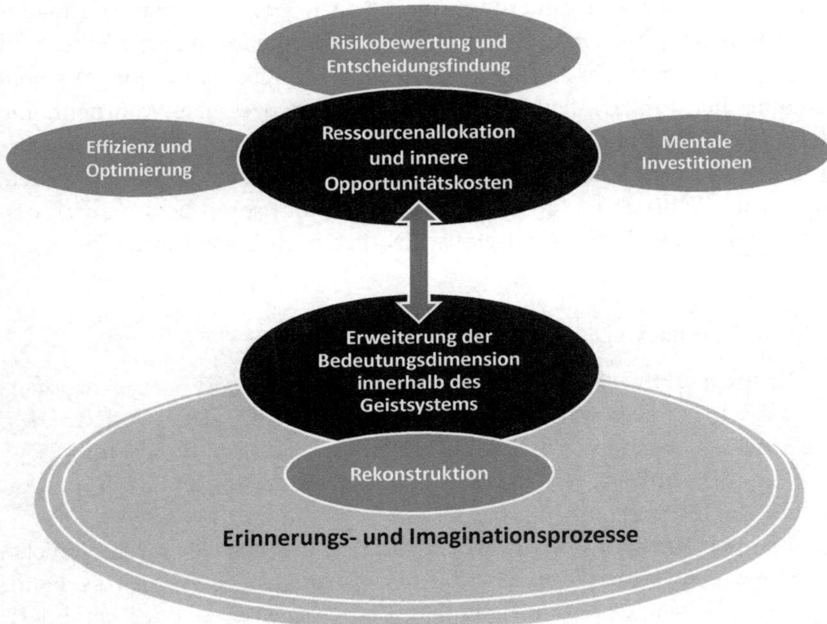

Abbildung 1: Ökonomisierung des Geistsystems.[131]

Darüber hinaus spielt die Rekonstruktion von Erinnerungen eine wichtige Rolle bei der Bewältigung von Traumata, Komplexen und anderen belastenden Ereignissen.[132] Das Geistsystem hat die Fähigkeit, traumatische Erinnerungen zu rekonstruieren und sie in eine Form zu bringen, die besser mit dem situativen Erleben vereinbar ist. Dieser Prozess kann jedoch dazu führen, dass bestimmte Aspekte der Erinnerung verzerrt oder unterdrückt werden, um negativ wahrgenommene Emotionen zu modifizieren, die mit dem Trauma verbunden sind. In einigen Fällen kann dies zu einer Fragmentierung oder Verzerrung der Erinnerung führen, was zu einer inkonsistenten oder unzuverlässigen Darstellung des Ereignisses führt – ein im ökonomischen Sinne ineffizienter Vorgang.[133]

Die Rekonstruktion von Erinnerungen ist darüber hinaus auch eng mit der Art und Weise verbunden, wie das Geistsystem neue Informationen

131 Eigene Darstellung.
132 Vgl. auch Dieckmann (2013), S. 38ff.
133 Vgl. Dipper (2016), S. 124ff. sowie Komes, J., / Wiese, H. (2013), S. 42.

und Erfahrungen zu Erinnerungen verarbeitet. Wenn es neue Informationen verarbeitet, werden diese durch bereits bestehende mentale Filter und Konzepte interpretiert. Auf diese Weise wird die Rekonstruktion zu einem dynamischen Prozess, der fortlaufend die metaprozessuale Wahrnehmung der inneren Welt und das Geistsystem selbst neu formt. Indem die Mechanismen der Rekonstruktion an ökonomischen Aspekten gespiegelt werden, kann jene Wahrnehmung stärker objektiviert und somit besser durch den bewussten Anteil des Bewusstseins willentlich beeinflusst werden.[134]

Die drei Kernaussagen:

1. **Rekonstruktive Natur von Erinnerungen:** Erinnerungen sind nicht statisch, sondern werden bei jeder Abrufung aktiv rekonstruiert. Dies bedeutet, dass sie durch aktuelle Erfahrungen, Emotionen und Umstände beeinflusst werden können, was zu Verzerrungen oder Veränderungen führen kann.
2. **Erinnerungen als konstruktive Prozesse:** Erinnerungen werden nicht einfach abgerufen, sondern aktiv konstruiert. Dieser Prozess kann dazu führen, dass Details hinzugefügt, weggelassen oder verändert werden, basierend auf kognitiven Verzerrungen, Erwartungen oder anderen Einflüssen.
3. **Einfluss von Emotionen und Motivation:** Emotionen und Motivation spielen eine wichtige Rolle bei der Rekonstruktion von Erinnerungen. Emotionale Ereignisse werden oft intensiver und detaillierter erinnert, während Erinnerungen an Ereignisse, die mit starken Emotionen verbunden sind, verzerrt oder verstärkt werden können.

Ökonomische und psychologische Systeme – Identität und Erinnerung

«Alle Erinnerung ist Gegenwart.»[135]

Dies führt zu der Frage, was genau Erinnerungen innerhalb des „ökonomisierten“ Geistsystems sind und welche Rolle sie im Detail spielen, denn der zentrale Ausgangspunkt für die Ökonomisierung des Geistsystems ist

134 Vgl. Küchle (2012), S. 67ff.
135 Freiherr von Hardenberg (1960), S. 196.

die Erkenntnis, dass Erinnerung als Ressource eine realitätskonstituierende Wirkung nach Innen und Außen aufweist.[136]

Das psychische Geistsystem ist als Konzept ein dynamisches und komplexes Netzwerk von mentalen Prozessen und Zuständen, das das menschliche Erleben, Verhalten und Denken umfassend (und zumindest konzeptionell abschließend) beschreibt. Es umfasst die verschiedenen Komponenten des Geistes, darunter kognitive Prozesse, emotionale Reaktionen, motivationale Antriebe und das Bewusstsein. Es bildet als System das Fundament für die individuelle Wahrnehmung der Welt, soziale Interaktion und introspektive Selbstreflexion.[137]

Eine zentrale Komponente des psychischen Geistsystems ist das Bewusstsein. Es bezeichnet den Zustand des Gewahrseins und der Aufmerksamkeit, in dem wir uns unserer Umgebung, unserer Gedanken und unserer Gefühle bewusst sind. Das Bewusstsein ermöglicht es uns, Sinneseindrücke zu verarbeiten, Informationen zu analysieren und Entscheidungen zu treffen.[138] Rund um das Bewusstsein ist eine Vielzahl an abhängigen und unabhängigen kognitiven Prozessen angeordnet.[139] Diese umfassen die mentalen Aktivitäten, die mit dem Erwerb, der Speicherung, dem Abruf und der Verarbeitung von Informationen verbunden sind, um Funktionen des Geistsystems wie Wahrnehmung, Gedächtnis, Denken, Sprache oder Problemlösung leisten zu können.[140]

---

136 Vgl. Dipper (2016), S. 187ff.

137 Vgl. Leipner (2018), S. 130f.

138 Vgl. Chlupsa (2016), S. 33–37.

139 Als Vermittler und Katalysatoren zwischen den mentalen Prozessen treten Emotionen und Motive auf, welche auch integraler Teil des Geistsystems sind, aber weniger im Fokus dieser Arbeit liegen.

140 Vgl. Billhardt / Storck (2021), S. 201ff.

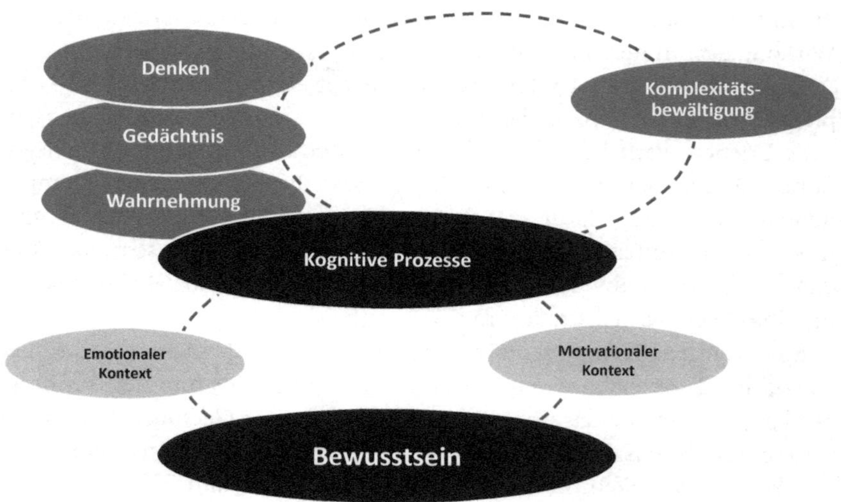

Abbildung 2: Schematische Darstellung des psychischen Geistsystems.[141]

Das psychische Geistsystem (Abbildung 2 zeigt ein Schema) bildet heute die Grundlage für das Verständnis des menschlichen Geistes und dem grundlegenden Verhaltens eines Individuums.[142]

Ein ökonomisches System hingegen ist zunächst ein komplexes Gefüge von Institutionen, Regeln und Interaktionsmustern, das die Produktions-, Verteilungs- und Konsumprozesse einer Gruppe von Individuen regelt. Es bildet das Fundament, auf dem wirtschaftliche Aktivitäten organisiert werden und beeinflusst maßgeblich das Wohlstandsniveau einer Gesellschaft sowie die Verteilung von (individuellen wie kollektiven) Ressourcen und Chancen[143] – es handelt sich also um ein intersubjektives Konstrukt eines kollektiven Bewusstseins.[144]

141 Eigene Darstellung.

142 Vgl. Zauner (2018), S. 310.

143 In der äußeren Welt variieren ökonomische Systeme nach den situativen politischen, sozialen und historischen Parametern einer Gesellschaft. Sie können von marktorientierten-kapitalistischen Systemen, in denen Angebot und Nachfrage den Hauptmechanismus der Ressourcenallokation darstellen, bis hin zu planwirtschaftlich-sozialistischen Systemen reichen, in denen staatliche Institutionen die zentralen Entscheidungsträger sind. Vgl. Deimer (2017), S. 42ff.

144 Ebd.

Ein fundamentales Merkmal ökonomischer Systeme ist ihre Fähigkeit, Ressourcen (Produktionsfaktoren wie Arbeit und Kapital sowie natürliche Ressourcen) zu mobilisieren und zu allozieren, um die (als solche wahrgenommenen) Bedürfnisse der es konstituierenden Individuen global gesehen zu erfüllen[145] – ein Vorgang, der als ökonomische Effizienz definiert wird.[146] Erst durch die Allokation von Erinnerungsressourcen kommt es im Falle der inneren Ökonomie zur Konstitution von Realität – was in einem weiteren Schritt zu eine Vielzahl von mentalen Transaktionsprozessen führt; Abbildung 3 verdeutlicht das Modell.

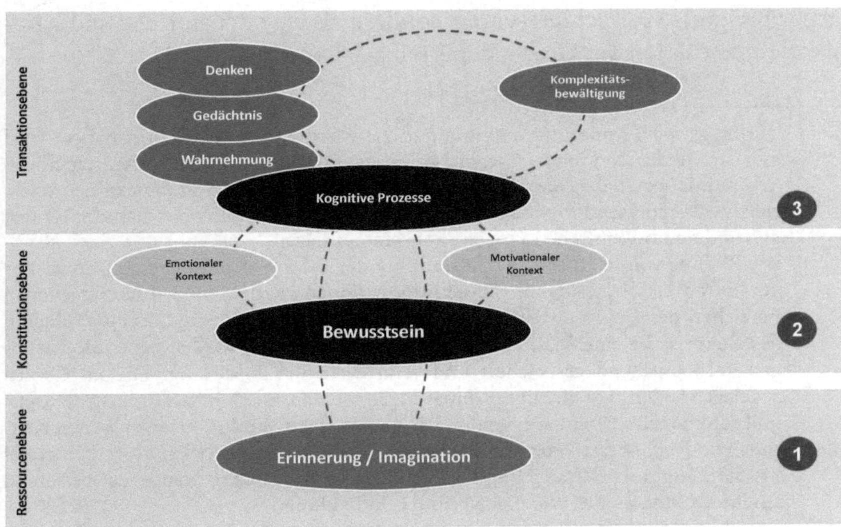

Abbildung 3: Schematische Darstellung des ökonomischen Geistsystems.[147]

Im Folgenden werden nun alle drei Ebenen näher untersucht und mit einer Metaanalyse des Geistsystems selbst in Einklang gebracht.

145 Ebd.
146 Ebd.
147 Eigene Darstellung.

Der individualpsychologische Umgang mit Erinnerung als dezidiertes ökonomisches System

Zunächst zur Ressourcenebene des Geistsystems – der Ebene der Erinnerung (und Imagination). Erinnerung ist eine abstrahierte, rein subjektive, mentale[148] Repräsentation einer spezifischen Vergangenheit, deren Ausprägung sowohl vom emotionalen Gehalt als auch von seiner individuellen Information (Fakten, Ereignisse, Emotionen und sensorische Eindrücke)[149] definiert wird.

Erinnerung kann somit nicht einfach als statische Aufzeichnung vergangener Ereignisse betrachtet werden, sondern als eine dynamische und komplexe Konstruktion des Geistsystems selbst.[150]

---

148 Die Frage, ob Erinnerungen eine physische Komponente im Gehirn haben, wird intensiv in der Neurowissenschaft erforscht. Die gegenwärtige wissenschaftliche Erkenntnis legt nahe, dass Erinnerungen im Gehirn durch komplexe neuronale Netzwerke repräsentiert werden, die sich aus einer Vielzahl von Synapsen, Neuronen und neurochemischen Prozessen zusammensetzen.
Die Bildung von Erinnerungen beginnt mit der Erfassung sensorischer Informationen durch die Sinnesorgane. Diese Informationen werden dann in verschiedenen Bereichen des Gehirns verarbeitet und interpretiert. In der Hippocampus-Region des Gehirns, die eine Schlüsselrolle im Gedächtnis spielt, werden neue Informationen vorübergehend gespeichert und verarbeitet, bevor sie langfristig im Gehirn abgelegt werden. Langfristige Erinnerungen werden im Gehirn durch strukturelle und funktionelle Veränderungen in den synaptischen Verbindungen zwischen Neuronen kodiert. Dieser Prozess, der als synaptische Plastizität bekannt ist, beinhaltet die Stärkung oder Schwächung von Verbindungen zwischen Neuronen, basierend auf ihrer Aktivität und Wichtigkeit für das Individuum.
Die physische Basis von Erinnerungen im Gehirn wurde durch verschiedene experimentelle Techniken und Studien aufgedeckt, darunter bildgebende Verfahren wie funktionelle Magnetresonanztomographie (fMRI) und Elektroenzephalographie (EEG), sowie neurophysiologische Untersuchungen an tierischen Modellen. Diese Untersuchungen haben gezeigt, dass verschiedene Hirnregionen an der Speicherung und dem Abruf von Erinnerungen beteiligt sind, wobei die genaue Beteiligung je nach Art der Erinnerung und den damit verbundenen kognitiven Prozessen variieren kann.
Vgl. von Kutschera (2014), S. 32ff. sowie Rugg /Vilberg (2013), S. 257–260, Alberini (2005), S. 55 und Squire / Zola-Morgan (1991), S. 1380ff.

149 Ebd.

150 Ebd.
In diesem Zusammenhang ist es wichtig anzumerken, dass Erinnern und Vergessen kein Gegensatz sind, sondern vielmehr zwei Seiten derselben Medaille, man könnte auch von Anti-Erinnerung sprechen. In der Tat stellt sich die Frage, ob es überhaupt möglich ist, etwas zu vergessen. Auch wenn Erinnerungen zeitweise verschüttet sein mögen, können sie durch bestimmte Reize oder Kontexte wieder an die Oberfläche

Die Organisation von Erinnerungen ist jedoch kein eindimensionaler Prozess. Sie erfolgt kontinuierlich und situativ, wobei Erinnerungen nicht nur als isolierte Einheiten existieren, sondern eng mit anderen Gedanken, Emotionen und Erfahrungen verbunden sind. Dies kann zu komplexen und oft widersprüchlichen Interpretationen führen, die das Geistsystem dazu bringen, Erinnerungen ständig neu zu bewerten und zu reflektieren – im Rahmen der *Narration* von Ereignissen. Indem das Geistsystem Erinnerungen in Form von (kontinuierlich empfundener) Geschichte strukturiert, verleiht es ihnen Kontext, emotionalen Sinn und individuelle Bedeutung – und damit selbstkonstituierende Wirkung.[151] Emotionalität ist ein wesentlicher Bestandteil von Erinnerungen. Emotionale Reaktionen können dazu führen, dass wir Ereignisse rückwirkend uminterpretieren und sie in einem neuen Licht sehen. Dadurch werden Erinnerungen nicht nur als objektive Abbilder vergangener Ereignisse betrachtet, sondern als subjektive Konstruktionen, die von individuellen Erfahrungen und Perspektiven geprägt sind.[152]

Es ist bei diesem ressourcenbasierten Ansatz wichtig zu erkennen, dass es keine objektive Erinnerung geben kann. Jedes Ereignis wird sofort in unzählige individuelle Erinnerungen zersplittert, die alle situativ eingefärbt sind. Dies macht den bewussten Umgang mit Erinnerungen als wertvolle persönliche Ressource erst möglich, denn dadurch wird sie erst beeinflussund somit auch veränderbar. Die "objektive" Vergangenheit ist selbst gewählt und selbst konstruiert durch das Geistsystem, und es sind immer mehrere, auch gegensätzliche Interpretationen eines Ereignisses möglich.[153]

---

gelangen. Das Geistsystem verfügt über zahlreiche Mechanismen, um Informationen zu speichern und abzurufen, selbst wenn sie scheinbar vergessen waren.
Vgl. auch Trigo (2011), S. 13ff.

151 Der so beschriebene Prozess findet nicht nur vergangenheitsbezogen-konservierend statt, sondern auch zukunftsorientiert-konstruktiv statt – aus Narration wird Imagination; die Imagination als Vorwegnahme zukünftiger Erinnerungen. Indem wir uns vorstellen, wie wir uns an bestimmte Ereignisse erinnern möchten, beeinflussen wir unbewusst unsere Erinnerungen und die Art und Weise, wie wir sie interpretieren.
Vgl. dazu auch Cyrulnik (2021), S. 138–142.

152 Ebd.

153 Es gibt auch Phänomene wie die Alternativerinnerung, bei denen sich Erinnerungen im Laufe der Zeit verändern oder neue Details hinzugefügt werden. Dies verdeutlicht den dynamischen Charakter des Gedächtnisses und die Unbeständigkeit von Erinnerungen über die Zeit hinweg.
Gleichzeitig sei angemerkt, dass es durchaus Gegenstand der wissenschaftlichen Diskussion ist, ob Vergangenheit (als solche) überhaupt real existiert bzw. ob es

Der Prozess der Narration macht Erinnerung zu einer mentalen Ressource, mit dem das Geistsystem effizient arbeiten kann. Durch ein ökonomisches Verständnis der Organisation und des Umgangs mit Erinnerungen können die Narrationsprozesse anders verstanden und koordiniert werden und so die Struktur der Erinnerungsressource weiter ausdifferenzieren.

Das verbindende Element der Narration ist die Illusion der Kontinuität der inneren und äußeren Welt (Selbst und Umwelt) sowie deren Synchronizität. Ein Großteil der Vorstellung des "Selbst" baut auf einer komplexen Illusion der Kontinuität von einem Wesenskern sowie der uns umgebenden Umwelt auf.[154] Die umgebende Umwelt, die Realität, ist umfassender, kontinuierlicher Veränderung unterworfen – was aber aufgrund der Komplexität und der damit verbundenen Unsicherheit ausgeblendet wird. Genauso ergeht es dem Wesenskern – der ein variables Set von Erinnerungen ist, die ebenfalls kontinuierlich ausgetauscht und neu interpretiert werden. Als Resultat bilden sich Effekte der Erstarrung und Entfremdung von eigenen Erinnerungen und eine Unterdrückung von (notwendigen) Veränderungen im Selbst.[155] Dennoch hat sich die Vorstellung von Kontinuität in der (westlich-liberalen) Weltanschauung fest verankert und wird kaum noch hinterfragt – mit vielen komplexbeladen, negativen Auswirkungen auf die Psyche.[156]

In diesem Geflecht konstituiert sich Erinnerung; Abbildung 4 zeigt hierzu ein entsprechendes Modell.

---

im physikalischen Sinne überhaupt eine Gegenwart gibt. Insofern kommt dem individuellen Konstruktionsprozess eine besondere Bedeutung zu. Vgl. dazu auch umfassend Münster (2022).

154 Vgl. Wils (2023), S. 20ff.

155 Man kann auch von einem Wellencharakter von Erinnerungen und Selbst sprechen.Man ist im Jetzt nicht die gleiche Person wie in der Vergangenheit – dies sind andere Personen mit einem anderen Set von Erinnerungen. Vgl. auch Newell (1994), S. 121ff.

156 Umfassend ebd.

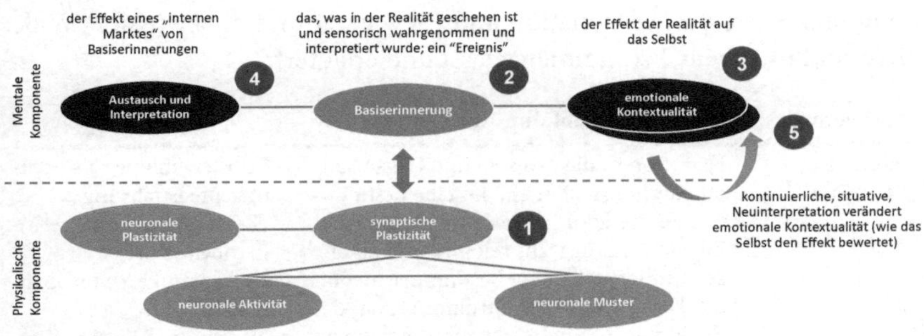

Abbildung 4: Die innere Struktur von Erinnerung.[157]

Entscheidend für das ökonomische Geistsystem ist dabei die kontinuierliche, situative, (Neu-) Interpretation der Realität durch die emotionale Kontextualität des Selbst (was entweder Projektion oder Ablenkung darstellt[158])[159]; die Vergangenheit, selbst die objektiv reale Vergangenheit ist mehr Konstruktion des Selbst als faktische innere Realität. Somit entspricht dieser Mechanismus dem Äquivalent des äußeren (ökonomischen) Marktmechanismus, da auch hier Werte in einem komplexen, gegenseitig abhängigen Interpretationssystems konstituiert werden.[160] Diese Struktur der Erinnerung gibt den ökonomischen Rahmen des Geistsystems vor und definiert Erinnerung als Ressource.

Das Geistsystem: Narration, Imagination und Wille als ökonomische Austauschprozesse

> *«Also ist die Erkenntnis eines jeden, wenigstens des menschlichen, Verstandes, eine Erkenntnis durch Begriffe, nicht intuitiv, sondern diskursiv.»*[161]

Neben der Basiserinnerung als mentale Ressource sind die Prozesse des Austauschs und der Interpretation[162] von Erinnerungen Teil eines ökonomischen Geistsystems. Hierbei finden primär drei mentale Prozesse An-

157 Eigene Darstellung (unter (inhaltlicher) Verwendung von Pohl (2007), S. 82–90.)
158 Ebd. sowie S. 104ff.
159 Siehe Abbildung 2, 3 und 5.
160 Vgl. Frey / Benz (2001), S. 24–29 sowie S. 44f.
161 Kant (1787), B93.
162 Siehe Abbildung 5, 4.

wendung: Narration, Imagination und (bewusster und unbewusster) Wille; diese sind in Tabelle 1 zusammengefasst und erläutert.

Bezeichnung	Funktionsweise	Auswirkung
(Eigen-) Narration[163]	Narration ist die Auswahl und Organisation von Informationen, um eine bestimmte Interpretation zu vermitteln. Dies beinhaltet die Auswahl relevanter Ereignisse, die Hervorhebung bestimmter mentaler Details und die Strukturierung der Erzählung in eine sinnvolle Abfolge von Ursache und Wirkung. Durch diesen Prozess verleihen wir den Ereignissen Bedeutung und vermitteln sie in einem bestimmten situativen Kontext.[164]	• Selbsterzählung als kontingente Erfahrung (Erzählendes und erinnerndes Selbst)[165] • Aufbaustruktur von Erinnerung • Narration ist die Konstruktion von Wissen und Wirklichkeit
Imagination	Die Imagination ist der umgekehrte Prozess zum Erinnern; er speist sich aus Vergegenwärtigung der Vergangenheit und deren Projektion in die Zukunft (Erinnern an zukünftige Ereignisse als Vorwegnahme der Zukunft). Erinnerungskomplexe der Vergangenheit werden auf die Zukunft übertragen. Die dynamische Imagination umfasst verschiedene mentale Operationen, darunter Vorstellungskraft, Visualisierung, Abstraktion und Fantasie.[166]	• Komplexe der Vergangenheit werden perpetuiert und nicht transformiert; Kreisläufe entstehen, selbst unbestimmtes Handeln • emotionale Regulation und psychisches Wohlbefinden • Kreativität, Problemlösung und Planung
Wille	Der Wille umfasst die Fähigkeiten, Absichten zu setzen, Entscheidungen zu treffen und Handlungen zu initiieren, um bestimmte Ziele zu erreichen. Er beinhaltet die bewusste Steuerung und Kontrolle von Gedanken, Emotionen und Verhaltensweisen, um unsere persönlichen Bedürfnisse (abgeleitet aus der individuellen Narration) und Wünsche (abgeleitet aus der Imagination) zu verwirklichen.	• Selbstregulierung und Selbstbestimmung • vergangenheitsbezogenes Kompensationsverhalten • Zentraler Austauschprozess zwischen Narration und Imagination, der alle Prozesse des Geistsystems in die aktive Vergegenwärtigung überführt

163 Vgl. auch die Ausführungen zu Narration bei Cyrulnik (2021).
164 Ebd.
165 Vgl. Schöpf (2014), Kapitel 4 (o. S.)
166 Vgl. Newell (1994), S. 111ff.

Tabelle 1: Die drei ökonomischen Austauschprozesse.

Der Begriff „Austausch" ist dabei durchaus transaktional zu verstehen: Alle drei Prozessarten basieren darauf, die Ressource Erinnerung (oder Imagination) zu bewirtschaften, sie zu modifizieren oder zu erweitern bzw. in ihrer Ausrichtung zu verändern.[167] Dabei sind Narration und Imagination (in sämtlichen Ausprägungen) stets auch eine Reflexion in der Vergegenwärtigung und damit eine Bestandsaufnahme von Erinnerungen, Gefühlen und Vorstellungen zum Verstehen des eigenen Handelns und Seins, eine kritische "Analyse des Moments".[168]

Somit verschmelzen gerade durch den transaktionalen Charakter der Prozesse das Wesen / Selbst, das man für sich selbst ist, mit denjenigen, wie es von außen gesehen wird; die dualistische Natur von Innen und Außen kann so in ein momentanes Equilibrium überführt werden; dieses ist metastabil und kontinuierlicher Veränderung unterworfen, was es „ökonomisch aktiv" (im Sinne eines Marktmechanismus) werden lässt.[169]

Sowohl Narration als auch Imagination sind dem Willen prozessual vorgelagert.[170] Der Austauschcharakter des Imaginierens ergibt sich vor allem durch eine mentale Vorwegnahme einer Zukunft in der Gegenwart sowie der daraus resultierenden Selbstverstärkung der (potenziellen) Verwirklichung; imaginäre Erfahrungen sind im Rahmen eines ökonomischen Model des Geistsystems den gelebte Erfahrungen praktisch gleichzusetzten.[171] Narration ist somit der Basisprozess, Imagination nur eine Ableitung von dieser.

Der ökonomische Wert von Erinnerungen schlägt sich somit auch in der äußeren Welt nieder, da die Entscheidungen von Individuen auf Narration, Imagination und den daraus konstituierten situativen Erinnerungen

167 Vgl. Dazu konzeptionell auch Schlegel (1995).

168 In der klassischen psychologischen Theorie treten hier durch den von außen auferlegten, sozialen Rahmen und durch äußere Ziele systemische Selbstvorwürfe auf, welche in einer ökonomischen Interpretation mit einer Ressourcenfehlallokation zu vergleichen sind. Vgl. auch. Groeben / Scheele (1977), S. 140ff.

169 Neben diesem transitorischen Equilibrium existiert noch das Equilibrium zwischen dem eigenen Selbst und dem Selbst der Anderen, das zu einem Dualismus zwischen dem eigenen Ich und dem Ich als Produkt dessen, was andere in ihm wahrnehmen; der „objektivierende Blick des Anderen". Vgl. de Beauvoir (1947), S. 65ff. sowie Drobe (2016), S. 488–491.

170 Vgl. Scheidt (2015), S. 26–38.

171 Vgl. Kast (2010), S. 164f. (u.a.)

basieren.[172] Dabei ist Imaginieren ein stark situativ abhängiger Prozess und verlagert sich ständig, erst die Überführung in ein narratives Erinnern objektiviert Personen und die Beziehungen zu diesen.[173]

Es bilden sich daher grundsätzlich zwei Transaktionsebenen heraus:

1. Die situative Übereinkunft mit dem eigenen Ich; dieses ist daher kein Zustand, sondern eine „evaluierende Aktivität"[174] (Eigentransaktion des Selbst).
2. Emotional-rationale Transaktionen zwischen dem Innen und dem Außen; dieser Austausch ermöglicht erst die Kontingenz des Selbst im Dualismus zu den Notwendigkeiten des Selbst und der Nutzung seiner Fähigkeiten. (Transaktionen zwischen Selbst und Umwelt; siehe auch Abbildung 5).[175]

Beide Ebenen sind in ihrem Wesen ökonomisch, da sie zum Ziel haben, begrenzte (mentale) Ressourcen optimal einzusetzen und so ein möglichst tragfähiges Equilibrium zu erzeugen; viele psychische Komplexe entstehen in diesem Spannungsfeld.[176] Der individualpsychologische Wahlpunkt des Equilibriums ist eine essenzielle Fragestellung der inneren Ökonomie[177] – wie auch des gesamten Geistsystems an sich.[178] Das eigene Ich mit seinen

---

172 In diesem Zusammenhang sei auch auf das Sein-Handeln-Theorem hingewiesen, nach dem Entscheidungen nicht nur einmal getroffen, werden sondern einem fortgesetzten Entscheidungskontinuum angehören. Jede Entscheidung ist somit „stetig am Werden; sie werden jedes Mal, wenn man sich ihrer bewusst wird, wiederholt. [...] Handeln in Aktion ist Bestätigung des Selbst." Dies unterstreicht die Bedeutung gerade auch als ökonomische Schemata. Vgl. dazu Lagneau (1925), S. 61f.

173 Vgl. Scheidt (2015), S. 28f..

174 Bergson (1903), „activité d'évaluation"

175 Vgl. auch Newell (1994), S. 26ff.

176 Jedes Equilibrium in der Psyche ist zwangsweise auch Betrug – an sich selbst oder an dem Anderen; die Anstrengungen zur Erreichung des inneren Gleichgewichts können zur Unterdrückung oder Negierung von Aspekten des Selbst führen, die nicht mit dem gewünschten Bild übereinstimmen.
Vgl. Kernis / Goldman (2006), S. 291–310.

177 Vgl. Headey/ Wearing (1989), S. 736f.

178 Die Ökonomisierung des Geistes führt in seinen Grundzügen zu einer Position, die dem Solipsismus nahestehend interpretiert werden kann. Der Solipsismus (eine philosophische Position, die die Existenz nur des eigenen Geistes oder Bewusstseins annimmt und die Realität anderer Personen und Dinge zumindest in Frage stellt) hat bedeutende Auswirkungen auf die Ökonomie des Geistes.
Ein zentraler Aspekt der Ökonomie des Geistes ist die Verteilung von mentalen Ressourcen. Im solipsistischen Weltbild besteht die Tendenz, dass individuelle Ressourcen stark auf das eigene Selbst gerichtet sind, da die Existenz anderer Existenzen

Bewusstseinsinhalten definiert die individuelle (und somit auch die absolute) Wirklichkeit sowie die Beziehungen zur Außenwelt – beides ist als doppelter Austauschs- und Modifikationsprozess zu verstehen; Erinnerung und Selbst stehen in einem „permanenten Prozess des unumkehrbaren Werdens“[179], das Selbst ist kein momentaner Zustand, sondern eine aktive, ökonomisch relevante Entwicklung aus der mit sich selbst geführter Narration und Imagination.[180]

(und Objekte) nicht als gegeben angesehen wird. Dies kann zu einer einseitigen Allokation führen, die dem Geistsystem abträglich sein kann.
Des Weiteren beeinflusst der Solipsismus die Bewertung von Werten und Prioritäten im mentalen Kontext. Wenn die Realität auf das eigene Bewusstsein beschränkt ist, werden externe Faktoren möglicherweise nicht als relevant erachtet. Dies kann zu einem Mangel an Wertschätzung für kollektive Anliegen wie Gemeinschaft, Umwelt oder soziale Gerechtigkeit führen. Die Orientierung auf das Selbst kann dazu führen, dass individuelle Ziele und Wünsche über gemeinschaftliche oder globale Belange gestellt werden, was die Entwicklung einer nachhaltigen und gerechten Gesellschaft beeinträchtigen kann – beides widerspricht der auch nach außen gerichteten Transaktionsebene.
Ein weiterer Aspekt der Ökonomie des Geistes, der durch den Solipsismus beeinflusst wird, ist die Bewertung von Informationen und Wissen. In einer solipsistischen Sichtweise mag es schwierig sein, die Gültigkeit externer Informationen zu akzeptieren, da die Existenz anderer Quellen der Realität geleugnet wird. Dies kann zu einem Mangel an Offenheit gegenüber neuen Ideen und Perspektiven führen, da sie nicht mit dem eigenen begrenzten Weltbild in Einklang zu stehen scheinen. Die Ablehnung externen Wissens kann die Fähigkeit zur Innovation und Problemlösung einschränken und die intellektuelle Entwicklung behindern.
Schließlich kann der Solipsismus die Zusammenarbeit und den Austausch von Ressourcen beeinträchtigen. In einer solipsistischen Perspektive kann es schwierig sein, Vertrauen in andere zu entwickeln oder eine gemeinsame Grundlage für Kooperation zu finden, da die Existenz anderer in Frage gestellt wird. Dies kann zu einem Mangel an Zusammenarbeit führen, der die Effizienz und Produktivität beeinträchtigen kann.
Vgl. auch Straus (2013), S. 35f., S. 56–59, S. 185ff.

179 Vgl. Bergson (1903), S. 10ff.

180 Vgl. ebd.

Erinnerung als Akkumulationsprozess und Nukleus der inneren Ökonomie

“Nullius non origo ultra memoriam iacet.”[181]

Die Ökonomie des Geistsystems wird von den gleichen Prinzipien geleitet wie äußere ökonomische Systeme.[182] Diese wären im Kern:

1. Das Akkumulationsprinzip[183]
2. Der rationale (also effektive) Umgang mit knappen Ressourcen mit individuellem Wert
3. Streben nach individuellem Gewinn (bzw. Glück)[184]

Alles dies trifft auch auf den eigenen Umgang mit Erinnerungen zu – mit der inneren Ökonomie als Handlungsrahmen und Erinnerungen (vermittelt durch Narration und Imagination) als primärer, persönlichkeitskonstituierender Ressource.

Zu einem effektiven Umgang mit Erinnerungen gehört sowohl ihre Konstruktion als auch ihre Dekonstruktion; beides sind wertvolle Erfahrungen, die den individuellen Umgang mit dem Erinnern gemeinsam definieren. Sie bilden zusammen die Erinnerungskaskade des Geistsystems (siehe Abbildung 5), welche bestehende Erinnerungen situativ neu interpretiert und so wiederum die zugrungeliegenden Ressourcen ihrer selbst modifiziert sowie dadurch die Transaktionselemente neu ordnet.[185]

---

181 „Der Ursprung eines jeden liegt jenseits der Erinnerung.“
Lucius Annaeus Seneca, Briefe an Lucilius (Epistulae morales ad Lucilium), 44. Brief.

182 Ein Grund dafür, dass der Kapitalismus so nativ in die menschliche Psyche passt, ja praktisch keine Alternativen gedacht werden können. Vgl. auch Herrmann (2022), S. 85ff.

183 Hierin findet sich konzeptionell auch eine weitere physische Repräsentation von Erinnerung, nämlich der Nutzung und (An-)Sammlung von Objekten als materialisierte Erinnerung, speziell im Rahmen der symbolischen Selbstergänzung. Objekte haben oft starke spezifische Erinnerungsmomenta und spiegeln die Sehnsucht nach Holismus und vollständigem Begreifen wider, welche im Geistsystem akkumuliert werden. Somit haben reale, äußere Transaktionen auch einen direkten Einfluss auf das Geistsystem. Vgl. auch dazu Gollwitzer et. al. (2002), S. 193ff.

184 Vgl. Frey / Jonas /Maier (2007), insbesondere S. 95ff.

185 Vgl. Abbildung 6, 1–3.

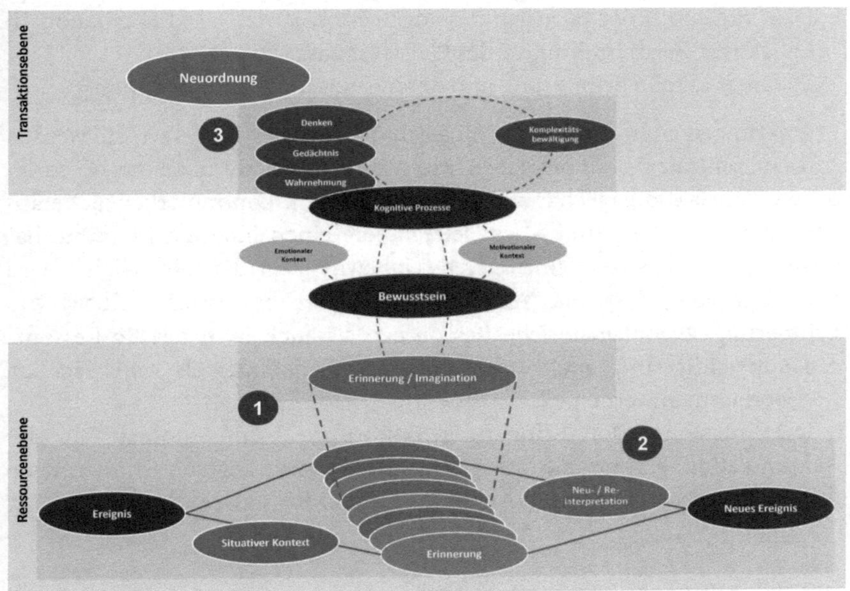

Abbildung 5: Die Erinnerungskaskade des Geistsystems.[186]

Die Neuinterpretation und Neuordnung von Erinnerungen ist ein mentaler Prozess, der wesentlich zur psychischen Gesundheit beiträgt.[187] Gerade die Neuordnung ist zentral, da die Evolution des Selbst davon abhängt, beide Prozesse (Konstruktion und Dekonstruktion von Erinnerung) zu beherrschen.[188] Und diese Neuordnung folgt eben auch ökonomischen Grundregeln; Erinnerung dient als Ressource zur Entwicklung und Erkenntnis.

So wird auch das individuelle Konzept von „Wert“ (und somit die Grundlage der äußeren Ökonomie) aus diesem Mechanismus des Geistsystems heraus konstituiert; Erinnerung ist die einzige Quelle des Konzeptes von „Wert“.[189] Wirtschaftlicher Wert hat daher grundlegend zwei universelle Komponenten:

186 Eigene Darstellung.
187 Vgl. Heinz (2016), S. 45f. sowie S. 93ff.
188 Besonders negativ erlebte Ereignisse müssen zunächst sinnvoll in das bestehende Geistsystem integriert und dann interpretiert werden; hier liegen die größten individuellen Entwicklungspotenziale. Vgl. ebd.
189 Vgl. Herles (2011), S. 111ff. sowie Frey / Jonas / Maier (2007), S. 131ff.

1. Das intersubjektive Konstrukt seiner selbst, sprich als Imagination in kollektiver Form im Kontext des Geistsystems.
2. Die individuelle Erinnerung und deren situative Reinterpretation.

Erinnerungen sind somit auch Träger und Vermittler von Wert; sie werden zu dem zentralen ökonomischen Eigentum, wobei sie über die beschriebenen Transaktionsmechanismen einer volatilen, kontinuierlichen Veränderung unterworfen sind – was letztendlich einen internen Marktmechanismus im Bewusstsein und Unter-/Unbewusstsein darstellt. Gleich wird man feststellen, dass zum Aufbau (gerade zum bewussten Aufbau) von Erinnerung sowohl materielle Ressourcen als auch immaterielle Ressourcen notwendig sind; auch wenn die Prozesse dahinter als nebensächlich wahrgenommen werden.[190]

Die Entstehung von Erinnerungen führt zu einem Automatismus der Akkumulation; emotionale Muster[191] in der Neuordnung von Erinnerungen führen zu einer lebenslangen Anhäufung dieser Ressource.[192]

---

190 Ebd.

191 Vgl. Holland / Kensinger (2010), S. 92ff.

192 Aus psychologischer Sicht gibt es verschiedene Arten von Erinnerungen, die auf unterschiedlichen Prozessen und Mechanismen im Gehirn beruhen:
1. Sensorisches Gedächtnis: Das sensorische Gedächtnis speichert kurzlebige sensorische Eindrücke wie visuelle, auditive oder olfaktorische Reize für sehr kurze Zeiträume, typischerweise nur einige Sekunden. Es dient dazu, Informationen während der Wahrnehmung kurzfristig zu halten und zu verarbeiten, bevor sie entweder vergessen oder in das Arbeitsgedächtnis überführt werden.
2. Arbeitsgedächtnis: Das Arbeitsgedächtnis, auch bekannt als Kurzzeitgedächtnis, ist ein temporärer Speicher für Informationen, die gerade aktiv verarbeitet werden. Es spielt eine wichtige Rolle bei der Durchführung kognitiver Aufgaben wie Lesen, Rechnen und Problemlösen. Das Arbeitsgedächtnis hat eine begrenzte Kapazität und Informationen werden oft schnell vergessen, wenn sie nicht aktiv aufrechterhalten werden.
3. Explizites (deklaratives) Gedächtnis: Das explizite Gedächtnis umfasst bewusste Erinnerungen an vergangene Ereignisse, Fakten oder Erfahrungen. Es kann in zwei Unterkategorien unterteilt werden: episodisches Gedächtnis, das sich auf persönliche Erfahrungen und Ereignisse bezieht, und semantisches Gedächtnis, das Fakten und Konzepte speichert. Das explizite Gedächtnis ermöglicht es Menschen, sich an spezifische Ereignisse oder Informationen zu erinnern und darüber nachzudenken.
4. Implizites (nicht-deklaratives) Gedächtnis: Im Gegensatz zum expliziten Gedächtnis bezieht sich das implizite Gedächtnis auf nicht-bewusste oder automatische Erinnerungen und Fähigkeiten. Dazu gehören zum Beispiel motorische Fertigkeiten wie Fahrradfahren oder Schwimmen, sowie kognitive Prozesse wie das Erkennen von Gesichtern oder das Abspielen von Melodien auf einem Musikinstrument. Implizite Erinnerungen werden oft durch wiederholte Übung oder Erfahrung gebildet und sind schwer verbal zu beschreiben.

Dadurch wird auch ein bewusstes „Investieren“ in Erinnerungen möglich; sie sind letztendlich die einzige Quelle von Erkenntnis über sich selbst – Erinnerung ist der Nukleus der inneren Ökonomie, ihr Dreh- und Angelpunkt.[193]

Die drei Kernaussagen:

1. **Erinnerungen als konstituierende Kraft des Geistsystems:** Erinnerungen haben eine realitätskonstituierende Wirkung und spielen eine zentrale Rolle im psychischen Geistsystem. Sie sind nicht nur statische Aufzeichnungen vergangener Ereignisse, sondern dynamische Konstruktionen, die ständig neu bewertet und reflektiert werden.
2. **Narration, Imagination und Wille als ökonomische Austauschprozesse:** Die Verarbeitung von Erinnerungen erfolgt durch drei primäre mentale Prozesse: Narration, Imagination und Wille. Diese Prozesse sind eng miteinander verbunden und dienen dazu, Erinnerungen zu organisieren, zu interpretieren und sie in einen situativen Kontext zu setzen. Durch diese Prozesse wird Erinnerung zu einer wertvollen persönlichen Ressource.
3. **Erinnerung als Akkumulationsprozess und Nukleus der inneren Ökonomie:** Erinnerungen werden als primäre Ressource der inneren Ökonomie betrachtet. Sie unterliegen ähnlichen Prinzipien wie externe ökonomische Systeme, wie Akkumulation, rationaler Umgang mit Ressourcen und Streben nach individuellem Gewinn. Die Konstruktion und Neuinterpretation von Erinnerungen ist ein wesentlicher Beitrag zur psychischen Gesundheit und zur Entwicklung des Selbst. Letztendlich sind Erinnerungen die einzige Quelle von Erkenntnis über sich selbst und bilden den Kern der inneren Ökonomie.

---

5. Emotionales Gedächtnis: Emotionale Erinnerungen beziehen sich auf Ereignisse oder Erfahrungen, die mit starken Emotionen verbunden sind. Diese Erinnerungen können besonders lebendig und detailliert sein und haben oft einen starken Einfluss auf das Verhalten und die Entscheidungsfindung. Emotionale Erinnerungen können sowohl explizit als auch implizit sein und sind eng mit dem limbischen System des Gehirns verbunden.

Vgl. Goldenberg (2007), S. 21ff.

193 Vgl. Koch / von Rosenstiel (2007), S. 761ff.

Persönlichkeitsinterne Konstitutionsmechanismen und deren Funktion

„In dreams begins responsibility."[194]

In einem nächsten Schritt kommt es zur Integration von einer ganzen Anzahl von kognitiven Prozessen in das ökonomische Geistsystem – diese komplettieren den ökonomischen Fluss und das eingeführte Model. Dazu ist es zweckmäßig, zunächst die Bausteine mentaler Kontingenz näher zu definieren, um an diesen dann die kognitiven Kernprozesse der Narration, Imagination und Suggestion auszurichten.

Mentale Kontingenz und Fluidität des ICH

Der erste Anknüpfungspunkt im ökonomisierten Geistsystem ist prozessual die Kontingenztheorie der Erinnerung[195]: Erinnerungen bilden in ihrer Kontingenz ein einziges Kontinuum, jede einzelne Erinnerung bildet in sich ebenfalls ein Kontinuum, d.h. die Erinnerung ist als solche zunächst widerspruchsfrei und stringent.[196]

Dadurch entsteht der Eindruck im Selbst, sie wäre nicht beliebig und würde sich in die wahrgenommene und empfundene Persönlichkeitskontinuität einreihen. Gleichzeitig ist jedoch das, an was wir uns erinnern, überaus kontingent und keiner objektiven Kontrollinstanz unterworfen, d.h. Erinnerungen müssen sich nicht einem untergeordneten Kontext beugen und obliegen nur eingeschränkt der bewussten mentalen Beeinflussung. Erinnerung wird somit aus einem Wechselspiel von Kontinuitätskonstruktion und Kontingenz gebildet.[197] Beides sind im Geistsystem ökonomisch aktive Komponenten – beiden kommt eine ökonomische Funktion zu. Die kontinuierliche Integration von Erinnerungen führt zu der Empfindung eines Selbst, was transaktionale Prozesse erst ermöglicht;[198] die Kontingenz von Erinnerung an sich lässt ein (inneres) Marktsystem erst zu, da dadurch die Möglichkeit der Neuinterpretation und Dynamik in das System eingeführt werden.

194 Yeats (1916), S. 172.
195 Vgl. auch Luhmann (1975), S. 39–50.
196 Vgl. Cermak (2014), S. 277ff.
197 Ebd.
198 Ebd.

Gleichzeitig führt dies zu einem Paradox: Erinnerungen konstituieren das momentane Selbst in subjektiver Kontinuität – aber die permanente Disruption einzelner Erinnerungen durch Re- und Neuinterpretation führt dazu, dass keine objektive Vergangenheit im Jetzt mehr existieren kann; die „Fluidität des Ich" entsteht.[199] Dieses Wechselfeld zwischen Auflösung und Neubildung im Jetzt des Selbst führt zur bereits beschriebenen ökonomischen Dynamik und grenzen das Feld des Wesenskerns ab.[200]

Das Selbst kann vielmehr als die situative Interpretation des gegebenen Sets an Erinnerungen und mentaler Denk- und Erkenntnisprozesse gesehen werden – in einem metastabilen Rahmen; der Geist benötigt dennoch die Illusion einer Eigenkontinuität, um seine vermeintliche Integrität zu wahren und seine Inhärenz aufrechtzuerhalten.[201]

Da Veränderung auch im Geistsystem als Konstante betrachtet werden kann, wird die Fähigkeit zum bewussten, gesteuerten Verändern von Erinnerungen essenziell, so findet Entwicklung und Erkenntnis statt.[202] Gleiches gilt für die Beziehung zwischen Wesenskern und Umfeld, was die Wichtigkeit von sozialen Elementen in der Erinnerung betont sowie deren hohen Grad an Vernetzung.[203]

Wenn Erinnerung und ihre verbundenen transaktionalen Prozesse (Narration, Imagination, Wille) ökonomisch aktive Komponenten sind, ist deren Gewinn die Erkenntnis.[204] Die Fluidität des Ich sorgt dafür, dass die

---

199 Vgl. Knoblauch (2019), S. 240f. sowie Priddat, Birger P. (2017), S. 7ff.

200 Der Wesenskern kann als das essentielle Element betrachtet werden, das die grundlegende Bedeutung oder den Hauptgedanken eines Individuums verkörpert. Es ist der Kerngedanke oder das zentrale Konzept, das dem Begriff zugrunde liegt und ihn definieren kann. Dabei handelt es sich um eine abstrakte Vorstellung, die sich durch ihre Flexibilität und Vielseitigkeit auszeichnet, da sie keine festen Umrisse hat, sondern sich je nach Kontext oder Interpretation verändern kann.
Eine Idee als ein konkretes Element der inneren Welt ist ein Konzept oder eine Vorstellung, die im Geist eines Individuums existiert. Sie kann Gedanken, Überzeugungen, Träume oder Ziele umfassen, die das individuelle Denken und Handeln beeinflussen. Im Gegensatz zum Wesenskern, der die Essenz eines Begriffs darstellt, repräsentiert eine Idee eine spezifische Vorstellung oder Konzeption, die durch individuelle Erfahrungen, Werte und Überzeugungen geprägt ist. Trotz ihrer Konkretheit kann eine Idee jedoch auch fließend sein und sich im Laufe der Zeit oder durch verschiedene Einflüsse verändern.

201 In diesem Kontext sei anzumerken, dass auch das physische Selbst keine echte Kontinuität besitzt.

202 Vgl. Zauner 2018), S. 305f.

203 Vgl. Bovensiepen (2019), S. 51–58.

204 Vgl. uum ökonomischen Gewinnbegriff Wegmann (1970), S. 24–31.

Beziehung des Individuums zu sich selbst nie final ausdefiniert ist und nur über die Fähigkeit, aus der (selbst konstruierten) Vergangenheit zu lernen, transformiert werden kann. Beides muss in Erkenntnisprozessen demnach eine zentrale Rolle einnehmen. Die (Eigen-) Narration gibt Zugang zur Vergangenheit und ist damit eine zentrale humane Fähigkeit; Sprache und Erkenntnis hängen somit überaus eng zusammen. Sprache kann als wichtiges Universalwerkzeug zum Zugang zur Narration und Imagination angesehen und als vermittelndes Trägermedium trainiert werden.[205]

Wie bei allen transaktionalen Prozessen führt dies zu einer gegenseitigen Beeinflussung; Narration hat auf den Prozess des Vorstellens selbst realitätsmodifizierende Auswirkungen; Imagination verändert ebenso die Wahrnehmung der Wirklichkeit.[206] Dies hat für die Ökonomisierung des Geistsystems folgende wichtigstes Auswirkungen:

- Geschehnisse im Geistsystem sind nicht zufällig und beliebig, sondern ausschließlich situationsbezogen (wobei die Ausgangssituation oder das akute Geschehen änderbar ist); sie haben eine ökonomisch konstituierende Wirkung.[207]
- Schon ein willentliches Bemühen (genauer: Das Wirken von Willen als innerer transaktionaler Prozess) um Veränderung kann Veränderung in Realität bewirken, das Transformieren des Selbst ist eine autonome Funktion des Geistsystems.[208]
- Das Geistsystem und dessen Narrationen und Imaginationen sind Teil der individuellen Wirklichkeit und somit auch aktiv beeinflussbar über die transaktionalen Prozesse.[209]

Einfluss und Kontrolle auf die transaktionalen Prozesse des Geistsystems verändern den Verstand selbst und dessen Muster; was einer realen Veränderung der Wirklichkeit gleichkommt.

Daher ist die Weiterentwicklung von Erinnerungen zentraler Bestandteil eines ökonomisierten Geistsystems; Erinnerung und äußere Realität divergieren oft oder verschmelzen zu größeren Komplexen.[210] In diesem Zu-

205 Vgl. auch Kempert / Schalk / Saalbach (2019), S. 179ff.

206 Vgl. dazu Achtziger (et. al) (2014), S. 55ff. sowie Kosslyn / Ganis / Thompson (2013), S. 198–203.

207 Vgl. Potter (2005), S. 60f.

208 Vgl. Geimer (2012), S. 232f.

209 Vgl. dazu Storp (2009), S. 33–40.

210 Vgl. dazu Bohleber (2004), S. 44f. sowie Bohleber (2007), S.298 - 306.

sammenhang entsteht im Geistsystem Resilienz[211] als weitere ökonomisch aktive Ressource (Tabelle 2 gibt dazu einen Überblick), die antagonistisch zur permanenten Reinterpretation von Erinnerung wirkt und die Fluidität des Ich abdämpft.

Bezeichnung	Funktionsweise	ökonomisch aktive Aspekte
Resilienz[212]	Antizipation und Immersion von Transaktionsbeziehungen zwischen innerer und äußerer Welt.	• Resilienzfaktoren • Vulnerabilitätsfaktoren • imaginäre und reale Anteile
Erinnerung/ Imagination als Teil des transaktionalen Geistsystems	Erinnern selbst ist eine neu erschaffene Version der Vergangenheit, die nicht mehr der äußeren Realität entspricht, da sich Erinnerungen im Gegensatz zur (angenommenen) äußeren Realität weiterentwickeln.	• Veränderungsprozesse erzeugen Abwehrhaltung und Ängste • Diesen wird meist ein zu hoher interner Wert beigemessen
Resilienzprozesse	Selbstnarration und dessen Interpretation baut eine spezifische, themengebundene Resilienz auf, welche auch in eine allgemeine (summarische) Resilienz überführt werden kann. Diese Prozesse laufen kaskadierend (primär) im Unterbewusstsein ab.[213]	• Sprache und Eigennarrativ • Physische Repräsentation, z.B. über die symbolische Selbstergänzung[214]

Tabelle 2: Resilienz als ökonomisch aktive Ressource.

Resilienzprozesse verändern die eigene Wahrnehmung der Realität und ermöglichen in Ihrer Konsequenz erst das Konzept der Selbstwirksamkeit[215] – die subjektive Bedeutung von Erlebnissen definiert den Umgang mit diesen und generiert deren Bedeutung. Die Prozessualität der Bedeutungsattribution nimmt eine zentrale Stellung innerhalb des kognitiven Rahmens ein, da sie maßgeblich an der Konstruktion der individuellen Realität und Identität eines Subjekts beteiligt ist. Dieser signifikante Vorgang ist funda-

211 Resilienz leitet sich direkt aus einer hohen mentalen Kontingenz ab; vgl. dazu Cyrulnik (2021), S. 140f.

212 Ebd.

213 Vgl. dazu auch Cyrulnik (2009), S. 22–25.

214 Vgl. Hoffmann (2020), S. 36–38.

215 Vgl. Henninger (2016), S. 159ff. sowie Ong / Bergeman / Bisconti / Wallace (2006), S. 734ff.

mental für die Erfassung und Verarbeitung von Sinneseindrücken sowie die anschließende Integration in das kognitive Schema eines Individuums. Die Attribution von Bedeutung erfolgt über komplexe neurokognitive Mechanismen[216], die sowohl auf intrinsischen kognitiven Prozessen als auch auf extrinsischen Umweltfaktoren basieren. Hierbei interagieren individuelle Erfahrungen, mentale Repräsentationen und kulturelle Einflüsse miteinander, um eine subjektive Wirklichkeit zu formen, die als Grundlage für die Identitätsbildung fungiert. Die kontinuierliche Bedeutungsgebung ermöglicht es dem Individuum, seine Selbstwahrnehmung und soziale Interaktionen zu gestalten und sich in seinem sozialen Umfeld zu verorten.[217] In diesem Sinne ist die Bedeutungsattribution ein essenzieller Bestandteil des kognitiven Prozesses und trägt maßgeblich zur Konstruktion der individuellen Realität bei.

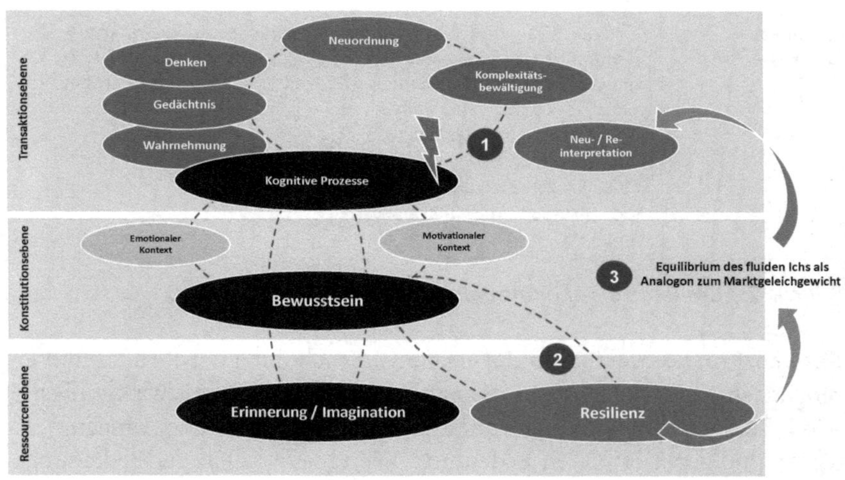

Abbildung 6: Equilibrium des fluiden Ichs.[218]

Abbildung 6 schließt das grundlegende ökonomische Geistsystem ab.

Mentale Kontingenz ist somit ein konstituierender, intermentaler Akt, bei dem Erinnerungen über Resilienz und Sprache als Vermittlerfunktion[219]

216 Vgl. McKenzie (2022), S. 125ff.
217 Ebd., S. 126–132, S. 23.
218 Eigene Darstellung.
219 Vgl. Stein (1996), S. 260ff.

in ein situatives Equilibrium überführt werden. Die Parallelen zur Ökonomie ermöglichen, das mentale System in einem weiteren Schritt gezielter bewusst zu beeinflussen.

Die Funktionen und Techniken von Narration, Imagination und Suggestion

Die Betrachtung des ökonomischen Geistsystems kumuliert in der Konstitutionsebene des Bewusstseins; ausschließlich hier entstehen subjektive und intersubjektive Konstrukte wie Wert oder Emotion.[220] Insofern bilden Narration, Imagination und Suggestion[221] die Grundvoraussetzung für Emotionalität; die meisten Emotionen (besonders auch belastender Art wie Angst, Sorge, etc.) resultieren aus diesen beiden mentalen Transaktionsprozessen.[222]

Diese bringen individuelle Vergangenheit beziehungsweise Zukunft in die Gegenwart, wo spezifisch aus dem Abgleich (beziehungsweise Vergleich) Emotion entsteht, entweder aus einem wahrgenommenen Überfluss oder Mangel beziehungsweise dem Unwillen in Bezug auf Anpassungsprozesse heraus.[223] Gerade starke Emotionalität bildet sich selten nur aus der Gegenwart heraus; es ist immer ein (positives oder negatives) Erwarten oder Bedauern dahinter; beides Phänomene, die in Vergangenheit oder Zukunft ihren Ursprung haben.[224]

Der individualpsychologische Umgang mit Narration und Imagination bestimmt also auch mit über empfundenes Glück oder empfundenes Leiden in der Gegenwart. Die Gegenwart als solche bietet bei weitem nicht so viele Möglichkeiten, ein breites, tiefes Spektrum an Emotionen zu begünstigen; sie wird im Gegenteil eher als ereignisarm betrachtet.[225] Dieser

220 Vgl. Plutchik (1980), S. 4–21 und Lazarus / Kanner / Folkman (1980), S. 192ff.

221 Suggestion bezieht sich auf den Prozess, durch den ein Individuum dazu angeregt wird, bestimmte Gedanken, Gefühle oder Verhaltensweisen zu akzeptieren oder zu übernehmen, oft aufgrund der Einflussnahme einer externen Quelle. Es handelt sich um eine Form der Beeinflussung des mentalen Zustands oder Verhaltens eines Individuums durch Vorschläge, Anweisungen oder Implikationen, die direkt oder indirekt gemacht werden – dabei kann durchaus auch eine Eigenreflexivität gegeben sein.

222 Ebd.

223 Ebd.

224 Vgl. Traue / Kessler (2003), S. 21ff.

225 Ebd.

Umstand hat eine Reihe von Implikationen für die Ökonomie des Geistsystems:

- Der ökonomische Umgang mit den Transaktionsmechanismen des Geistsystems kann eine Aufwertung der Gegenwart durch geeignete Narrations- und Imaginationstechniken, erzielen; auch Selbstwahrnehmung und Selbstreflexion über eigenes Leiden und Glück und die nachgelagerten Erkenntnisprozesse werden dadurch begünstigt.[226]
- Analytische Meditationen (zur zu antizipierenden Auswirkung von Imagination und der inneren Bewertung von Ereignissen) wird zu einem konkreten tiefenpsychologischen Instrument, da die Gegenwart als Sublimationszeitpunkt des Selbst verstanden werden kann.[227]
- Mentale Ressourcen wie Resilienz und die Fähigkeit, sich der Realität anzupassen oder diese anzunehmen, werden aufgewertet und gestärkt in der Position im Rahmen des eigenen Geistsystems.

Narrations- und Imaginationstechniken fungieren hier wiederum als mentale Vermittlerprozesse.[228] Für diese existieren fünf grundlegende Ausrichtungen; Tabelle 3 gibt einen Überblick.

Bezeichnung	**Charakteristika**	**ökonomisch aktive Aspekte**
Analytische Narration	Lern- und verbesserungsorientierter Umgang mit Erinnerung	• Faktenbasiert • Transaktional-abwägend
Syntagmatische Narration	Synthese von Einzelnarrationen	• Bildung einer gemeinsamen (emotionalen) Syntax • Aufdeckung von Gemeinsamkeiten • Vernetzung
Paradigmatische Narration	Einzelerinnerung mit hoher subjektiver Emotionalität sowie dessen situativer emotionaler Bewertung	• mentales Leuchtfeuer der Einzelnarration
Native, gerichtete Imagination	subjektive Projektion von potenziellem, meist allgemeinem Erleben	• Geringe Nutzenfokussierung • Beachtet oft nur Teilaspekte

226 Vgl. Brüllmann / Rombach / Wilde (2014), S8ff.
227 Vgl. Flatscher (2010), S. 51ff.
228 Vgl. 3.2.2.

Bezeichnung	Charakteristika	ökonomisch aktive Aspekte
Synthetische, holistische Imagination	handlungs- und entscheidungsgerichtete Imagination	• neutrale Beobachtung der Realität • hohes Potenzial für Entscheidungsfindung

Tabelle 3: Die fünf Grundtypen innerpsychischer Narrations- und Imaginationstechniken.

Zunächst zur allgemeinen Interpretation aller Vermittlungsprozessen aus der Sicht der psychodynamischen Theorien[229], die bereits auch innerpsychische Narration als ökonomischen Prozess verstehen. Durch diese erweiterte Perspektive kann effektiver nachvollzogen werden, wie mentale Ressourcen verwaltet werden und wie sie sich auf das Verhalten, die Emotionalität sowie das (psychische) Wohlbefinden eines Individuums auswirken.[230] Im Wesentlichen haben sich hier folgende fünf ökonomisch aktive Aspekte etabliert:

1. **Energieallokation:** In psychodynamischen Modellen wird postuliert, dass die Psyche über begrenzte Energie verfügt, die auf verschiedene mentale Prozesse verteilt werden muss. Die innere psychische Narration erfordert Aufmerksamkeit und kognitive Ressourcen, die mit anderen mentalen Prozessen konkurrieren, wie z.B. Problemlösung, Emotionsregulation oder Wahrnehmung. Daher muss die Psyche entscheiden, wie viel Energie der inneren Narration zugewiesen wird und welche anderen Prozesse vernachlässigt werden können.[231]
2. **Kosten-Nutzen-Analyse:** Ähnlich wie bei ökonomischen Entscheidungen beinhaltet die innerpsychische Narration oft eine implizite Kosten-Nutzen-Analyse.[232] Die Psyche bewertet die Vor- und Nachteile, häufig in einem „inneren Monolog"[233]. Zum Beispiel kann das Nachdenken über vergangene Ereignisse oder Imaginationen als nützlich für die Problemlösung oder Selbstreflexion angesehen werden, aber es kann auch dazu führen, dass mentale Ressourcen ineffizient eingesetzt werden, wenn es zu übermäßig oder destruktiv verwendet wird.

229 Siehe auch das Konzept in Kuhn (2016), S. 233ff.
230 Dieser Ansatz findet sich auch klar in anderen psychologischen Referenzsystemen wieder, vgl. dazu z.B. Dalai Lama (2002), S. 122–129.
231 Vgl. Raab (2023), S. 304ff.
232 Vgl. Pfister / Jungermann / Fischer (2010), S. 187ff.
233 Ebd., S. 277–291.

3. **Effizienz und Selbstregulation:** Eine effiziente innerpsychische Narration ermöglicht eine effektive Selbstregulation und Anpassung an die Umwelt. Wenn jene produktiv sind, können sie dazu beitragen, Ziele zu setzen, Motivation aufrechtzuerhalten und Emotionen zu regulieren. Ineffiziente Narrationsprozesse können jedoch zu psychischen Komplexen führen.
4. **Ressourcenmanagement:** Narrationsprozesse erfordert nicht nur mentale Energie, sondern auch andere Ressourcen wie Zeit, Achtsamkeit[234] und Aufmerksamkeit. Jedes Individuum muss entscheiden, wann und wie es seine inneren Gedankenprozesse einsetzt, basierend auf seinen aktuellen Bedürfnissen und Prioritäten. Dies erfordert ein metapsychisches Management, um sicherzustellen, dass Ressourcen nicht verschwendet werden und die wichtigsten Ziele erreicht werden.[235]
5. **Investition und Dividenden**: Wie bei ökonomischen Investitionen kann die innerpsychische Narration langfristige Dividenden abwerfen. Zum Beispiel kann die Investition von Zeit und Energie in Selbstreflexion und Selbstverständnis langfristig zu einem besseren emotionalen Wohlbefinden und persönlichem Wachstum führen.[236]

---

234 Achtsamkeit im psychologischen Kontext bezieht sich auf die bewusste, gerichtete und nicht wertende Aufmerksamkeit für die gegenwärtige Erfahrung des (Erlebens-)Moments. Diese Praxis stammt aus der buddhistischen Tradition und wurde in der westlichen Psychologie als therapeutische Technik adaptiert. Achtsamkeitstraining umfasst verschiedene Praktiken wie Meditation, Atemübungen und Körperwahrnehmung, die dazu dienen, das Bewusstsein für den gegenwärtigen Moment zu schärfen und die Aufmerksamkeit von belastenden Gedanken oder Emotionen wegzulenken.
In der psychologischen Praxis wird Achtsamkeit oft als Interventionstechnik eingesetzt, um Stress, Angst, Depressionen und andere psychische Probleme zu reduzieren. Durch die Schulung in Achtsamkeit lernen Menschen, sich bewusst auf ihre gegenwärtigen Empfindungen, Gedanken und Emotionen zu konzentrieren, ohne sie zu bewerten oder zu beurteilen. Dies kann dazu beitragen, eine größere emotionale Regulation, verbesserte Stressbewältigung und eine gesteigerte Lebenszufriedenheit zu erreichen.
Forschungsergebnisse deuten darauf hin, dass regelmäßige Achtsamkeitspraxis mit einer Vielzahl von psychologischen und physiologischen Vorteilen verbunden sein kann, darunter eine Verringerung von Angstzuständen und Depressionen, eine verbesserte kognitive Funktion, eine stärkere Resilienz gegenüber Stress sowie positive Veränderungen in der Gehirnstruktur und -funktion.
Vgl. dazu auch Baer (2010), S. 45ff., Soucek (et al.) (2018), S. 130ff. und Hofmann / Sawyer / Witt / Oh (2010), S. 173f. sowie Yates (2015), S. 153ff. und S. 473–477.

235 Ebd.

236 Vgl. auch Weil (1976). S. 387.

Der individualpsychisch gängigste Narrationstyp ist die *analytische Narration.* Dieser wohnt ein objektivierender Umgang mit Erinnerung inne; sie ist um eine Ausrichtung an erlebten Tatsachen bemüht. Sie ist faktenbasiert; das Erinnern sammelt zunächst möglichst umfassende Fakten zu einer spezifischen Narration und diese werden im Nachgang vom Geistsystem und dessen transaktionalen Prozessen analysiert; Erkenntnis basiert auf dem Faktenabgleich mit den theoretisch möglichen und den real erlebten Handlungsoptionen. Generell ermöglicht analytische Narration einen lern- und verbesserungsorientierten Umgang mit Erinnerung; Erkenntnisse können besonders dann gewonnen werden, wenn viele Informationen aus verschiedenen Blickwinkeln zu einer Erinnerung vorliegen und diese komplettiert und nacherlebt werden können. Die verschiedenen Subformen der analytischen Narration[237] sind besonders bei inhaltlichem Erleben und dem Nachvollziehen von frühen Entscheidungsmustern zu Lernzwecken hilfreich. Die Narration wird aus dem Erlebnisstrom heraus in Einzelelemente zerlegt, welche im gegenseitigen Abhängigkeitsmuster (Ursache-Wirkungs-Prinzip) und aus verschiedenen Perspektiven beleuchtet werden.[238]

Im Gegensatz dazu orientiert sich die *syntagmatische Narration* an einem verbindenden Umgang mit Einzelnarrationen; einzelne Erinnerungen werden an gemeinsamen Themenkomplexen entlang ausgerichtet und basierend auf Gemeinsamkeiten im inneren Erleben und Erinnern zu einer einzelnen Narration aus verschiedenen Einzelerlebnissen verarbeitet.[239] Erkenntnis basiert hier auf der erinnerten Gemeinsamkeit im Handeln oder Denken; Erlebnisse werden primär entlang des emotionalen Erinnerns verbunden, Muster im vergangenen Handeln und Denken werden deutlich herausgearbeitet (diese können im Kontext einer syntagmatischen Narration bewusst interpretiert und ins Gedächtnis gerufen werden). So können gegenwärtige Situationen im Spiegel einer vereinten Vergangenheit gesehen (und neu aufgegriffen) werden. Dieser Narrationstyp verbindet dabei verschiedene Erinnerungsströme über eine gemeinsame (emotionale) Syntax und bindet so Erinnerung in Hinblick auf inneres emotionales Erleben; der Erkenntniseffekt liegt in den Gemeinsamkeiten der einzelnen Erinnerungsstränge.[240]

---

237 Vgl. dazu die Methodologie der Narrationsanalyse (Biegoń / Nullmeier (2014): S. 43ff.)

238 Ebd.

239 Ebd.

240 Ebd., S. 122ff.

Die *paradigmatische Narration* bildet dazu den konzeptionellen Gegenpol. Sie wird von dem detaillierten (Einzel-) Umgang mit Erinnerung geprägt; ihre Ausrichtung an dem inneren Erleben in (prägenden) spezifischen Situationen. Dabei basiert paradigmatische Narration auf Einzelerinnerungen mit hoher subjektiver Emotionalität; das Erinnern orientiert sich an der situativen emotionalen Bewertung.[241] Die daraus gewonnene Erkenntnis basiert wiederum auf der emotionalen Dichte der narrativ verarbeiteten und genutzten Erlebnisse; diese kann einen Leuchtturmcharakter für das momentane Erleben enthalten. Dabei wird die situative Besonderheit des vergangenen Handelns und Denkens herausgestellt. Der Vergleich zwischen dem momentanen Erleben und dem paradigmatischen Erinnern eröffnet neue (nicht objektivierte oder objektivierbare) Handlungs- und Denkoptionen.[242] Die Narration stützt sich hierbei auf die Intensität vergangenen Erlebens und dessen momentane (emotionale) Bedeutung; Narration wird als "mentales Leuchtfeuer" genutzt.

Bei zukunftsgerichteter Narration (also Imaginationstechniken) ist die *native, gerichtete Imagination* der primäre Typus. Hierbei handelt es sich um eine subjektive Projektion von potenziellem, meist allgemeinem Erleben in die Zukunft, ohne dabei besondere Rahmenbedingungen zu beachten.[243] Sie ist der unspezifischste mentale Transaktionstyp.[244]

Im Gegensatz dazu handelt es sich bei der *synthetischen, holistischen Imagination* um eine handlungs- und entscheidungsgerichtete Imagination.[245] Sie ist eine möglichst neutrale Beobachtung der Realität durch eine vorbewertete Sammlung von Tatsachen, über welche Entscheidungsszenarien aufgebaut werden, die einen komplett neuen Handlungsrahmen entwerfen

---

241 Vgl. Groeben / Christmann (2012), S. 310ff.

242 Ebd.

243 In der Psychologie bezieht sich der Terminus der nativen, gerichteten Imagination auf eine Form der mentalen Vorstellungskraft, die bewusst gesteuert und fokussiert ist. Im Gegensatz zu spontanen oder unkontrollierten Gedanken und Bildern ist die native, gerichtete Imagination eine gezielte mentale Aktivität, bei der eine Person absichtlich bestimmte Bilder, Szenarien oder Konzepte in ihrem Geist erschafft oder manipuliert. Diese Art der Imagination wird oft in verschiedenen therapeutischen Ansätzen wie der kognitiven Verhaltenstherapie, der Imaginationsarbeit oder der Traumatherapie verwendet. Sie kann auch in kreativen Prozessen wie der Kunst, dem Schreiben oder der Problemlösung eine Rolle spielen.
Vgl. auch Moulton / Kosslyn, (2009), 1275f. sowie Holmes / Mathews (2010), S 350ff.

244 Vgl. ebd.

245 Vgl. auch Pearson / Deeprose / Wallace-Hadrill / Burnett Heyes / Holmes (2013), S. 4ff.

können. Darüber erfolgt eine Konkretisierung der Entscheidungs- und Handlungsparameter; das bewusste Einsickern-lassen der aufgebauten Imagination in die Gegenwart führt zu Entscheidung und Handlung.[246] Imaginieren ist hierbei eine Vorwegannahme einer erwartbaren Zukunft in der Gegenwart und fungiert zugleich als Verstärkung der Erreichung eben jener imaginativen Zukunft.[247]

Durch die Sequenzierung von Narration und Imagination kommt es im Geistsystem zu einer Ordnung der Transaktionsprozesse; Gedanken haben stets eine klare zeitliche Abfolge, deren Gleichzeitigkeit ist ausgeschlossen.[248] Gleichzeitig haben diese Transaktionsprozesse auch eine verbindende Wirkung im Hinblick auf die äußere Welt; durch sie fließen äußere Umstände und die mentalen Reaktionen des Geistsystems in die innere Welt ein.[249]

Diese Funktionen und Techniken führen zu folgenden Konsequenzen in dem Umgang mit Erinnerung:

Eine "objektive Wahrheit"[250] als solche (im Sinne tatsächlicher Ereignisse in konkreter physikalischer Realität[251]) existiert in der Erinnerung nicht, da Erinnerungen flexibel gehandhabt und permanent und systematisch neu interpretiert und bewertet werden. Ebenso ist ein objektives Erleben ist nur im Moment der Gegenwart möglich, in dem Narration und Imagination

246 Ebd., S. 18f.

247 Ebd.

248 Vgl. auch Schmidt (2003), S. 891.

249 Vgl. Kellermann (1980), S. 355–367.

250 Die Idee der objektiven Wahrheit in der Psychologie steht oft im Spannungsfeld zwischen dem Realismus und dem Konstruktivismus. Realisten argumentieren, dass es eine externe Realität gibt, die unabhängig von menschlicher Wahrnehmung und Interpretation existiert. Diese externe Realität kann durch objektive Messungen und Methoden erfasst werden, und die Aufgabe der Psychologie besteht darin, diese Realität so genau wie möglich abzubilden. Auf der anderen Seite argumentieren Konstruktivisten, dass Wahrnehmung und Interpretation stark von individuellen Erfahrungen, kulturellen Einflüssen und sozialen Kontexten geprägt sind. Aus dieser Perspektive gibt es keine objektive Realität, die unabhängig von menschlicher Konstruktion existiert. Stattdessen wird Wissen und Wahrheit durch soziale Interaktionen und kulturelle Narrative geformt. In der klinischen Psychologie könnte dies bedeuten, dass Diagnosen und Interventionen nicht nur auf objektiven Indikatoren basieren können, sondern auch auf der subjektiven Bedeutung, die Menschen ihren Erfahrungen beimessen.
Vgl. dazu McNally (2005), S. 27ff. sowie Gergen (2009) zur Idee der sozialen Konstruktion von Wissen und Wahrheit in der Psychologie (und anderen sozialen Wissenschaften).

251 Ob physikalische Realität seinerseits tatsächlich besteht, ist jedoch eine philosophisch-metaphysische Frage.

stattfindet (Konvergenz von Narration und Imagination im Jetzt[252]), aber auch hier spielt es nur eine untergeordnete Rolle, da das Erinnern nicht auf diese Kategorie "geeicht" ist.[253] Unsere eigene Narration konstituiert die Vergangenheit als Konstrukt und kann diese daher inkremental verändern und durch Neubewertung oder Umdeutung verändern. Daher existiert so etwas wie eine kollektive, bewusste Vergangenheit nicht; sie wird in beliebig viele, veränderlichen Subjektiv-Vergangenheiten zersplittert.[254]

Für die Imagination der Zukunft leuchtet uns dieses Prinzip relativ einfach ein; die soziale Wahrnehmung der Vergangenheit ist nach wie vor von einem szientistischen Weltbild geprägt, was für unser individuelles Erleben und Erinnern schlicht und ergreifend nicht zutrifft.[255]

---

252 Bereits Claude Bernard schreibt zur natürlichen geistigen Begrenzung des Menschen: "Notre esprit est, en effet, tellement borné, que nous ne pouvons connaître ni le commencement ni la fin des choses; mais nous pouvons saisir le milieu, c'est-à-dire ce qui nous entoure immédiatement." (Unser Verstand ist tatsächlich so beschränkt, das wir weder den Anfang noch das Ende der Dinge kennen können; aber wir können die Mitte erfahren, d.h. was uns unmittelbar umgibt.); Bernard (1865), S. 63.

253 Vgl. Casey (2000), S. 48ff. und S. 262ff.

254 Hierzu sei noch einmal auf die Dualität zwischen dem Wesen, da man sich selbst ist und dem, wie es von außen gesehen wird, verwiesen. Jedes Individuum ist in einen bestimmten Kontext situiert (bestehender Ort, Zeit, Besitzgeflecht); jene Situation prägt die Fähigkeiten, seinen Platz in der Welt zu imaginieren.
Vgl. konzeptionell auch Fouillée (1890), S. 124ff. und Sartre (1964), S. 87ff. sowie Schmidt (2000), S. 150ff. und S. 196ff.

255 In der ökonomischen Intentionalität spielen Absichten eine zentrale Rolle, da sie als konkretisierte Imaginationen fungieren und Produkte der ökonomischen Willensbildung darstellen. Der Wille agiert dabei als vermittelnde Kraft zwischen den imaginativen Vorstellungen und den Handlungsabsichten, die eine zukunftsgerichtete Ausrichtung aufweisen.
Die Verbindung zwischen Imagination und Absicht ist von besonderem Interesse, da Imaginationen häufig als Vorläufer von Absichten betrachtet werden. Individuen können sich bestimmte Handlungen vorstellen und diese Vorstellungen anschließend in konkrete Absichten umsetzen. Diese Verbindung zeigt die enge Beziehung zwischen mentalen Repräsentationen und zielgerichtetem Verhalten. Ein wesentliches Merkmal von Absichten ist ihr zukunftsgerichtetes Element. Sie orientieren sich auf Ereignisse oder Zustände, die noch nicht eingetreten sind, und leiten Handlungen mit dem Ziel, diese Zustände herbeizuführen oder zu vermeiden. Dabei fungieren Absichten als konkretisierende Funktionen, die es ermöglichen, vage Vorstellungen und Wünsche in spezifische Ziele und Handlungspläne umzuwandeln. Darüber hinaus besitzen Absichten eine willensbildende Dimension, indem sie den Willen des Individuums mobilisieren und kanalisieren. Sie beeinflussen die Auswahl und Organisation von Handlungsoptionen und ermöglichen es, die

Für die Ökonomie des Geistsystems ergeben sich daraus vier Handlungsfelder:

- An der Schnittstelle zwischen individueller Erinnerung und kollektiver Erinnerung entsteht die abstrakte Idee von Besitz als auch die von Eigentum; das individuelle Geistsystem arbeitet dabei auf den Erhalt des momentanen Status quo hin.[256]
- Sowohl Narration als auch Imagination führt zu einer Reihe von Entwürfen des eigenen Selbst. Durch diese Vielzahl kann Handeln an sich zum Problem werden, da das Geistsystem eher auf das eigene Ressourcenmanagement abzielt. Dabei ist das eigene Tun zentrales Mittel der Selbstwerdung und die ultimative Verbindung zur äußeren Welt. Alle Entwürfe des ökonomischen Selbst[257] benötigen andere Menschen (und damit andere Geistsysteme) für ihre erfolgreiche Umsetzung.[258]
- Es entsteht ein Dualismus zwischen imaginären Erfahrungen und gelebten Erfahrungen. Für die Transaktionsprozesse selbst besteht darin nur ein nachgelagerter Unterschied; beides ist für den Konstitutionsprozess des Bewusstseins und der Erkenntnis letztendlich gleichwertig. Daraus folgt, dass beide Kategorien von Erfahrungen einen ökonomischen Wert besitzen.[259]
- Es wird durch den transaktionalen Charakter deutlich, dass das Bewusstsein als phänomenales, gedankliches Individualitätsbewusstsein[260] zu verstehen ist. Daher bildet diese Sichtweise eine Grundlage für ökonomisches Denken, Erfahren und Handeln; ohne die psycho-ökonomische

---

eigenen Ressourcen und Fähigkeiten gezielt einzusetzen, um die angestrebten Ziele zu erreichen.
Vgl. dazu ausführlich, Husserl, Edmund (1980), S. 24ff. (u.a.) und Husserl, Edmund (2004), S. 105ff (u.a.).

256 Vgl. dazu Husserl, Edmund (1968), S. 65ff. (u.a.)

257 Das ökonomische Selbst ist dabei sowohl empirischer Begriff als auch Therapiepostulat; es ist die Einheit und Ganzheit sämtlicher psychisch-ökonomischer Phänomene im Menschen als Gesamtpersönlichkeit. Vgl. dazu Helsper (2013), S. 23–114.

258 Ebd.

259 Vgl. Bürmann (1997), S. 193–196.

260 Diese Definition des Bewusstseins umfasst das Wahrnehmen von gedanklichen Reizen (phänomenal), das Erleben von Gedanken als Erinnerungen, Erwartungen etc. sowie des Metabewusstsein über eben jene individuellen phänomenalen und gedanklichen Prozesse in Abgrenzung zu anderen Lebewesen.
Vgl. Westerkamp (2023), S. 181ff. sowie Hansch (2013), S. 153ff.

> Translation im Geistsystem von Narration wären diese Phänomene nicht in die äußere Welt zu übertragen.[261]

Somit ist das interne Konzept von Ökonomie durchaus auch als Archetyp, sprich Teil des kollektiven Unbewussten zu verstehen und stellt eine grundlegende, vermittelnde, transaktionale Funktion des Geistsystems dar. Die skizzierte Innen- und Außenperspektive der jeweiligen Transaktionsprozesse bilden zwei wesentliche Zugangswege zum ökonomischen Bewusstsein, die jeweils unterschiedliche Aspekte der Wahrnehmung und Erfahrung umfassen. Die Innenperspektive bezieht sich auf die unmittelbare, nichtsymbolische Erfahrung des Bewusstseins, die oft als Intuition bezeichnet wird.[262] Diese Art der Wahrnehmung manifestiert sich als direktes Erleben von Empfindungen, Emotionen und Gedanken ohne intermediäre kognitive Prozesse. Im Gegensatz dazu steht die Außenperspektive, die sich auf die symbolische Beschreibung des Bewusstseins durch den Intellekt konzentriert. Hierbei werden die erlebten Phänomene in kognitive Konzepte und Sprache übersetzt, um sie zu verstehen und zu kommunizieren. Diese symbolische Repräsentation ermöglicht es, Erfahrungen zu analysieren, zu interpretieren und mit anderen zu teilen.[263]

Die Erkenntnis der ökonomischen Wirklichkeit findet somit auf beiden Ebenen statt, wobei die Innenperspektive eine unmittelbare und intuitive Erfahrung bietet, während die Außenperspektive eine strukturierte und reflektierte Herangehensweise ermöglicht. Beide Zugänge ergänzen sich und tragen zum umfassenden Verständnis des ökonomischen Bewusstseins bei.

Das Phänomen des Erinnerns (getragen durch Narration und Imagination) stellt einen komplexen kognitiven, ökonomisch aktiven Prozess dar, der weit über die bloße Rekapitulation vergangener Ereignisse hinausgeht. Vielmehr handelt es sich um eine kontinuierliche Neukonstruktion der Vergangenheit, bei der Erinnerungen aktiv rekonstruiert und interpretiert werden.[264] Während dieses Prozesses werden bestimmte Aspekte betont, während andere ausgeblendet oder verzerrt werden. Diese selektive Rekonstruktion kann zu Widersprüchen und Verzerrungen führen, die das individuelle Erinnerungsbild prägen – genau an diesem Punkt greift die Ökonomisierung des Geistsystems, da jene diese Transaktions- und Trans-

261 Zudem verändert jede Erfahrung mit hohen emotionalen oder intellektuellen Gehalt die physische Struktur des Gehirns selbst, vgl. ebd.

262 Vgl. dazu DePaul / Ramsey (1998), S. 45ff. sowie Berne (2005), S. 33ff. und 191–199.

263 Ebd.

264 Vgl. Pilard (2018), S. 68f.

lationsprozesse individualpsychologisch besser erfassbar werden lässt und umfassendere, neutrale Beeinflussungspunkte aufzeigt – das Individuum fungiert dabei gewissermaßen als eine Art "Sinnmaschine"[265], die bestrebt ist, den vergangenen Ereignissen metamorphe, transitive Bedeutungen zuzuweisen und sie in einen kohärenten narrativen Rahmen einzubetten. Dieser Sinnstiftungsprozess dient dazu, das Selbstbild und die Identität des Individuums zu formen und zu festigen[266] und ist in seiner Natur – wie gezeigt – ökonomischen Prinzipien unterworfen.

Die drei Kernaussagen:

1. **Rekonstruktive Natur von Erinnerungen:** Erinnerungen werden aktiv rekonstruiert und interpretiert, wobei bestimmte Aspekte betont und andere ausgeblendet oder verzerrt werden. Dieser kontinuierliche Prozess der Neukonstruktion kann zu Widersprüchen und Verzerrungen führen, die das individuelle Erinnerungsbild prägen.
2. **Ökonomisierung des Geistsystems:** Die Ökonomisierung des Geistsystems ermöglicht eine bessere Erfassung und Beeinflussung dieser rekonstruktiven Prozesse. Das Geistsystem fungiert als "Sinnmaschine", die bestrebt ist, vergangenen Ereignissen Bedeutungen zuzuweisen und sie in einen kohärenten narrativen Rahmen einzubetten, um das Selbstbild und die Identität des Individuums zu formen und zu festigen.
3. **Transaktionale Prozesse und ihre Auswirkungen:** Die transaktionalen Prozesse der Narration, Imagination und Suggestion spielen eine zentrale Rolle bei der Rekonstruktion von Erinnerungen und der Gestaltung des individuellen Selbst. Sie ermöglichen eine aktive Auseinandersetzung mit der Vergangenheit und der Zukunft, wobei verschiedene Techniken und Ausrichtungen unterschiedliche Auswirkungen auf das individuelle Erleben und Verhalten haben.

265 von der Weth (2019), S. 5.
266 Vgl. Lucius-Hoene (2000), Art. 18 (o. Sz.)

ZWEI: Die drei Kernaussagen in Kurzform:

1. **Rekonstruktive Natur von Erinnerungen:** Erinnerungen werden aktiv rekonstruiert und interpretiert, was zu Widersprüchen und Verzerrungen führen kann.
2. **Ökonomisierung des Geistsystems:** Das Geistsystem fungiert als "Sinnmaschine", die vergangenen Ereignissen Bedeutungen zuschreibt und sie in einen kohärenten narrativen Rahmen einbettet, um das Selbstbild und die Identität des Individuums zu formen und zu festigen.
3. **Transaktionale Prozesse und ihre Auswirkungen:** Die transaktionalen Prozesse der Narration, Imagination und Suggestion spielen eine zentrale Rolle bei der Rekonstruktion von Erinnerungen und der Gestaltung des individuellen Selbst.

Exkurs: Das mentale Geistsystem im Detail

„«Nichts» bezeichnet die Abwesenheit von dem, was wir suchen, was wir wünschen, was wir erwarten. Wenn man tatsächlich annähme, die Erfahrung böte uns jemals eine absolute Leere, so würde sie begrenzt sein, Umrisse haben, also doch noch etwas sein."[267]

«Die höchste Erkenntnis tut ab die Erkenntnis, höchste Liebe vergißt der Liebe. Höchste Tugend ist nicht Tugend.»[268]

Die folgende Beschreibung des Geistsystems geht deutlich mehr in die Tiefe, was das Modell des Bewusstseins und der Erfahrungs- und Erinnerungsgenerierung anbelangt. Es ist erstaunlich, dass das **Modell der Bewusstseinsmomente** letztendlich auf alten Texten basiert[269], aber dennoch ausgesprochen gut mit den neuesten neurobiologischen Erkenntnissen in Einklang gebracht werden kann.[270]

Ich stelle dieses Modell bewusst in einem separaten Exkurs vor, da es eine ganze Reihe von Logiken beinhaltet, die auf spirituellen Prinzipien beruhen (was für etwas, das „Geistsystem" heißt, vermutlich auch recht gut ist) und somit stark in den Bereich der Meta-Psychologie vorstößt. Nichtsdestotrotz empfinde ich das Modell der Bewusstseinsmomente als überaus hilfreich, die Komplexität und Arbeitsweise unsers Geistes möglichst vollumfänglich zu erfassen. Gleichzeitig basiert es auf individuell erlebbarer mentaler Realität, die einem auch ohne den theoretischen Überbau bewusst werden kann. Aus diesen Gründen habe ich mich entschlossen, dieses Modell mit aufzunehmen, da es den in diesem Buch vorgestellten Ansatz der inneren Ökonomie maßgeblich beeinflusst und (in seinem Formalismus) geprägt hat.

267 Bergson (1948), S. 116.
268 Lü Bu We (1928), S. 296.
269 Das sogenannte „vollständige Bild von Bewusstsein und Geist" ist im Abhidhamma der buddhistischen Theravada-Tradition und der Yogacara-Philosophie verankert.
270 Folgende Darstellung ist in Teilen an die Darstellung bei Yates (2015) angelehnt.

Zu Beginn steht die Illusion eines kontinuierlichen Flusses von Erfahrungen - sei es Gedanken oder Empfindungen - wie wir ihn täglich erleben. Bei genauer Beobachtung wird klar, dass es tatsächlich einzelne Bewusstseinsmomente sind, die sich jeweils einzeln hintereinander ereignen. Diese bewussten "Geist-Momente" sind so kurz und zahlreich, dass sie nur scheinbar einen kontinuierlichen und ununterbrochenen Bewusstseinsstrom bilden.[271]

Bewusstsein setzt sich somit aus einer Reihe separater Ereignisse zusammen und ist nicht kontinuierlich, da immer nur eine einzige Information zeitgleich bewusst sein kann, die von einem Sinnesorgan kommt. Jeder Moment stellt ein gesondertes geistiges Ereignis mit einzigartigem Inhalt dar, und es können sich nicht zwei Erfahrungen gleichzeitig ereignen[272]; die hohe Geschwindigkeit des Geistsystems erzeugt lediglich den Eindruck von Gleichzeitigkeit.[273] Innerhalb einzelner Momente findet keine Veränderung statt, sie sind statisch. Somit besteht jegliche bewusste Erfahrung aus kurzen Momenten mit einem einzigen Stück statischer Information. Jeder Geistesmoment ist nur ein einzelnes und einziges Bewusstseinsobjekt, vergleichbar mit Perlen einer jeweils bestimmten "Farbe", je nach Art des Sinneseindrucks, und begleitet von einer Reihe momentspezifischer Geistesfaktoren und Informationen.[274]

Es gibt insgesamt sieben Arten von Momenten:

Fünf Sinne (Sehen, Hören, Riechen, Schmecken, Taktiles), den **Geistsinn** (für geistige Objekte wie Gedanken und Emotionen) und das **Bindungsbewusstsein**, das die von den anderen Sinnen gelieferten Informationen gesamthaft integriert.

Der somatische Sinn - besonders komplex - setzt sich aus vielen Einzelsinnen zusammen, darunter Berührung, Druck, Schwingung, Temperatur, Schmerz, Propriozeption, der Sinn für Beschleunigung, Rotation, Gleichgewicht und Schwerkraft sowie viszerale Empfindungen.[275] Analog dazu ist der Geistsinn ein komplexes System aus einer Vielzahl von Geistesprozessen wie Erinnerungen, Emotionen und abstrakten Gedanken.[276] Somit können sich nicht zwei Informationen aus somatosensorischen Kategorien

271 Vgl. Yates (2015), S. 192f.

272 So muss z. B. ein Moment visuellem Bewusstseins beendet sein, um einen Moment geistigen Bewusstseins zu ermöglichen (über das zuvor geschehene).

273 Vgl. VanRullen /Koch (2003), S. 207–210.

274 Ebd.

275 Vgl. Yates (2015), S.226 - 228.

276 Ebd.

oder Geistesmomenten denselben Bewusstseinsmoment teilen, was bedeutet, dass es weit mehr als fünf Sinnesarten gibt.

Dasselbe gilt für den Geistsinn, auch dieser bildet ein eigenes komplexes System aus einer Vielzahl von Geistesprozessen, die denselben Bewusstseinsmoment teilen und somit nur singulär in das Bewusstsein treten können als Geistmoment.

Die Integration der einzelnen, in sich abgeschlossenen Bewusstseinsmomente erfolgt in einer Art Arbeitsspeicher des Geistes, in dem das kombinierende Bindungsbewusstsein diese Momente zusammenführt und das Produkt eben dieser Integration ins Bewusstsein projiziert. Dieses kombinierende Bindungsbewusstseinsmoment stellt eine eigenständige Geistmoment-Art dar und dient dazu, integrierte, situative Wahrnehmungen zu schaffen, die Informationen aus den sechs Sinnen zusammenführen und ihnen einen komplexen Gesamtkontext des Wahrnehmens und Denkens auf einen Moment hin ausgerichtet geben.

Jede bewusste Erfahrung wird entweder durch **Aufmerksamkeit** oder **Gewahrsein**[277] gefiltert - zwei verschiedene Arten, um die Welt wahrzunehmen und zu erkennen. Alle bewussten Erfahrungen bestehen aus sieben Arten von Geistesmomenten, wobei jeder dieser Momente entweder die

---

277 Gewahrsein wird in der wissenschaftlichen Psychologie als ein Zustand des bewussten Erlebens definiert, in dem eine Person die gegenwärtigen Erfahrungen, Gedanken, Gefühle und Sinneseindrücke ohne Bewertung oder Reaktion wahrnimmt. Es ist ein umfassendes, nichtdiskriminatorisches Bewusstsein, das sich auf den gegenwärtigen Moment konzentriert und eine breite Palette von inneren und äußeren Stimuli gleichzeitig erfasst.
Einige wesentliche Aspekte von Gewahrsein umfassen:
Nicht-Urteilendes Wahrnehmen: Gewahrsein ist gekennzeichnet durch eine offene und akzeptierende Haltung gegenüber allen aufkommenden Gedanken, Gefühlen und Sinneseindrücken, ohne diese zu bewerten oder zu analysieren.
Gegenwärtigkeitsfokus: Es bezieht sich auf das bewusste Erleben des gegenwärtigen Moments, wobei die Aufmerksamkeit auf das Hier und Jetzt gerichtet ist, anstatt auf vergangene Ereignisse oder zukünftige Erwartungen.
Weite und Inklusivität: Gewahrsein umfasst eine holistische Wahrnehmung, bei der eine Vielzahl von Stimuli gleichzeitig und in ihrer Gesamtheit wahrgenommen werden, im Gegensatz zu einer fokussierten Aufmerksamkeit, die sich auf einzelne Aspekte konzentriert.
Erhöhte Achtsamkeit: Es beinhaltet ein hohes Maß an Achtsamkeit, bei dem Individuen sich ihrer Umgebung und ihrer inneren Zustände bewusst sind, was oft durch Achtsamkeitstraining oder Meditation gefördert wird.
Reduzierte Kognitive Verarbeitung: Gewahrsein erfordert im Vergleich zur fokussierten Aufmerksamkeit weniger intensive kognitive Verarbeitung, da es eher um das passive Erleben als um das aktive Analysieren oder Reagieren geht.

Form eines Aufmerksamkeitsmoments oder eines Gewahrseinsmoments annehmen kann. Insbesondere der Moment des peripheren Gewahrseins ist holistisch, umfassend und inklusiv[278]; er nimmt viele Objekte gleichzeitig wahr und erfordert nur eine geringe geistige Verarbeitung. Im Gegensatz dazu isoliert ein Aufmerksamkeitsmoment bestimmte Aspekte der Erfahrung zur Analyse und Interpretation, wobei nur wenige Objekte in einem Moment wahrgenommen werden und eine gründliche geistige Verarbeitung stattfindet.

Diese Geistesmomente organisieren die subjektive Realität in ihrer Gesamtheit, indem sie verschiedene Arten von Wahrnehmungen filtern und konzeptualisieren.[279] Bindungsmomente, die entweder der Aufmerksamkeit oder dem Gewahrsein zugeordnet sind, organisieren diese Sinneseindrücke zu einem kohärenten Erleben der Gegenwart. Häufig werden Sinneseindrücke bereits im peripheren Gewahrsein konzeptualisiert, und diese Konzepte werden dann in Aufmerksamkeitsmomenten weiter analysiert und interpretiert. In diesen Aufmerksamkeitsmomenten werden nicht mehr die Sinneseindrücke selbst, sondern die daraus entstandenen Konzepte weiter ausgearbeitet. Aufmerksamkeitsmomente erzeugen somit komplexere Konzepte, die aus den einfacheren Konzepten des peripheren Gewahrseins konstruiert und weiterentwickelt werden. Gewahrseinsmomente entstammen tendenziell häufiger den körperlichen Sinnen, während Aufmerksamkeitsmomente häufiger vom Geistessinn kommen und stärker auf das Konzeptualisieren und Verdichten verschiedener Konzepte ausgerichtet sind. Die geistige Verarbeitung dieser konzeptuellen Gebilde ist hierbei intensiver.[280]

In der psychologischen und neurowissenschaftlichen Forschung wird der Begriff "nichtwahrnehmende Geistesmomente" verwendet, um potenzielle, nicht tatsächliche Bewusstseinsmomente zu beschreiben. Diese Momente sind reale geistige Ereignisse, die jedoch keine Wahrnehmung be-

---

278 Vgl. Schmidt (2019), S. 104ff.

279 Zum Beispiel werden Momente auditiver Aufmerksamkeit genutzt, um den Klang einer Stimme zu filtern, während Momente des peripheren Gewahrseins die Vielzahl von Hintergrundgeräuschen ins Bewusstsein gelangen lassen.

280 Achtsamkeitstraining trägt dazu bei, introspektives Gewahrsein zu entwickeln. Dies bedeutet, dass die Momente des peripheren Gewahrseins von Geistesaktivitäten und -objekten erhöht werden und Aufmerksamkeitsmomente sich vermehrt auch auf Sinneseindrücke richten. Durch solches Training können Individuen lernen, ihre bewussten Erfahrungen besser zu organisieren und eine tiefere Einsicht in die Funktionsweise ihres Geistes zu gewinnen.

inhalten, da sie nicht von den Sinnesorganen mit Informationen oder Inhalten beliefert werden. Obwohl sie keine externen Reize verarbeiten, ersetzen sie wahrnehmende Bewusstseinsmomente und sind oft mit einem angenehmen Gefühl verbunden. Diese nichtwahrnehmenden Geistesmomente werden in die kontinuierliche Abfolge von Bewusstseinsmomenten eingestreut.[281]

Jeder Bewusstseinsmoment ist mit einer bestimmten Art von mentalem Potenzial (oder Energie) ausgestattet. Nichtwahrnehmende Bewusstseinsmomente enthalten jedoch weniger Energie, was zu einem Zustand führt, der als Dumpfheit bezeichnet wird. Das Energielevel des Geistes hängt antiproportional von der Anzahl der nichtwahrnehmenden Bewusstseinsmomente ab.

Die Wahrnehmung selbst wird als passives Momentum von Bewusstseinsmomenten betrachtet, während (bewusste) Absicht als aktives Momentum angesehen wird. Die Absicht bestimmt unbewusst die Objekte nachfolgender Bewusstseinsmomente und ist Bestandteil aller wahrnehmenden Momente. Das Gewahrsein dieser Absicht ist meist unterschwellig, es sei denn, die Absicht wird explizit zum Objekt eines Bewusstseinsmoments gemacht. Die Absicht hat auch Einfluss auf die Anzahl der wahrnehmenden Bewusstseinsmomente.[282] Nichtwahrnehmende Bewusstseinsmomente besitzen keine Absicht und sind somit nicht beabsichtigende Bewusstseinsmomente.[283] Die wissenschaftliche Erforschung dieser Phänomene zeigt, dass die Balance zwischen wahrnehmenden und nichtwahrnehmenden Bewusstseinsmomenten und die Rolle der Absicht wesentliche Faktoren für das Energielevel und die Klarheit des gesamten Geistsystems sind.

Das auf den Bewusstseinsmomenten aufbauende Modell des Geistsystems beschreibt den Geist nun eben nicht als eine einzelne Entität, sondern als ein komplexes Netzwerk aus zahlreichen, hochvernetzten und wechselseitig abhängigen Prozessen mit spezifischen Funktionen. Diese Prozesse

---

281 Vgl. Yates (2015), S.199f.

282 Zur Anzahl der Bewusstseinsmomente reichen die angenommenen empirischen Zahlen von 14 bis 70 Einheiten pro Sekunde. Siehe auch Norretranders (1997) sowie Lutz / Greischar / Rawlings / Ricard /Davidson (2004), S. 16370ff.

283 Alle Wahrheitswerte im Alltag sind demnach Grade verschiedener stabiler subtiler Dumpfheit. In der Meditation, wo nur wenige Reize und Gedanken zugelassen werden, führt die erhöhte Anzahl von nichtwahrnehmenden, nicht beabsichtigenden Momenten zu einer progressiven subtilen Dumpfheit, die sich zu starker Dumpfheit entwickeln kann.

sind individuell und haben jeweils spezifische Funktionen sowie autonome Unterhierarchien, die zusammen das gesamte Geistsystem bilden. Das Modell unterteilt den Geist in zwei Hauptbestandteile: den bewussten Geist und den unbewussten Geist.[284]

Der **bewusste Geist**, auch als Bewusstsein bezeichnet, ist der Teil des Geistsystems, der direkt erfahrbar ist. Dies bedeutet, dass die Inhalte, die wir bewusst wahrnehmen, unmittelbar in unser Bewusstsein projiziert werden.[285] Diese Inhalte umfassen die sieben Bewusstseinsmomente, die sich aus den sechs Kategorien der Sinneserfahrungen (visuell, auditiv, olfaktorisch, gustatorisch, somatosensorisch und mental) und den Bindungsmomenten zusammensetzen. Diese sieben Bewusstseinsmomente stellen den gesamten bewussten Geist dar. Die Erfahrung dieser Momente ist passiv, während Absicht als die aktive Komponente fungiert. Diese Absichten können unterschwellig sein oder selbst zum Objekt der Aufmerksamkeit werden und dienen als Vorläufer geistiger, sprachlicher oder körperlicher Handlungen, etwa als bewusste Absichten und gerichtete Aufmerksamkeit. Somit beinhalten alle Bewusstseinsmomente Absichten.[286]

Das Unbewusste, oder der **unbewusste Geist**, ist nicht direkt zugänglich, sondern nur indirekt durch Rückschlüsse oder Schlussfolgerungen erfahrbar. Es besteht aus vielen Untergruppen und kann weiter in den sensorischen Geist und den unterscheidenden Geist unterteilt werden.

Der **sensorische Geist** verarbeitet die Informationen, die von den fünf physischen Sinnen kommen, und erzeugt Momente des Sehens, Hörens und anderer Sinneserfahrungen.

Der **unterscheidende Geist** hingegen ist der größte Bestandteil des denkenden und emotionalen Geistes. Er erzeugt Bewusstseinsmomente

---

284 Treffend beschreibt man den Geist als eine Ansammlung vieler Tausender hoch vernetzter, aber individueller Prozesse, die alle eine spezifische Funktion haben und parallel ablaufen. Die einzelnen Prozesse sind in einer zunehmend komplexen hierarchischen Ordnung miteinander verknüpft.
Vgl. Minsky (1985), S. 35ff. (u.a.)

285 Bewusstes Gewahrsein ist nicht mit Gewahrsein im allgemeinen Sinne oder mit Bewusstsein gleichzusetzen; der bewusste Geist bildet für gewöhnlich das unterbewusste Gewahrsein. Dieses schließt Prozesse und Objekte mit ein, die ein Individuum auf der Ebene der subjektiven Erfahrung nicht wahrnimmt, dazu aber durchaus in der Lage wäre.

286 Vgl. Yates (2015), S.239f.

mit geistigen Objekten wie Gedanken, Emotionen, logischem Denken und Analyse.[287]

Zwischen dem bewussten und dem unbewussten Geist findet ein ständiger transaktionaler Informationsaustausch statt. Der bewusste Geist wird durch den Geistsinn mit Objekten wie Erinnerungen und Vorstellungen und deren beinhalteten Absichten gespeist. Beispielsweise kann bewusst an etwas zurückgedacht werden, wobei diese Erinnerungen und Vorstellungen über den Geistsinn ins Bewusstsein treten. Zusammenfassend zeigt das Modell des Geistsystems eine dynamische Interaktion zwischen den verschiedenen Teilen des Geistes, wobei der bewusste Geist nur einen kleinen Teil des gesamten Geistsystems ausmacht. Das unbewusste Geistsystem ist in vielen Aspekten dominierend, indem es grundlegende sensorische und kognitive Prozesse steuert und somit das Fundament für die bewussten Erfahrungen und Handlungen bildet.

Somit muss man den menschlichen Geist als ein hochkomplexes System betrachten, das sich aus zahlreichen autonomen Untergruppen zusammensetzt, die simultan agieren und jeweils spezifische Aufgaben für das Gesamtsystem als Ganzes erfüllen. Diese Untergruppen lassen sich grob in den sensorischen Geist und den unterscheidenden Geist unterteilen, wobei beide unterschiedliche, aber komplementäre Funktionen übernehmen.

Der **sensorische Geist** umfasst mehrere Untergruppen, die jeweils ein eigenes sensorisches Feld bearbeiten, wie zum Beispiel den visuellen oder auditiven Geist.[288] Jede dieser Untergruppen beschäftigt sich ausschließlich mit den entsprechenden sensorischen Phänomenen, wodurch spezifische kognitive Domänen gebildet werden. Innerhalb dieser Domänen werden die Rohinformationen der Sinne zu "*Perzepten*" verarbeitet, welche die geistige Repräsentation der Reize darstellen. Diese grundlegenden Sinnesinformationen werden erkannt, kategorisiert, analysiert und bewertet, bevor sie an das Bewusstsein weitergeleitet werden. Die Perzepte werden im sensorischen Geist aktiv organisiert und interpretiert, bevor sie als aggregierte Perzept-Konstrukte in das periphere Gewahrsein projiziert werden.

Von dort aus können sie Gegenstand eines Aufmerksamkeitsmoments werden, obwohl die meisten Perzept-Konstrukte in einem unbewussten Gewahrsein verbleiben. Zudem erzeugt jede sensorische Untergruppe mit

287 Unterscheiden bedeutet dabei, dass Konzepte und symbolische Darstellungen integrativ genutzt werden, um differenzieren zu können.

288 Ein Perzept ist eine grundlegende Sinnesinformation, aus der Wahrnehmungen und Konzepte gebildet werden. Meistens sind Perzepte aus einer Vielzahl von Sinneseindrücken zusammengesetzt.

jedem Perzept ein Gefühl (angenehm, unangenehm, neutral) und verankert reflexartige Reaktionen. Die Endprodukte dieses Prozesses sind daher Perzepte, die damit verbundenen Gefühle und automatische Reaktionen, die dem unterscheidenden Geist als Input zur Verfügung gestellt werden.

Der **unterscheidende Geist** integriert die Perzepte und Perzept-Konstrukte zu komplexen geistigen Abbildern, die als **Wahrnehmungen** bezeichnet werden.[289] Wahrnehmung ist ein komplexer, unbewusster Prozess, der sowohl Top-Down-Effekte des Erinnerns und Erwartens als auch Bottom-Up-Verarbeitungen der sensorischen Inputs umfasst.[290] Dadurch werden die Inputs in spezifische konzeptuelle Objekte umgewandelt.

Der unterscheidende Geist kreiert jedoch auch rein konzeptuelle Abbilder wie Gedanken, Vorstellungen und Gefühle ohne direkten sensorischen Input, was einen großen Teil seiner Funktion als denkender und emotionaler Geist ausmacht. Auch der unterscheidende Geist besteht aus vielen spezifischen Untergruppen, die autonom arbeiten und jeweils nur die für ihre spezifische Aufgabe relevanten Informationen aus dem Bewusstseinsstrom auswählen, analysieren und zurückprojizieren. Jede Untergruppe entwickelt dabei ihr eigenes, sich ständig weiterentwickelndes Realitätsmodell. Zusätzlich erzeugt jede Untergruppe als Reaktion auf die Informationsverarbeitung Gefühle des Vergnügens oder Missvergnügens, welche wiederum Verlangen oder Abneigung auslösen können. Dieser Prozess kann nur durch Gleichmut und Einsicht vermieden werden, wenn kein Verlangen entsteht und kein Anhaften erfolgt.[291]

Zusammenfassend lässt sich sagen, dass der menschliche Geist ein dynamisches, mehrschichtiges System ist, in dem der sensorische und der unterscheidende Geist in enger Wechselwirkung stehen. Diese Untergruppen arbeiten autonom und gleichzeitig zusammen, um eine kohärente und funktionale geistige Erfahrung zu erzeugen.

Im psychologischen Modell der mentalen Struktur eines Individuums resultieren aus den individuellen Untergruppen des Geistes unterschiedliche Absichten, die wiederum körperliche, sprachliche und geistige Handlungen zur Folge haben. Diese Absichten führen oft zu inneren Konflikten, da die verschiedenen Untergruppen, die den differenzierenden Geist bilden,

---

289 Vgl. Euler (2004), S. 14ff.

290 So ist Wahrnehmung jener Prozess, der Perzepte weiter organisiert und interpretiert. Als komplexe Funktion des unterscheidenden Geistes ist sie vollständig ausserhalb des Bewusstseins und wirkt daher völlig mühelos.

291 Vgl. Germer / Siegel (2014), S. 23ff.

eigene Emotionen und Ziele verfolgen. Jede Untergruppe strebt danach, das Gesamtsystem – also das Selbst – glücklich zu machen, jedoch hat jede eine unterschiedliche Vorstellung davon, wie dieses Ziel zu erreichen ist.[292] Das Geistsystem selbst hat also einen strukturell dysfunktionalen Aufbau.

Innerhalb dieses differenzierenden Geistes existiert eine hierarchische Ordnung der Untergruppen. Persönliche Werte und das Selbstbild dominieren häufig andere Untergruppen und beeinflussen maßgeblich die Entscheidungen und Handlungen des Gesamtsystems. Die Aktivitäten der Untergruppen bestimmen, wie Empfindungen, Gedanken und Emotionen wahrgenommen werden und lenken die Aufmerksamkeit des Individuums durch die jeweiligen Absichten, die mal stärker, mal schwächer ausgeprägt sein können.

Der bewusste Geist fungiert in diesem Modell als zentrale Schnittstelle für die kommunikative Interaktion und Kooperation der unbewussten Untergruppen. Er dient als universaler Informationsempfänger und verarbeitet einen kontinuierlichen Strom von Bewusstseinsmomenten, deren Inhalt von den unbewussten Untergruppen stammt und in das Bewusstsein projiziert wird. Diese projizierten Informationen werden allen Untergruppen zugänglich gemacht, wodurch eine ständige Interaktion über den bewussten Geist stattfindet.[293]

Der **bewusste Geist** kann als das „oberste Diskussionsgremium" der geistigen Hierarchie betrachtet werden; ein passiver Raum der Diskussion und Entscheidung. Obwohl er selbst keine aktiven Handlungen vollzieht, ist er unerlässlich für die zentrale Schnittstelle der Interaktion. Alles, was im Bewusstsein erscheint, entstammt dem unbewussten Geist, was den bewussten Geist zu einer entscheidenden Plattform für die Kommunikation und Integration von Informationen macht.[294]

Die **exekutiven Funktionen** des Geistes sind in bestimmten Situationen von entscheidender Bedeutung, insbesondere wenn höhere kognitive Aufgaben erforderlich sind, die über vorprogrammiertes Verhalten hinausgehen. Diese übergeordneten, semi-kollektiven mentalen Funktionen umfassen das Regulieren, Organisieren, Hemmen, Planen und Korrigieren von Handlungen sowie das Lösen von Problemen. Sie sind besonders notwendig in neuartigen oder komplexen Situationen, in denen konditioniertes Verhalten nicht ausreicht. Die exekutiven Funktionen koordinieren die Ak-

292 Vgl. Yates (2015), S.225ff.
293 Ebd., S. 224.
294 Ebd.

tivitäten der Untergruppen, kommunizieren Informationen, unterscheiden Widersprüchlichkeiten, entscheiden gegensätzliche Absichten und integrieren neue Informationen. Sie programmieren neue Verhaltensmuster in die einzelnen Untergruppen ein, was zu automatischem Verhalten führen kann. Diese exekutiven Funktionen sind das Ergebnis der kollektiven Leistung vieler Untergruppen, die kooperativ und konsensorientiert agieren, und nicht das Werk einer einzelnen Untergruppe. Der simultane Informationszugriff im Bewusstsein ermöglicht diese koordinierte Leistung.[295]

Informationen, die von den sensorischen Untergruppen in das Bewusstsein projiziert werden, umfassen Perzepte, Perzeptkonstrukte, Gefühle des Vergnügens oder Missbehagens sowie Absichten, die von den sensorischen Untergruppen stammen. Wahrnehmungen, Konzepte, Gedanken, Vorstellungen, Geisteszustände, Emotionen und Absichten werden hingegen von den differenzierenden Untergruppen projiziert. Jede dieser Informationen wird in einer anderen mentalen Einheit zugänglich gemacht, wobei alle Informationen simultan verfügbar sind.

Auf individueller Ebene können die Untergruppen unterschiedlich auf diese Informationen reagieren. Sie können eigene Informationen modifizieren, neue Informationen projizieren und eigene Reaktionsprogramme aktivieren. Sie können aber auch an den exekutiven Funktionen im Kollektiv teilnehmen und gemeinsam mit anderen Untergruppen neuartige Handlungen oder Konzepte entwickeln. Auf diese Weise entstehen gemeinsame bewusste Absichten, die das Verhalten und die Entscheidungsprozesse des Individuums lenken.

Auf kollektiver Ebene nutzen die Untergruppen des mentalen Systems die in das Bewusstsein projizierten Informationen, um miteinander zu interagieren und so gemeinsam die exekutiven Funktionen zu erzeugen und auszuführen; sie bilden somit den gesamten Prozess dieser Funktionen ab. Diese Untergruppen modifizieren gemeinsam bestehende Reaktionsprogramme oder schaffen komplett neue automatische, unbewusste Verhaltensweisen.[296]

Informationen können entweder ins Bewusstsein oder in das periphere Gewahrsein projiziert werden. Absichten spielen hierbei eine zentrale Rolle, da sie alles lenken, was wir fühlen, tun und sagen. Sie bestimmen unsere Handlungspfade und Entscheidungen und können sowohl bewusst als auch unbewusst sein. Alle Absichten entstehen in den Untergruppen

295 Ebd, S. 234ff.
296 Ebd.

des Unbewussten und werden erst dann bewusst, wenn sie ins Bewusstsein projiziert werden.

Im Bewusstsein können dann verschiedene Untergruppen eine spezifische Absicht entweder unterstützen oder ihr entgegenwirken, bevor es zu einer Handlung kommt. Eine Handlung, die aus einer bewussten Absicht hervorgeht (Top-Down-Prozess), benötigt einen vorgelagerten Konsens von Untergruppen. Im Gegensatz dazu laufen Handlungen aus unbewussten Absichten automatisch ab; wir werden uns dieser Handlungen erst bewusst, nachdem sie bereits in Gang gekommen sind (Bottom-Up-Prozess). Diese unbewussten Handlungen haben ihren Ursprung oft in einer einzelnen Untergruppe des Unbewussten.

Diese dynamische Interaktion zwischen bewussten und unbewussten Prozessen zeigt, wie komplex die Steuerung menschlichen Verhaltens ist und wie eng die Zusammenarbeit zwischen verschiedenen Untergruppen des Gehirns für die Ausführung von Handlungen notwendig ist; dieses Zusammenspiel zwischen bewussten und unbewussten Absichten ist ein zentraler Aspekt der transaktionalen Entscheidungs- und Handlungsprozesse. Diese Erkenntnisse betonen die Bedeutung der neuronalen Netzwerke und ihrer Interaktionen für das Verständnis von Kognition und Verhalten.[297] Innerhalb dieses komplexen Systems können bestimmte Objekte oder sogar ganze sensorische Felder als besonders wichtig markiert werden, was die Aufmerksamkeit und Prioritätensetzung beeinflussten.

Im individuellen Geistsystem werden Entscheidungen im Konsens der unbewussten Geistesgruppen getroffen.[298] Widerstreitende Absichten führen zunächst zu inneren Konflikten, bei denen die teilnehmenden Untergruppen ihre Argumente vortragen, bis ein Konsens erzielt wird. Dieser Prozess ähnelt einer Stimmabgabe, wobei jede Untergruppe ihre Perspektive einbringt. Der **Entscheidungsprozess**, der letztlich von den exekutiven Funktionen gesteuert wird, kann als eine Form der Gruppenentscheidung betrachtet werden. Bewusste Entscheidungen und absichtsvolles Handeln sind somit Ergebnisse eines kollektiven Entscheidungsprozesses auf unbewusster Ebene.

Entscheidungsprozesse sind oft offen, was bedeutet, dass die innere, unbewusste Diskussion auch nach der getroffenen Entscheidung weitergehen kann. Handlungen können somit unterbrochen oder abgeändert wer-

297 Vgl. Ryba (2018), S. 109ff.

298 Vgl. Jung (1954), S. 30–31 sowie Freud (1946), S. 264ff. und Kahneman (2011), S. 20–22.

den. Jede Entscheidung und Handlung resultiert aus der Interaktion des gesamten Geistessystems. Dabei ist der Input bestimmter Untergruppen besonders relevant; wenn einige von ihnen nicht zum Entscheidungsprozess beitragen, sinkt die Qualität der Entscheidung. Die besten Entscheidungen beziehen das gesamte Geistessystem mit ein, was den Wert erhöhter Achtsamkeit unterstreicht. Durch das Vermeiden vorschneller Entscheidungen wird mehr Untergruppen Zeit gegeben, sich am Entscheidungsprozess zu beteiligen, was die Qualität der Entscheidungen verbessert. Dies zeigt den positiven Effekt von Unentschlossenheit und widersprüchlichen Neigungen, da durch achtsames Beobachten mentaler Prozesse neue Informationen in den Untergruppen aufsteigen können.[299] Abbildung 7 verdeutlicht nochmals den Zusammenhang zwischen den verschiedenen Bewusstseinsebenen.

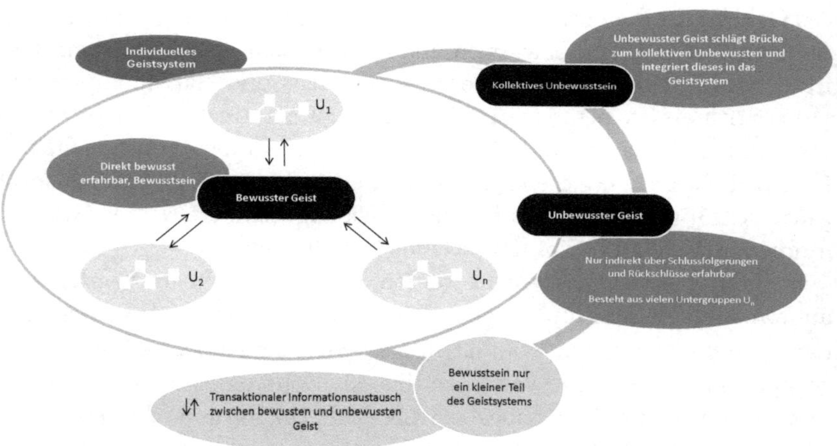

Abbildung 7: Der Zusammenhang verschiedener Bewusstseinsebenen.[300]

Jeder innere Konflikt muss entschieden werden, sobald er bewusst wird. Subjektiv wird dies als bewusste Entscheidung des Selbst erlebt, die zu einem bewussten Akt der Aufmerksamkeit und Handlung führt. Dennoch ist diese Entscheidung eigentlich das Resultat einer kollektiven Entscheidung der Mehrheit der Geistesgruppen auf unbewusster Ebene, was auf

299 Vgl. Damasio (1994), S. 165–167.
300 Eigene Darstellung.

deterministisches Verhalten hinweist. Längere Handlungen erfordern einen anhaltenden, ununterbrochenen Konsens, was die Vorstellung des Nicht-Selbst und des Menschen als offenes dynamisches System betont, in dem Handlungen nicht vorbestimmt sind. Um den Konsens effektiver herzustellen, trainieren die Untergruppen durch exekutive Prozesse.[301]

Der **transaktionale Informationsaustausch** im Bewusstsein und dessen Rückfluss führt zu Lernprozessen in den beteiligten Untergruppen. Der menschliche Geist kann somit seine eigene Programmierung radikal verändern; Eigenmodifikation des Verhaltens ist in jedem Umfang möglich, bis hin zu subtilen mentalen und körperlichen Reaktionen. Untergruppen des unbewussten Geistes werden durch bewusste Absicht in ihrem Lernprozess gelenkt. Diese Untergruppen sind für bewusste Absichten sehr empfänglich und vereinen sich für Gedanken mit starker Absicht. Eine gemeinsame starke Absicht hat einen signifikanten Programmiereffekt für die einzelnen Untergruppen.[302]

Das Handeln aus einer **starken Absicht** heraus wird vom denkenden und emotionalen Geist je nach Ergebnis positiv oder negativ bewertet, was zu Wohlgefühl oder Unglück als emotionale Reaktion führt, die ins Bewusstsein projiziert wird. Diese Rückmeldungen verstärken oder schwächen die Aktivitäten oder Absichten der Untergruppen und beeinflussen somit die Wahrscheinlichkeit zukünftigen Handelns. Bewusstes Handeln mit einer wiederholten bewussten Absicht führt zu automatischem Handeln, wodurch Gewohnheiten entstehen, die keine bewussten Absichten mehr benötigen. Vorprogrammierte Reaktionen sind schneller und effektiver als bewusstes Handeln, was ihre Anpassungsfähigkeit und Effizienz im menschlichen Verhalten unterstreicht.[303]

Jede neue Fähigkeit und jede neuartige Handlung ergibt sich aus den komplexen Interaktionen des gesamten Geistsystems bei der Ausführung exekutiver Funktionen. Innerhalb dieses Systems agieren verschiedene Untergruppen kollektiv im Bewusstsein während des Lernprozesses, um neue Programme zu erzeugen, die in die einzelnen Untergruppen integriert werden. Durch Wiederholung entsteht automatische Aktivität, die zu einer effizienten Ausführung der erlernten Fähigkeiten führt.

Eine besondere Rolle innerhalb dieses Prozesses spielt der **erzählende Geist**, eine Untergruppe des unterscheidenden Geistes, die eine spezielle

301 Vgl. Yates (2015), S.234ff.
302 Ebd.
303 Ebd.

Bedeutung und eine wesentliche Funktion im Geistsystem hat.[304] Der erzählende Geist nimmt alle von den anderen Untergruppen projizierten Informationen auf, kombiniert, organisiert und integriert diese zu einer sinngebenden holistischen Zusammenstellung. Diese Tätigkeit erzeugt ein spezielles Geistmoment, ein **Bindungsbewusstseinsmoment**, das einen subtilen, aber wesentlichen Bestandteil des Geistsystems darstellt.

Der erzählende Geist verwebt den Inhalt des bewussten Geistes zu Episoden in einer fortlaufenden Geschichte, wobei jede Episode als bindender Bewusstseinsmoment in den bewussten Geist zurückprojiziert wird. Dadurch entsteht eine kontinuierliche Chronik der fortlaufenden bewussten Aktivitäten des Geistes, die dem gesamten Geistsystem zugänglich ist.

Während aller Aktivitäten der Aufmerksamkeit entsteht durch den erzählenden Geist eine Chronologie von Erfahrungen, die eine kohärente Beschreibung unserer Umwelt und unserer selbst liefert. Diese Chronologie wird – ähnlich wie ein geschnittener Film – aus verschiedenen Episoden gefertigt und zurückprojiziert. Der erzählende Geist sorgt dabei für die kausale Verknüpfung, in der sensorische Informationen, Erkennen und Fühlen eins werden. Das **ICH** entsteht durch den erzählenden Geist als sein narratives Konstrukt; es dient als **Ordnungs- und Strukturprinzip** der Erinnerungen und Erfahrungen im Geistsystem. Unser Selbstkonzept ist somit das eigene erzählerische „Ich", analog dazu ist das "Es" ein solches Konstrukt, das die anderen Personen und Objekte in unserer Umwelt repräsentiert.[305]

In Wahrheit machen wir jedoch nie direkte Erfahrungen, die dem "Ich" oder "Es" entsprechen; sie sind lediglich Bilder und Emotionen, die im Bewusstsein aufkommen. Erst der erzählende Geist verleiht diesen Ordnungskonstrukten eine scheinbare, rein fiktionale (also erzählerische) Realität. Das fiktive "Ich" des erzählenden Geistes wird zum Ego-Selbst des unterscheidenden Geistes, während das "Es" als Ursache für die entstehenden Emotionen betrachtet wird. Diese fundamentale Fehlwahrnehmung des ICH führt zu Absichten, die sich in Verlangen oder Abneigung weiterentwickeln.[306]

Die Abfolge von kausal verknüpften Episoden erfährt eine Erweiterung um ein „fiktives ICH": „‚Ich' wollte ‚es' …". Der unterscheidende Geist verarbeitet diese gespeicherten Informationen als Output des erzählenden Geis-

304 Ebd., S. 526.
305 Vgl. Heiner (2008), S. 292f. und Kraus (2000), S. 56ff.
306 Vgl. Weber (2017), S. 14f.

tes weiter und entwickelt daraus die Geschichte des Ego-Selbst und eine Beschreibung der äußeren Welt; eine zyklische Verstärkung des Ego-Selbst. Der Bezug auf diese komplexen Konstrukte löst Verlangen, Abneigung und emotionale Reaktionen aus, die darauf abzielen, das Wohlbefinden des Ego-Selbst zu schützen und zu fördern.[307]

Diesen Prozess greift der erzählende Geist wiederum auf und verwebt ihn weiter zu einer neuen Geschichte. So entsteht ein zyklischer Prozess, der zur Verstärkung des Ego-Selbst führt. Inhalte des bewussten Geistes sind somit immer nur geistige Konstrukte; Empfindungen, die aus der Informationsverarbeitung der Untergruppen entstehen, genauso wie Gefühle, Gedanken und Emotionen. Das „Selbst" und die „Welt" bestehen ebenfalls komplett aus solchen geistigen Konstrukten. Das intuitive Gefühl, dass diese real seien, resultiert aus einer Fehlinterpretation des unterscheidenden Geistes, der den Output des erzählenden Geistes falsch auslegt.[308]

Verlangen und Abneigung sind ebenfalls geistige Konstrukte, die „selbst"-orientiertes Verhalten anregen sollen; auch die resultierenden Absichten und Ergebnisse daraus hängen davon ab, wie das Geistsystem die Konstrukte des erzählenden Geistes interpretiert. So entsteht ein sich selbst verstärkender Kreislauf von Wahrnehmung und Reaktion, der das subjektive Erleben und die Interaktion mit der Welt prägt.[309]

Der transaktionale Charakter des Geistsystems und seine Ökonomie bieten ein tiefgreifendes Verständnis darüber, wie unser Bewusstsein und unser Ich-Gefühl entstehen und funktionieren. Das Geistsystem kann gesamthaft als ein dynamisches Netzwerk betrachtet werden, in dem ständige Interaktionen und Transaktionen zwischen verschiedenen Untergruppen des Gehirns stattfinden. Diese Transaktionen sind die Grundlage für die Entstehung von Bewusstsein und das Erleben des Ich-Gefühls.

Jede dieser Untergruppen bringt spezifische Informationen und Funktionen in das Geistsystem ein. Diese Informationen werden kontinuierlich ausgetauscht und neu bewertet, wobei ein kollektiver Konsens angestrebt wird. Die Entscheidungen und Handlungen, die dem Ich zugeschrieben werden, sind somit das Ergebnis komplexer Verhandlungen und Vereinbarungen zwischen diesen unbewussten Untergruppen. Dieses Netzwerk agiert nach einer Art ökonomischem Prinzip, bei dem geistige Ressourcen

307 Vgl. McDowell (2023), S. 440–453.
308 Vgl. Yates (2015), S.234ff.
309 Ebd.

wie Aufmerksamkeit, Gedächtnis und kognitive Kapazitäten verteilt und genutzt werden, um die bestmöglichen Entscheidungen zu treffen.

Der **transaktionale Charakter** des Geistsystems zeigt sich in der Art und Weise, wie Informationen verarbeitet und integriert werden. Jede geistige Aktivität, sei es ein Gedanke, eine Emotion oder eine Vorstellung, entsteht aus dem Austausch von Signalen und Informationen zwischen den Untergruppen. Diese Prozesse sind nicht isoliert, sondern finden in einem ständigen Fluss und Wechselspiel statt, was zu einer dynamischen und sich selbst organisierenden Struktur führt.[310]

Ökonomisch betrachtet bedeutet dies, dass das Geistsystem ständig abwägt, welche Informationen und Aktivitäten prioritär behandelt werden sollen. Dies geschieht, um die begrenzten kognitiven Ressourcen effizient zu nutzen und die Funktionsfähigkeit des gesamten Systems sicherzustellen.

Diese Transaktionen und die daraus resultierende Ökonomie des Geistsystems ermöglichen es, dass wir ein kohärentes und kontinuierliches Ich-Gefühl erleben, trotz der Tatsache, dass unser Geist aus vielen verschiedenen, oft konkurrierenden Untergruppen besteht. Das Ich-Gefühl ist somit eine Art emergente Eigenschaft des Geistsystems, die aus den kollektiven und koordinierten Aktivitäten dieser Untergruppen hervorgeht. Abbildung 8 stellt einen Überblick dar.

310 Vgl. Yates (2015), S.232ff.

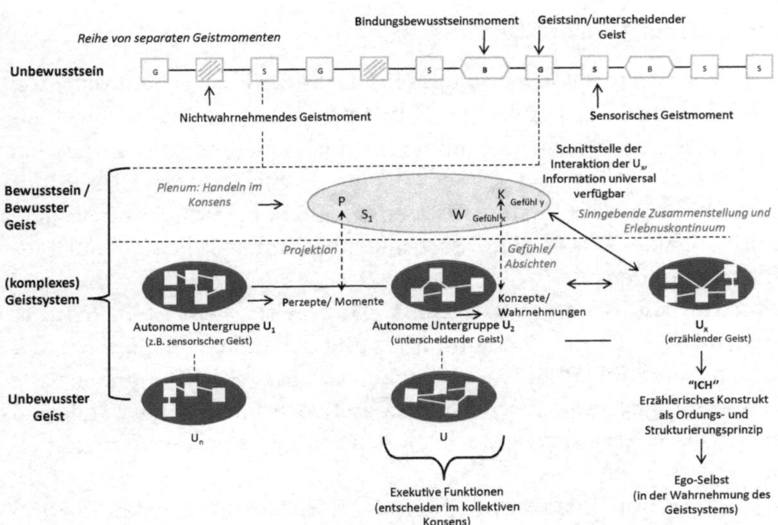

Abbildung 8: Gesamthafte Visualisierung des Geistsystems.[311]

Gerade der transaktionale Charakter des Geistsystems und seine darauf aufbauende Ökonomie verdeutlichen, wie unser Bewusstsein und unser Ich-Gefühl durch ein komplexes Zusammenspiel und einen ständigen Austausch innerhalb des mentalen Systems entstehen. Diese Prozesse sind darauf ausgelegt, die Effizienz und Effektivität des Geistsystems zu maximieren, um die Anforderungen des Lebens zu bewältigen und eine kohärente Selbstwahrnehmung aufrechtzuerhalten.[312]

An der Stelle sei noch darauf hingewiesen, dass ein so erkanntes und verstandenes Geistsystem selbstverständlich zugleich einen Anfangs- und Endpunkt einer individuellen mentalen Ökonomie darstellt – da das Konzept eines Selbst hierbei im Grunde beginnt, sich aufzulösen und in ein Metakonzept zwischen Individuum und (weit verstandenes) Kollektiv übergeht. Und da das Konzept von Ökonomie den individuellen Wertbegriff als solchen benötigt, führt es diesen ad absurdum, wenn da kein Selbst am Ende mehr ist. Letztendlich steht hierhinter eine philosophische, spirituelle Frage, die jenseits von Psychologie und Ökonomie liegt.

311 Eigene Darstellung.
312 Ebd., S. 250–258.

Exkurs: Die fünf Kernaussagen in Kurzform:

1. **Modell der Bewusstseinsmomente:** Das Modell basiert auf der Idee, dass Bewusstsein aus einzelnen, sehr kurzen und statischen Bewusstseinsmomenten besteht, die hintereinander ablaufen und somit den Eindruck eines kontinuierlichen Stroms erzeugen. Jeder dieser Momente ist mit spezifischen Inhalten aus einem der sieben Sinne (visuell, auditiv, olfaktorisch, gustatorisch, somatosensorisch, geistig und bindend) verbunden.
2. **Bewusster und unbewusster Geist:** Das Geistsystem ist in den bewussten Geist, der direkt erfahrbar ist, und den unbewussten Geist, der indirekt durch Rückschlüsse zugänglich ist, unterteilt. Der unbewusste Geist verarbeitet sensorische und kognitive Informationen, während der bewusste Geist diese Informationen integriert und weiterverarbeitet.
3. **Interaktion und Integration:** Bewusstseinsmomente werden im Bindungsbewusstsein zusammengeführt, um eine kohärente und funktionale geistige Erfahrung zu schaffen. Der bewusste Geist dient als Schnittstelle, die Informationen von den unbewussten Untergruppen aufnimmt und verarbeitet, wodurch ein kontinuierlicher Informationsaustausch und eine ständige Anpassung stattfinden.
4. **Exekutive Funktionen:** Diese sind für das Regulieren, Organisieren und Planen von Handlungen sowie das Lösen von Problemen zuständig. Sie koordinieren die Aktivitäten der Untergruppen des Geistes, was besonders in neuartigen oder komplexen Situationen wichtig ist, in denen vorprogrammiertes Verhalten nicht ausreicht.
5. **Der erzählende Geist:** Eine spezielle Untergruppe, die alle projizierten Informationen zu einer zusammenhängenden Geschichte integriert. Dies führt zu einer kontinuierlichen Chronik der bewussten Aktivitäten, die das Selbstkonzept und das Ich-Bewusstsein schafft, indem es sensorische Informationen, Erkennen und Fühlen kausal verknüpft.

DREI: Arbeiten mit dem Geistsystem – Transformative Prozesse

> «Äußere *Gegenstände zu erkennen ist ein Widerspruch; es ist dem Menschen unmöglich, aus sich selbst heraus zu gehen. Wir können von nichts in der Welt etwas eigentlich erkennen, als uns selbst, und die Veränderungen, die in uns vorgehen. Eben so können wir unmöglich für andere* fühlen, *wie man zu sagen pflegt; wir fühlen nur für uns. Der Satz klingt hart, er ist es aber nicht, wenn er nur recht verstanden wird. Man liebt weder Vater, noch Mutter, noch Frau, noch Kind, sondern die angenehmen Empfindungen, die sie uns machen; es schmeichelt immer etwas unserem Stolz und unserer Eigenliebe. […]*»[313]

Die Untersuchung des erweiterten Geistsystems ist von zentraler Bedeutung für das Verständnis der komplexen Interaktion zwischen individuellem Bewusstsein und der umgebenden Welt.

Während traditionelle Ansätze den Geist häufig auf das Gehirn und seine neuronalen Aktivitäten beschränken, eröffnen spezielle Aspekte des erweiterten Geistsystems einen breiteren Blick auf die Rolle von Umwelt, Kultur und sozialen Beziehungen bei der Gestaltung menschlicher Erfahrungen und Handlungen.

Somit ist ein ergänzender Punkt in der Betrachtung des ökonomisierten Geistsystems die Erkenntnis, dass mentale Prozesse nicht allein im Gehirn stattfinden, sondern auch durch die Wechselwirkung mit der Umgebung und anderen Menschen geformt werden. Dieser Ansatz steht in der Tradition der Philosophie des Externalismus[314], die betont, dass mentale Zustände

313 Lichtenberg (2017), S. 200 [H 151].

314 Ein weiterer Aspekt des Externalismus ist die Idee der erweiterten Kognition, die besagt, dass der Geist nicht auf das Gehirn als isolierte Einheit beschränkt ist, sondern sich über den Körper und die Umgebung erstreckt. Dies bedeutet, dass mentale Prozesse oft in enger Wechselwirkung mit der Umwelt stattfinden und durch externe Ressourcen und Strukturen unterstützt werden können. Gleichzeitig liegt die Betonung auf der sozialen Dimension des Geistes. Zum Beispiel können Sprache und Kommunikation als externe Werkzeuge dienen, um Gedanken auszu-

und Prozesse gerade auch durch externe Faktoren beeinflusst und geformt werden können. Spezielle Aspekte des erweiterten Geistsystems umfassen verschiedene Phänomene, die zeigen, wie individuelle mentale Zustände und Fähigkeiten durch externe Artefakte, psychosoziale Praktiken und kulturelle Kontexte erweitert werden können.

Aber auch beim Blick nach Innen gibt es Formen der Narration und Imagination, welche besonders effizient im Sinne der bewussten Interaktion mit dem eigenen Geistsystem (beziehungsweise dessen eigener Interaktion mit seinen Teilprozessen) funktionieren. Diese Formen wirken als transformative und sogar transzendentale Prozesse, die ein Individuum zu einem bewussteren Umgang mit mentalen Ressourcen führen können. Narrative innerhalb des Selbst sind dabei keine rein äußeren Erzählungen, sondern interne Konstruktionen von Bedeutung und Sinn. Sie helfen dabei, Erfahrungen zu organisieren, Identität zu formen und persönliche Lebensgeschichten zu entwickeln. Durch die bewusste Gestaltung dieser inneren Erzählungen kann ein Individuum Einfluss auf seine Selbstwahrnehmung und sein Verhalten nehmen.[315]

Ebenso spielt die Imagination eine entscheidende Rolle bei der inneren Exploration und Transformation. Durch die Fähigkeit, sich Vorstellungen von Vergangenheit, Gegenwart und Zukunft und deren jeweiligen Interpretationen zu machen, kann ein Individuum neue Möglichkeiten erkunden und alternative Realitäten erschaffen. Dieser imaginative Prozess ermöglicht es, sich von einschränkenden Überzeugungen zu lösen und kreative Lösungen für persönliche Herausforderungen zu finden. In der bewussten Anwendung von Narration und Imagination liegt ein erhebliches Potenzial für eine tiefgreifende Veränderung und Weiterentwicklung des individuellen Geistsystems. Narration, als Gestaltungsprinzip für Erzählstrukturen, beeinflusst das retrospektive Erleben durch die Dynamik der Erinnerungskonstruktion. Imagination hingegen, als dynamischer Prozess, eröffnet den Zugang zum Wesenskern individueller Konzeptionen und gewährt Einblicke in die innere Struktur des psychischen ökonomischen Gefüges. Durch die bewusste Lenkung dieser Prozesse kann das Individuum nicht nur seine Vergangenheit neu bewerten, sondern auch seine Zukunft aktiv gestalten. Indem narrative und imaginative Techniken gezielt eingesetzt wer-

---

drücken und zu vermitteln, und kulturelle Normen und Werte können das Denken und Verhalten einer Person prägen.

Vgl. Andy / Chalmers (1998), S. 10–19 sowie Clark (2008), S. 10–45.

315 Vgl. Weber (2017), S. 14ff.

den, können individuelle Ressourcen mobilisiert und (kreative) Potenziale freigesetzt werden. Diese bewusste Auseinandersetzung mit der eigenen Narrativität und Vorstellungskraft ermöglicht es, tief verwurzelte Überzeugungen und Verhaltensmuster zu überdenken und neue Perspektiven zu entwickeln. Auf diese Weise können individuelle Wachstumsprozesse angestoßen und das Geistsystem in seiner Flexibilität und Anpassungsfähigkeit gestärkt werden.

Ein erster Überblick:

- Die polare Teilung des Seins aus dem Blickwinkel des Individuums in ein Innen und ein Außen bildet die Grundlage aller Erkenntnisprozesse; eine Beschäftigung mit der Überbrückung eben jener Teilung ist Hintergrund sämtlicher Erfahrungen.
- Bei der Betrachtung der inneren Welt eines Individuums werden Narrative und Imagination zu wesentlichen Instrumenten, die eine bewusste Interaktion mit dem eigenen Geistsystem ermöglichen. Diese inneren Prozesse können als transformative und sogar transzendentale Erfahrungen betrachtet werden, die das Individuum zu einem bewussteren Umgang mit seinen mentalen Ressourcen führen können.

Grundmotive der Imaginationsrekonstruktion, transzendentalen Narration und holistischen Suggestion

> *«Nicht in der Erkenntnis liegt das Glück, sondern im Erwerben der Erkenntnis.»*[316]

Narration und Imagination repräsentieren essenzielle Instrumentarien in der humanen Erkenntnisdomäne, die auch als architektonische Grundelemente der ökonomischen Welterfahrung agieren. Die Imagination, ein dynamischer Prozess, eröffnet den Zugang zum Wesenskern individueller Konzeptionen und gewährt somit Einblicke in die innere Struktur des psychischen ökonomischen Gefüges. Narration fungiert als Gestaltungsprinzip für Erzählstrukturen und beeinflusst somit das retrospektive Erleben durch die Dynamik der Erinnerungskonstruktion. Dieser Prozess der Erinnerung

316 Poe (1849), S. 464.

und des Erlebens manifestiert sich in einer komplexen Wechselwirkung, die eine umfassende Begrifflichkeit erfordert.[317]

In diesem Kontext bietet sich die Einführung eines Frameworks an, welches erweiterte Schlüsselkomponenten von Narration und Imagination um spezifische Konzepte erweitert – namentlich Imaginationsrekonstruktion, transzendentale Narration und holistische Suggestion – und integriert. Diese Komponenten bilden zusammen ein umfassendes Gerüst für die Erforschung und Anwendung narrativer und imaginativer Prozesse in einem ökonomischen Kontext.[318] Gleichzeitig bietet das Framework individualpsychologische Ansatzpunkte, um die Transaktionsprozesse des Geistsystems gezielt ökonomisch auszurichten und einzusetzen.

Die nachgelagerte Einführung des Konzepts der Erkenntnistherapie erweitert das Verständnis und den Anwendungsbereich dieser Framework-Komponenten. Die Erkenntnistherapie stellt eine Methodik dar, welche das Ausmaß und den Umfang von Erkenntnissen als Katalysator für Veränderungsprozesse nutzt. Dabei werden nicht nur die Möglichkeiten, sondern auch die Grenzen dieser Therapieform betrachtet und analysiert.[319]

Als kognitive Prozesse konstituieren Narration und Imagination individuelle und kollektive Realität – sie können als zentrale ökonomische Prozesse betrachtet werden, die die Konstruktion und Formung von individuellen und kollektiven sozio-ökonomischen externen Faktoren beeinflussen.[320]

Gleichzeitig bieten sie individualpsychologisch Zugang zum (dynamischen) Wesenskern – die Narratik des ökonomischen Geistsystems ist somit also selbst dualistischer Natur; die Struktur von Erzählungen bestimmt

---

317 Vgl. Bamberg (1999), S. 221, S. 225f. und Kraus (2000), S. 159–182.

318 Siehe auch konzeptionell Lucius-Hoene (2000), Art. 18 (o.Sz.) sowie Kraus (2000), S. 241

319 Dabei dient Erkenntnis als Katalysator für Veränderungsprozesse; siehe Kapitel 4, insbesondere 4.2.

320 Die gemeinsame Interaktion von Individuen durch Sprache und Kommunikation formt Realität; Narration und Imagination spielen hierbei eine zentrale Rolle, indem sie gemeinsame Geschichten und kulturelle Narrative schaffen, die die kollektive Realität beeinflussen. Die Fähigkeit zur Imagination definiert dabei nicht nur individuelle Wahrnehmungen, sondern auch soziale Interaktionen und kollektive Vorstellungen. Imagination ist somit ein wesentlicher Bestandteil der Konstruktion gemeinsamer (innerer wie äußerer) Realitäten.
Vgl. umfassend Berger / Luckmann (2023), S.96ff. sowie Abraham (2015), S. 249–255 und Abraham (2018), S. 35ff.

unser Erinnern und dadurch auch das retrospektive Erleben.[321] Über die eigene Narratik, also die Struktur und den Gedankenfluss der Selbsterzählung, lässt sich in einem ökonomischen Sinne die eigene Realität aktiv mitgestalten.[322] Sie gehört zum Kern der Konstitutionsebene des Bewusstseins.

Selbstverständlich ist die konkrete Ausprägung von individueller Narratik umfassend und divers;[323] jedoch lassen sich besonders effektive Komponenten bzw. Techniken für das Geistsystem (die dessen ökonomische Ressourcennutzung ermöglichen) in folgendem Framework systematisieren; Abbildung 9 zeigt einen Überblick.

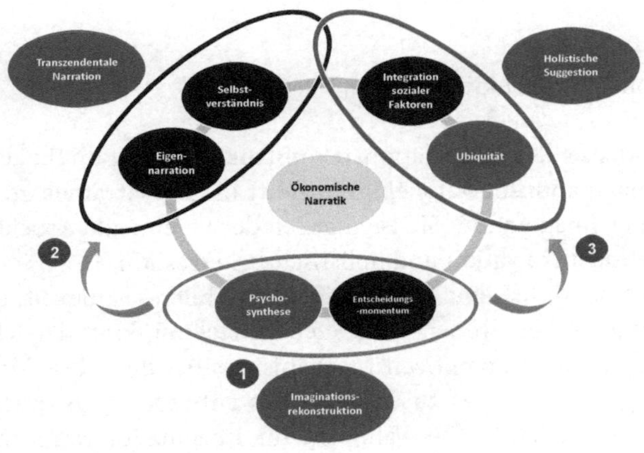

Abbildung 9: Grundmotive ökonomischer Narratik.[324]

321 Der Zusammenhang zwischen Erinnern und Erleben liegt in ihrer wechselseitigen Beeinflussung. Zum einen können vergangene Erinnerungen das gegenwärtige Erleben beeinflussen, indem sie unsere Wahrnehmung, Interpretation und Reaktion auf aktuelle Ereignisse formen. Dies geschieht beispielsweise durch die Aktivierung von Assoziationen, Emotionen oder Verhaltensmustern, die mit vergangenen Erfahrungen verbunden sind. Erleben bezieht sich auf den aktiven Prozess der Wahrnehmung und Interpretation von gegenwärtigen Ereignissen, Situationen oder Umgebungen. Es umfasst die gesamte Bandbreite menschlicher Erfahrungen, einschließlich sensorischer Wahrnehmungen, emotionaler Reaktionen, kognitiver Bewertungen und Verhaltensweisen.
Vgl. Hartmann (1998), S. 134ff. und Polkinghorne (1988), S. 17–21, S. 105–113 sowie Polkinghorne (1996), S. 367f. und Polkinghorne (1998), S. 16ff.

322 Vgl. zur Funktion der Narratik ausführlich Goldie (2013), S. 190ff., Goldie (2003) sowie von Contzen (2018), S. 20ff.

323 Vgl. Goldie (2003), S. 303–307.

324 Eigene Darstellung.

Die Imaginationsrekonstruktion (IR) bietet dabei die Basis für eine ökonomische Nutzung des Geistsystems, sie ist eine grundlegende Technik zur Aktivierung von intrapersonellen Transaktions- und Translationsprozessen, indem sie den Imaginationsnarrativ gezielt in Richtung von synthetischer Imagination verschiebt.

Die beiden anderen Techniken sind darauf aufbauende ökonomische Techniken des Geistsystems, namentliche die transzendentale Narration (TN) sowie die holistische Suggestion (HS). Erstere bietet eine besonders effektive Methode der Eigennarration, zweitere bindet mentale Ressourcen besonders effektiv in Transaktionsprozesse des Geistsystems mit ein.

Imaginationsrekonstruktion

Das Methodenset der Imaginationsrekonstruktion wirkt direkt auf das individuelle Imaginationsnarrativ ein und führt in der Narrativik zu effizienter synthetischer Imagination. Sie ist zugleich der vereinende Aspekt zwischen transzendentaler Narration und holistischer Suggestion.[325]

Die Imagination ist eine einzigartige menschliche Fähigkeit, die sowohl eine Vereinigung von Sinnen[326] als auch Vorstellungskraft darstellt und auf einem gemeinsamen kognitiven Mechanismus beruht. Diese Vorstellungskraft ermöglicht es, etwas zu erfassen, das entweder nicht mehr existiert oder nie existiert hat.[327] Die Fähigkeit zur Imagination kann in verschiedene Formen unterteilt werden, darunter reproduktive, produktive und schöpferische Fantasie, die alle auf psychischer Energie (als ökonomische Ressource) basieren. So betrachtet Carl Gustav Jung die "schöpferische Einbildungskraft" als das einzige zugängliche seelische Urphänomen und die einzige unmittelbare Wirklichkeit:[328]

---

325 Vgl. Bude (1991), S. 106f.

326 Vgl. Kraus (2000), S. 168–182 und Merleau-Ponty (1974), S. 196ff.

327 Vergleiche dazu die grundlegenden Ausführungen von Immanuel Kant: „Einbildungskraft ist das Vermögen, einen Gegenstand auch ohne dessen Gegenwart in der Anschauung vorzustellen." (KdrV B.151) – Imagination kann somit als Fähigkeit angesehen werden, sich einen Gegenstand (oder ein Abstraktum) vorzustellen, der nicht mehr vorhanden ist oder nie vorhanden war (somit unterscheidet sich Imagination von Einbildung dadurch, dass hierbei die physikalische Präsenz kein Kriterium ist).

328 In einem Brief vom 10.1. 1929 an Dr. Kurt Plachte schreibt C. G. Jung: „Ich bin tatsächlich überzeugt, dass schöpferische Einbildungskraft das uns einzig zugängli-

„Die Imagination ist die reproduktive oder schöpferische Tätigkeit des Geistes überhaupt, ohne ein besonderes Vermögen zu sein, (...) Die Fantasie als imaginative Tätigkeit ist für mich einfach der unmittelbare Ausdruck der psychischen Lebenstätigkeit, der psychischen Energie, die dem Bewusstsein nicht anders als in Form von Bildern oder Inhalten gegeben ist, (...)"[329]

Die Bedeutung der Imagination erstreckt sich daher weit über ihre Definition hinaus und zeigt die tiefgreifenden Auswirkungen auf verschiedene Aspekte des ökonomischen Agierens auf. Der menschliche Geist und das Gehirn beschäftigen sich zwangsläufig und automatisch mit der inneren Welt auf allen sinnlichen Ebenen, wenn keine äußeren Aufgaben vorhanden sind.[330] Die Imagination selbst manifestiert sich in verschiedenen Arten, darunter visuell, auditiv, olfaktorisch, gustatorisch und somatosensorisch, und ihre Zusammenführung ist entscheidend für die vollständige Ausschöpfung dieser Fähigkeit.[331]

Die Imagination spielt wie aufgezeigt eine entscheidende Rolle bei der Bestimmung und Konstitution unserer inneren Welt. Die bewusste Kontrolle über diese Fähigkeit ermöglicht es dem Individuum, sein eigenes Leben umfassend zu verstehen, sein eigenes Handeln nachvollziehbar zu machen und verborgene Potenziale aufzuzeigen; eine aktive Lebensführung und Gesundheit können somit durch die bewusste Nutzung der Imagination[332] gefördert werden.

Imagination kann (neben der zukunftsgerichteten Ausrichtung) auch zur Rekonstruktion des eigenen Erlebens – also de facto dem erneuten Erleben der Vergangenheit[333] – eingesetzt werden; dazu ist eine Lenkung im Bewusstsein auf Konstitutionsebene des Selbst notwendig.[334] Grundsätzlich hebt Imagination so die Unterteilung des Lebens in ein Vorher-Nachher partiell und situativ auf, die Gegenwart wird gestärkt als einziges Entscheidungsmomentum.[335] Das episodische Gedächtnis, das sich mit dem

---

che seelische Urphänomen ist, der eigentliche seelische Wesensgrund, die einzige unmittelbare Wirklichkeit..." Jung (2001a), S. 86.

329 Vgl. Jung (1921), §869.

330 Vgl. dazu Erreich (2016), S. 484ff.

331 Vgl. Schönhammer (2013), S. 240, 247f.

332 Speziell der synthetischen Imagination, vgl. 3.3.2.

333 Vgl. hierzu Tulving (2002), S. 3ff.

334 Vgl. Mummendey (2006), S. 115ff.

335 Ebd., S. 18f.

Erinnern an vergangene Ereignisse und Emotionen befasst, spielt eine entscheidende Rolle auf der transaktionalen Ebene des Geistsystems, insbesondere wenn ein Individuum in native Imagination (oder auch syntagmatische beziehungsweise paradigmatische Narration)[336] verfällt. In solchen Momenten kann die eigene Vergangenheit unassoziiert und enigmatisch erscheinen, und es scheint, als lägen die Ursachen aller Komplexe in dieser vergangenen Zeit.

Durch die Technik einer strukturierten Imaginationsrekonstruktion ist es möglich, das Geistsystem eine geordnete Interpretation und Neubewertung der Vergangenheit vorzunehmen zu lassen.[337] Dies ermöglicht eine aktive Gestaltung der Vergangenheitselemente.[338] Die Imaginationsrekonstruktion dient so als Transportmittel für Probleme des Selbst in die Gegenwart, wo sie verstanden, nachvollzogen und vom Geistsystem bearbeitet werden können. Das erneute Durchleben vergangener Ereignisse kann jedoch oft anstrengend und belastend sein, da es mit starken emotionalen Reaktionen verbunden ist.[339] Dennoch bietet die Technik der Imaginationsrekonstruktion einen wichtigen Mechanismus zur Bewältigung und Verarbeitung vergangener Erfahrungen und Emotionen sowie dem inneren Umgang mit psycho-ökonomischen Ganzheitsansprüchen (wie der Sehnsucht nach dem Absoluten, welche auch in stoffliche konkrete Vorstellungen oder Wünsche übergehen kann).[340]

An dieser Stelle sei noch auf den Zusammenhang zwischen Imagination und Identifikation verwiesen, da jene die Imaginationsrekonstruktion effektiv unterbrechen kann; Erinnerungen sollten als neutraler Transakti-

---

336 Umgangssprachlich auch als „oberflächliches Nachdenken" oder „Grübeln" bezeichnet, vgl. Schlager (2020), S. 86ff. und Kast (2017), S. 219–223.

337 Darüber hinaus kann diese Technik auch zukunftsgerichtet eingesetzt werden, beispielsweise um Szenarien zu entwickeln oder potenzielle Entwicklungspfade aufzuzeigen.

338 Es ist jedoch wichtig anzumerken, dass es ebenfalls den gegensätzlichen Prozess gibt, durch den die Realität unsere Imagination abschwächen oder schwächen kann, insbesondere wenn Erwartungen oder emotionale Färbungen (beispielsweise die Rolle von Sehnsucht) ins Spiel kommt. Vgl. dazu Scheibe / Freund (2008), S. 126–131.

339 Vgl. konzeptionell dazu auch Will (2018), S. 377ff.

340 Rekonstruktion als mentale Technik ist eine Universaltechnik zur Erforschung der inneren Welt und fördert deren Universalismus. Zur detaillierten Funktionsweise vgl. ausführlich Kast (2010), S. 75ff.

onsprozess wahrgenommen werden und nicht mit dem Selbst assoziiert sein.[341]

Letztendlich endet die Imaginationsrekonstruktion im imaginativen und narrativen Holismus der Psychosynthese.[342] Der imaginäre Aspekt der Psychosynthese bezieht sich auf die Fähigkeit des Individuums, neue Möglichkeiten und Potenziale durch die Imagination zu erkunden und mentale Ressourcen ökonomisch zum Einsatz zu bringen.[343] Dieser Prozess geht über die traditionelle Therapie hinaus, indem er nicht nur auf die Behandlung von psychischen Problemen abzielt, sondern auch auf die Förderung von Kreativität[344], Selbstwirksamkeit[345] und Spiritualität[346] setzt. Indem wir uns auf unsere innere Welt einlassen und sie aktiv gestalten, können wir unser Leben bewusster und kreativer gestalten. Der narrative Aspekt innerhalb des Rahmenwerks der Psychosynthese fokussiert auf die Konstruktion und Interpretation individueller Lebensgeschichten. Mittels Imaginationsrekonstruktion werden alternative Narrative eben jener Vergangenheit erkundet, die es ermöglichen, vergangene Erfahrungen in einem neuen Kontext zu betrachten und dabei neue Bedeutungen zu erschließen. Dieser Prozess der strukturierten, systematischen Neubewertung und Umdeutung evoziert ein tiefgreifendes Verständnis der individuellen Selbst-

---

341 Imagination und Identifikation spielen eine entscheidende Rolle beim Erinnern und bei der Konstruktion individueller inneren Realität. Wenn ein Individuum sich an vergangene Ereignisse erinnern, wird dieses gleichsam zu Zeugen, die die eigene Vergangenheit wie einen Film betrachten und sich von der damaligen Form des Selbst lösen, um die Position des neutralen Betrachters einzunehmen, die eine neue Form annimmt, die nicht mit dem aktuellen Selbst identisch ist. Um eine Identifikation zu vermeiden, ist es entscheidend, sich nicht in das Erinnern hineinziehen zu lassen. Eine ganze Reihe von Techniken können hier die mentalen Prozesse unterstützen. Das "Zum Zeuge werden" kann auch auf die Gegenwart übertragen werden, wodurch emotionale Reaktionen besser kontrollierbar sind, insbesondere wenn es um starke Emotionen wie Wut geht, die oft mit Identifikation verbunden sind. Durch diesen Prozess kann das Individuum die uninterpretierte Form der Wirklichkeit der inneren Welt erkennen und den Kern der Vergangenheit finden. Auf diese Weise kann die Vergangenheit gelöst und aufgelöst werden, und als Quelle der Erkenntnis und des Wachstums dienen. Dies ermöglicht sogar eine Art "bewusstes Sterben" der Vergangenheit und ein Loslassen von alten Belastungen. Vgl. ausführlich Fromm (1991), S. 122–128 sowie Kast (2010), S. 109ff. und S. 159ff.

342 Vgl. Assagioli (1933) sowie Assagioli (1937) und Hardy / Whitmore (1990), S. 45ff. bzw. Hardy (1987), S. 31ff.

343 Ebd.

344 Vgl. dazu Frey (2007), S. 825ff.

345 Vgl. Egger (2015), S. 289ff. (u.a.)

346 Vgl. Bucher (2014), S. 24ff., S. 133–145 (u.a.).

wahrnehmung sowie der Entwicklung der persönlichen Lebensgeschichte, indem er Einschränkungen in Form von überholten Überzeugungen und Verhaltensmustern aufdeckt und behebt.[347]

In letzter Konsequenz führt die praktizierte Imaginationsrekonstruktion innerhalb der Psychosynthese zu einem integrativen und umfassenden narrativen Holismus.[348] Dieser holistische Ansatz erlaubt es dem Einzelnen, seine inneren Ressourcen zu mobilisieren, um ein Leben zu führen, das als erfüllt und authentisch empfunden wird.[349] Dieses Konzept integriert die physische, mentale und spirituelle Sphäre des Individuums und trägt zur Vertiefung des Verständnisses der eigenen Identität und des individuellen Lebenszwecks bei. Die kreative Ausgestaltung der Imagination und die aktive Umgestaltung der Lebensgeschichte eröffnen somit die Möglichkeit, das persönliche Potenzial auf einer tieferen, ökonomisch relevanten Ebene zu entfalten und zu verwirklichen; bewusste und unbewusste Aspekte des Selbst (oft besonders durch soziale Aspekte fragmentiert und schwer integrierbar)[350] können zu einer Ganzheit in sich selbst zusammengefügt werden.[351]

In Summe ist die Imaginationsrekonstruktion eine eigenimmersive Technik, bei der die eigene Vergangenheit „zum Traum"[352] wird. Die Realität sowie individuelle Wünsche[353] treten zurück, das mentale System ist alleine mit sich selbst und seiner Form, wodurch neue Handlungsperspektiven entstehen. Somit ist die Imaginationsrekonstruktion ökonomisch gese-

---

347 Vgl. Hermans / Hermans-Jansen (1995), S. 31–71 und Keupp (1999), S. 45ff. (u.a.)

348 Siehe auch die transzendentale Narration, Kapitel 3.4.2 und die holistische Suggestion, Kapitel 3.4.3 die darauf aufbauen.

349 Vgl. Lucius-Hoene (2000), Art. 18 (o. Sz.)

350 Vgl. Storck (2022), S. 54–71.

351 Ebd.

352 Vgl. Ates (2023), S. 360ff,

353 Die Vorstellung, dass bei Wünschen Vergangenes in die Zukunft projiziert wird, lässt sich in der kognitiven Psychologie darüber verdeutlichen, dass Wünsche Teil eines kognitiven Prozesses sind, bei dem ein Individuum Informationen aus der Vergangenheit verwendet, um Vorstellungen von zukünftigen Zuständen oder Ereignissen zu konstruieren. Die kognitiven Schemata und Erwartungen darüber, was möglich oder wünschenswert ist, werden durch vergangene Erfahrungen geformt und beeinflusst. Auf dieser Grundlage können sich Individuen Zukunftsszenarien vorstellen, die (ausschließlich) auf vergangenen Erfahrungen und Wünschen basieren, also daher gar nicht eine reale (andersgeartete und unabhängige) Zukunft inkorporieren. Somit kann sich der Wunsch zu einer intrapsychischen Utopie wandeln.
Vgl. auch Baltes (2008), S. 79ff.

hen eine primäre mentale Ressource, die wichtige Konnektionspunkte im Transfersystem des Geistsystems unterstützt.[354]

Transzendentalen Narration

Aufbauend auf die Imaginationsrekonstruktion folgen zwei Narrationstechniken, die die Ökonomisierung des Geistsystems effektiv unterstützen. Die transzendentale Narration ist eine effektive Methode der Eigennarration.

Die Konzeption der Kontinuität des Selbst wird in der transzendentalen Narration als ein elaborierter Prozess betrachtet, der durch ein komplexes Netzwerk aus multiplen Einzelnarrativen manifestiert wird. Das Leben wird in diesem Kontext als ein vielschichtiges Mosaik verstanden, in dem Knotenpunkte der Narration eingewoben sind, um die Erinnerungen zu organisieren und zu strukturieren.[355] Diese Knotenpunkte, die oft in Form von Schlüsselerinnerungen und Schlüsselträumen auftreten, spielen eine zentrale Rolle bei der Konstruktion und Aufrechterhaltung der individuellen Lebensgeschichte (sprich der Identität[356]), der primären Funktion der transzendentalen Narration.[357] Im Gegensatz zu anderen Narrationsformen betont hierbei die Verwischung der Grenze zwischen Erinnerung und erzählter Erfahrung jene überschreitenden Elemente, welche die Narration effektiv gestaltet.[358] Die treibende und hemmende Kraft innerhalb dieser narrativen Konstruktionen liegt in den aktiven, passiven oder inaktiven Sehnsüchten, sowie in den Gefühlen von Scham, Schuld und dem Verlangen nach Veränderung und Umsetzung. Diese psychologischen Elemente formen und beeinflussen die individuellen Lebensgeschichten auf subtile

354 Vgl. auch Hermans / Hermans-Jansen (1995), S. 22 und S. 198ff. sowie Hermans (1999), S. 1201f.

355 Ebd.

356 Der philosophische Fachterminus der personalen Identität beinhaltet eine diachrone sowie eine synchrone Komponente. Im Rahmen der Diskussion um die synchrone Identität geht es um die Frage, wie die vielen Aspekte und Eigenschaften einer Person zu einem Zeitpunkt zu einer Einheit zusammengefasst werden. Die diachrone Identität von Personen bezieht sich auf die Identität zu verschiedenen Zeitpunkten. Keine der beiden Fachtermini schließt alltagssprachliche Termini mit ein. Letztere lassen sich eher durch den Begriff der Individualität fassen. Vgl. Brand (2013), S. 181.

357 Vgl. ebd., S. 182ff.

358 Vgl. Polkinghorne (1998), S. 87ff. sowie Polkinghorne (1991), S. 143ff.

Weise, wodurch die Erfahrungen und Handlungen eines jeden Menschen geprägt werden.[359]

Die Narrative werden hauptsächlich von ersten und letzten Ereignissen geprägt[360], die einen signifikanten Einfluss auf die gesamte Lebenserzählung ausüben. Die Dynamik der Lebensübergänge und die Segmentierung des Narrativs in Vorher- und Nachher-Episoden schaffen eine individuelle Übergangsstruktur. Diese Struktur ermöglicht es, das Leben durch transzendentale Narration als einen kontinuierlichen Prozess der Veränderung und Entwicklung zu betrachten.[361] Durch diese kontinuierliche Reflexion und die Erweiterung und Integration der einzelnen erzählenden Erfahrungen entsteht eine komprimierte psychologische Wahrheit, die das individuelle Selbstverständnis vertieft: Die Verbindung zwischen Narration und dem situativen Einfluss des Selbst führt zu einer Veränderung der Emotionalität der Einzelerinnerung. Diese Interaktion ermöglicht eine Entgrenzung einzelner Narrationen, wodurch Knotenpunkte sich miteinander verbinden können und die Zusammenhänge der inneren Welt des Individuums klarer werden.[362]

Unterschiedliche Topoi von Narrationen[363] beeinflussen diese emotionale Resonanz und Interpretation von Erinnerungen; das individuelle Selbst-Gefühl ist das Resultat aller vorhandenen Narrationen und der subjektiven Erfahrung des Individuums in der Realität der äußeren Welt. Diese Narrationen spielen eine entscheidende Rolle in der Konstruktion von Identität und Selbstwertgefühl, da sie zur Kontinuität und Kohärenz des individuellen Selbst beitragen. Die transzendentale Narration kann sogar zu einem Dialog mit sich selbst werden, der eine reflexive Auseinandersetzung mit den eigenen Erfahrungen ermöglicht.[364]

Die Unterscheidung zwischen Wahrheit und Unwahrheit[365] wird in dieser Perspektive relativiert, da die Wahrheit in der subjektiven Narration

---

359 Ebd.

360 Vgl. Freeman (2006), S. 80ff.

361 Die transzendentale Narration selbst ist wiederum ein dynamischer Prozess, der sich im Verlauf des Lebens kontinuierlich verändert und weiterentwickelt. Vgl. Brand (2013), S. 181 und S. 190.

362 Vgl. Kölbl / Straub (2010), S. 22ff.

363 Wie Erlösungsgeschichten und Kontaminationsgeschichten, vgl. Kast (2010), S. 33ff.

364 Vgl. Vgl. Kölbl / Straub (2010), S. 36f. und Atkinson / Shiffrin (1968), S. 139ff.

365 Das Gegenteil von Wahrheit ist in der Regel Unwahrheit (oder Falschheit). Unwahrheit bezeichnet dabei die Abwesenheit von Wahrheit oder die (objektive) Nicht-Übereinstimmung mit der Realität. Es kann sich dabei um bewusste Lügen, Täuschungen oder falsche Aussagen handeln, die nicht mit den objektiven Fakten

liegt. Eine Erinnerung entspricht nicht notwendigerweise dem konkreten damaligen Erleben oder Erfahren, sondern wird durch eine hohe, oft überbetonte emotionale Komponente geprägt.[366] Dadurch kann es zu einer Zersplitterung der Narration kommen, wobei alle Narrationen an das aktuelle Selbstbild angepasst werden und eine Verschmelzung von Erinnerung und Fiktion im Narrativ stattfinden kann, die durch kulturelle Resonanz bestimmter Erinnerungen verstärkt wird.[367]

Die transzendentale Komponente kann schwierige Erinnerungen in positiveres Licht rücken und umgekehrt. Die Suche nach einer Narration, mit der man selbst besser leben kann, ermöglicht eine tiefere Verständigung mit der Vergangenheit und den eigenen Beweggründen für vergangenes Denken und Handeln. Durch emotionales Erinnern in der Narration können Versöhnung mit der Vergangenheit und ein tieferes Verständnis für das Selbst erreicht werden.[368] Somit ist transzendentale Narration der entscheidende Prozess für das Erkennen seiner Selbst, das wiederum zu den ökonomisch aktiven Komponenten des Geistsystems zählt, da hierbei die Transaktionsprozesse deutlich effektiver gestaltet werden können.

Abbildung 10 veranschaulicht den integrierten Prozess der transzendentalen Narration.

übereinstimmen. Unwahrheit kann auch durch Irrtum oder falsche Interpretation entstehen, wenn Informationen fehlerhaft oder unvollständig sind. Da ipso facto in der Eigennarration keine objektive Überprüfung der Wahrheit (oder eben Unwahrheit) stattfinden kann, sei der Begriff daran angelehnt.
Vgl. konzeptionell auch Heidegger (1988), S. 131ff.

366 Vgl. Lazarus. / Kanner / Folkman (1980), S. 192ff.

367 Vgl. ebd. und Rosa (2018), S. 347ff.

368 Vgl. Hermans / Hermans-Jansen (1995), S. 14–30.

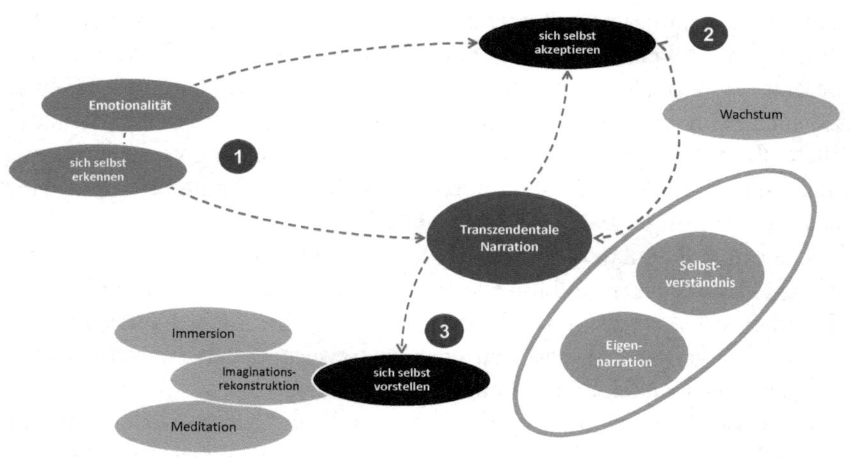

Abbildung 10: Der integrierte Prozess der transzendentalen Narration (Selbsterkenntnis und Selbstakzeptanz)[369]

Die Erkundung des Selbst markiert den initialen Schritt in einem Prozess der Selbstakzeptanz. Dieser Prozess impliziert, dass Individuen sich selbst vorstellen und ihre Identität mithilfe einer Synthese aus individuellen Erfahrungen und kreativer Vorstellungskraft formen. Zentral ist dabei die Integration des Selbst in den größeren Kontext der Welt und die Anerkennung seiner Zugehörigkeit zu einem umfassenderen Ganzen.[370]

Dieser Prozess der Verankerung und kontinuierlichen Aufrechterhaltung des Selbst in der Welt kann effektiv durch verschiedene Methoden wie Immersion und Meditation unterstützt werden.[371] Es ist von entscheidender Bedeutung zu betonen, dass dies bedeutet, nicht gegen das eigene Selbst zu agieren und unrealistische Idealvorstellungen zu vermeiden.

Durch das Eintauchen in tiefere Schichten der individuellen Existenz durch transzendentale Narration können die Grundlagen für persönliche Entwicklung und die Entfaltung von Fähigkeiten und Erkenntnissen geschaffen werden. Diese Anerkennung und Integration des Selbst in die Welt[372] ermöglicht es Individuen, eine Verbindung zu ihrem wahren Poten-

369 Eigene Darstellung.

370 Vgl. am Rande auch Mühling (2020), S. 361ff.

371 Vgl. auch Borghardt / Erhardt (2016), S. 232f. (u.a.)

372 Viele äußeren Konflikte entstehen hierbei durch nicht erfolgte transzendentale Narration, da hier der Abgleich des Selbst mit sozialen, gesellschaftlichen Narrativen

zial herzustellen und somit eine stabile Grundlage für persönliches Wachstum und Selbstverwirklichung zu schaffen; beides wiederum Funktionen des ökonomischen Geistsystems.

Holistische Suggestion

Im Gegensatz zu den beiden vorangegangenen ökonomischen Grundmotiven speist sich die Wirkung der holistischen Suggestion aus einer weiteren mentalen Ressource – der des individuellen Willen. Die holistische Suggestion bindet mentale Ressourcen besonders effektiv in Transaktionsprozesse des Geistsystems ein.

Die holistische Suggestion fungiert als maßgebliche Schnittstelle zwischen der individuellen Narration und der externen Realität. In diesem Interaktionskontext agiert Kultur als Vermittler, der sowohl die Bedeutung als auch den Zweck der individuellen Innenwelt kanalisiert und interpretiert. Dabei stellt die Kultur eine wesentliche Ressource für die Entfaltung des kreativen Ausdrucks des Einzelnen dar.[373] Eine umfassende Definition von Kultur[374] einschließlich ihrer vielfältigen Unterkategorien ermöglicht eine eingehende Analyse der Verbindung zwischen kulturellen Aspekten und dem individuellen Individuum. Insbesondere wird betont, dass die kulturelle Identität einen integralen Bestandteil der individuellen Identität bildet. Durch Prozesse wie Imitation, Identifikation und Kombination[375] entfaltet die suggestiv beeinflussende Kraft kultureller Elemente eine unmittelbare Wirkung auf die innere Welt des Individuums, was einen dynamischen Austauschprozess initiiert.

---

in Konkurrenz oder Konflikt tritt. Die transzendentale Narration bezieht sich stets auch auf die Fähigkeit eines Individuums, seine persönliche Lebensgeschichte in den größeren Kontext kultureller und gesellschaftlicher Erzählungen zu integrieren. Wenn eben jene Integration nicht erfolgreich ist oder wenn individuelle und soziale Narrative miteinander in Konflikt geraten, kann dies zu inneren Spannungen und äußeren Konflikten führen.

Vgl. Bruner (1987), S. 25–32 und Erikson (1968), S. 208–231 sowie McAdams (1993), S. 26, S. 103ff.

373 Vgl. Hany / Heller (1993), S. 108ff.

374 Insgesamt kann Kultur als ein dynamisches System von symbolischen Bedeutungen, Ritualen, Traditionen, Werten und Normen verstanden werden, das das Verhalten und die Wahrnehmung der Welt einer Gruppe oder Gesellschaft prägt und ihre Identität formt. Vgl. die Definitionen von Geertz (1973) sowie Triandis (1994).

375 Ebd.

Das Konzept des kulturellen Unbewussten[376] spielt hierbei eine signifikante Rolle. Kulturelle Muster eröffnen die Möglichkeit einer Neuinterpretation individueller Knotenpunkte und einer Neuausrichtung des Selbstverständnisses.[377] Symbolische Prozesse, die in der Kultur verwurzelt sind, fungieren als Katalysatoren und Übergangsobjekte, die eine direkte Auswirkung auf die innere Welt haben, indem sie die Suggestion transponieren.

Die holistische Suggestion bietet nun gezielt willentliche Anregungen[378] für die individuelle Lebenssituation und vermittelt ein kulturelles Erbe von signifikantem individuellem Wert und Bedeutung. Zugleich bestimmen soziale Konstruktionen und intersubjektive Entitäten einen zweiten Aspekt der externen Realität, der ebenfalls eine unmittelbare Auswirkung auf die innere Welt des Individuums hat.[379] Soziale Bindungen und Verflechtungen manifestieren eine erhebliche Suggestionskraft für die kognitiven Prozesse der inneren Welt eines Individuums. Diese Bindungen vermitteln durch soziale Interaktionen und gemeinsame Erfahrungen implizite und explizite Erwartungen sowie Wertvorstellungen, die das Verhalten und die Wahrnehmung eines Individuums entscheidend prägen. Die soziale Narration und die individuelle Narration spielen eine zentrale Rolle bei der Konstruktion von Identität und Selbstverständnis.[380]

Ein umfassendes Verständnis der äußeren Welt, die Einbettung ihrer sozialen, kulturellen und historischen Dimensionen in das Geistsystem, fungiert als bedeutender Katalysator für die Entwicklung der inneren Welt – holistische Suggestion nimmt dabei die Rolle eines Interpreten des individuellen Willens ein, der stark von eben jenen kulturellen Faktoren geprägt ist.[381] Diese Art der Suggestion beeinflusst die Wahrnehmung und Interpretation der Umgebung durch Individuen und bildet somit die Basis für individuellen Erfahrungen und Handlungen, was den Prozessen des Geistsystems einen zusätzlichen ökonomischen Rahmen gibt. Die Suggestionskraft, die von sozialen Bindungen und Verflechtungen ausgeht, ist

---

376 Vgl. Kast (2014), S. 23–38 und Kast (1995), S. 28f.

377 Vgl. Hannover / Kühnen (2003), S. 214ff. sowie Mummendey (2006), S. 45–49.

378 Vgl. Thomä (2007), S. 290–314.

379 Vgl. Chrudzimski (2013), S. 68ff. (u.a.)

380 Während die soziale Narration die kollektive Geschichte und Identität einer Gruppe oder der Gesellschaft repräsentiert, spiegelt die individuelle Narration die persönlichen Erfahrungen, Erinnerungen und Überzeugungen eines Einzelnen wider. Vgl. Viehöver (2011), S. 194ff.

381 Vgl. auch Hannover / Kühnen (2003), S. 220f.

individuell und situativ variabel.[382] Entscheidend ist bei dieser Ergänzung individueller Narration der integrierende Faktor: Holistische Suggestion vermag es, den Willen als mentale Ressource – sozial kanalisiert und von den sozial evozierten Konzepten von Scham und Schuld verzerrt[383] – effektiv in eben jenen sozial-ökonomischen Diskurs einzubetten und daher effektiver (gemessen an äußeren Faktoren) in die äußere Welt zu translatieren.[384] Die innerpsychische Suggestion beeinflusst darüber hinaus die kognitive Verarbeitung von Informationen, indem sie bestimmte Denkmuster und Interpretationen fördert oder hemmt. Indem ein Individuum sich selbst (positive oder negative) eingebettete Suggestionen erschafft, kann es die Wahrnehmung der Realität und die Reaktionen darauf unmittelbar beeinflussen.[385] Holistische Suggestion als Komponente im Geistsystem ist demnach ein Faktor für dessen Ubiquität und Flexibilität, was den Ressourceneinsatz signifikant verbessert.

Die drei Kernaussagen:

1. **Architektonische Grundelemente der ökonomischen Welterfahrung:** Narration und Imagination sind grundlegende Werkzeuge in der menschlichen Erkenntnisdomäne und fungieren als architektonische Grundelemente der ökonomischen Welterfahrung. Sie formen das retrospektive Erleben durch die Konstruktion von Erzählstrukturen und ermöglichen die Neubewertung der Vergangenheit.
2. **Ein erweitertes Framework:** Ein Framework erweitert Schlüsselkomponenten von Narration und Imagination um spezifische Konzepte wie Imaginationsrekonstruktion, transzendentale Narration und holistische Suggestion. Diese bilden ein umfassendes Gerüst für die Erforschung und Anwendung narrativer und imaginativer Prozesse in

382 Vgl. Schaeffler (2019), S. 31–44.

383 Vgl. Cyrulnik (2018), S. 57ff. sowie Rinofner-Kreidl (2009), S. 144ff.

384 Vgl. Hermans / Hermans-Jansen (1995), S 165ff.

385 Darüber hinaus beeinflusst die innerpsychische Suggestion auch das emotionale Erleben eines Individuums. Durch Selbstsuggestion können positive Emotionen wie Selbstvertrauen, Motivation und Freude verstärkt oder negative Emotionen wie Angst, Stress und Unsicherheit abgeschwächt werden. Indem ein Individuum sich selbst positive Affirmationen gibt oder sich auf positive Erinnerungen und Erfahrungen konzentriert, kann es sein emotionales Wohlbefinden verbessern und einen positiven emotionalen Zustand aufrechterhalten. Vgl. auch Mandler (1980), S. 236–239.

einem ökonomischen Kontext und bieten Ansatzpunkte für die gezielte ökonomische Ausrichtung der Transaktionsprozesse des Geistsystems.

3. **Bessere Nutzung mentaler Ressourcen:** Die Anwendung der Imaginationsrekonstruktion ermöglicht eine geordnete Interpretation und Neubewertung der Vergangenheit, während transzendentale Narration und holistische Suggestion eine Verbindung zwischen individueller Narration und externer Realität herstellen. Diese Prozesse tragen zur Vertiefung des Selbstverständnisses, zur Selbstakzeptanz und zum persönlichen Wachstum bei und bieten wichtige ökonomische Ressourcen für das Geistsystem.

Erinnerung als zentrale Ressource des Geistsystems

> *«Eine Stunde ist nicht nur eine Stunde; sie ist ein mit Düften, mit Tönen, mit Plänen und Klimaten angefülltes Gefäß. Was wir die Wirklichkeit nennen, ist eine bestimmte Beziehung zwischen Empfindungen und Erinnerungen.»*[386]

Das Konzept der Ökonomisierung des Geistsystems ist durch die psychologische Forschung in seinen Teilaspekten (wie dargestellt) gut abgesichert; der Betrachtungswinkel selbst ist neu gewählt – und bringt eine ganze Reihe von theoretischen und praktischen Implikationen mit sich.[387]

Das Geistsystem eines Individuums lässt sich in seinen wesentlichen Teilaspekten und Teilprozessen als ökonomisches System begreifen – welches mit mentalen Ressourcen operiert und somit auch einer ökonomischen Ressourcennutzung zugänglich ist (siehe die Zusammenfassung in Abbildung 11). Dies hat zur Folge, dass der Umgang mit eben jenen Ressourcen zu einem zentralen Aspekt der Psyche aufsteigt.[388] Dabei zeigt sich aus der ökonomischen Perspektive, dass insbesondere die Transaktionsprozesse der Narration und Imagination (welche die mentalen Ressourcen den

386 Proust (2000), S. 3976.

387 Auf welche in Kapitel VIER im Detail eingegangen wird.

388 Man könnte hierbei auch von einem „Management" der eigenen Psyche sprechen, wobei dies den zahlreichen unterbewussten und unbewussten Prozesse im Geistsystem nicht gerecht werden würde und einen zu aktiven Charakter im Begriff tragen.

Einzelprozessen im Geistsystem zuordnen und diese zugleich mit konstituieren)[389] für die effektive mentale Ressourcennutzung entscheidend sind.

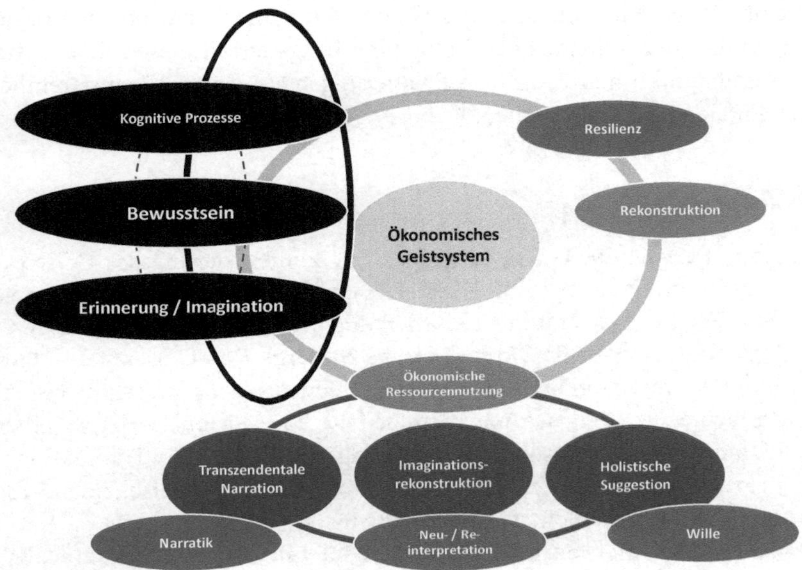

Abbildung 11: Übersicht über das ökonomische Geistsystem.[390]

Ein tieferes Verständnis des mentalen Ökosystems liefert zudem Ansätze für therapeutische Interventionen; durch gezielte Maßnahmen wie Achtsamkeit, kognitive Umstrukturierung und emotionale Regulation kann die Resilienz des mentalen Ökosystems gestärkt und das individuell wahrgenommene Wohlbefinden verbessert werden.[391]

So spannen die Neu-/ Reinterpretation von Erinnerungen, die damit verbundene Narratik sowie die Integration von willentlichen (d.h. bewussten, gelenkten) Prozessen ein intermentales System auf, innerhalb dessen Ressourcen über verschiedene Instrumentarien besonders effizient allokiert werden können. Somit kann ein Individuum gezielter erreichen, den bewussten Aspekt seines Geistsystems in dem wahrgenommenen Sinn des

389 Vgl. Schubert (2012), S. 208ff.
390 Eigene Darstellung.
391 Vgl. auch Hofmann / Sawyer / Witt / Oh (2010), S. 172–180 und Southwick (et. al.) (2014), S. 25340f. sowie Beck (2011), S. 30 und S. 36ff. (u.a.)

Selbst zu nutzen und gleichzeitig seine mentalen Ressourcen stärken.[392]. Die gesamtheitliche Integration verschiedener psychologischer Schulen und Philosophien unter einem ökonomischen Aspekt erzeugt daher eine vereinheitliche Nutzentheorie des Geistsystems. In diesem bilden Erinnerungen und der individualpsychologische Umgang mit diesen den zentralen Ansatzpunkt; man kann von Erinnerungen als zentrale Transfereinheit im mentalen Kontext sprechen.[393]

Die drei Kernaussagen:

1. **Neue Perspektiven:** Das Konzept der Ökonomisierung des Geistsystems ist durch die psychologische Forschung gut abgesichert und bietet neue Perspektiven mit theoretischen und praktischen Implikationen.
2. **Das Geistsystem als ökonomisches System:** Das Geistsystem eines Individuums kann in seinen Teilaspekten als ökonomisches System betrachtet werden, das mit mentalen Ressourcen operiert und einer ökonomischen Ressourcennutzung zugänglich ist. Die Transaktionsprozesse der Narration und Imagination sind dabei entscheidend für die effektive mentale Ressourcennutzung.
3. **Erweiterte Interventionsmöglichkeiten:** Ein tieferes Verständnis des mentalen Ökosystems ermöglicht therapeutische Interventionen, die die Resilienz stärken und das individuell wahrgenommene Wohlbefinden verbessern können, indem sie gezielte Maßnahmen wie Achtsamkeit, kognitive Umstrukturierung und emotionale Regulation einsetzen.

Der ökonomische Umgang mit mentalen Prozessen als Therapiegrundlage

> *«In der Gegenwart ist immer jenes verborgen, durch dessen Hervortreten alles anders werden könnte; das ist ein schwindelerregender Gedanke, aber ein trostvoller.»*[394]

392 Zum Aufbau mentaler Ressourcen vgl. Schubert (2012), S. 213ff.

393 Erinnerungen sind daher gewissermaßen die „Währung" des Geistsystems, vgl. auch Ricœur (2014), S. 122–160 sowie Schacter (2002) und Damasio (2000), S. 383f.

394 Hofmannsthal (1979), S. 207.

Die individuelle Psychologie hat sich schon immer mit den inneren Prozessen des menschlichen Geistes befasst. Neben der Analyse von Verhaltensweisen und Emotionen betrachtet sie auch die Struktur und Funktionsweise des Denkens und Erinnerns. In diesem Kontext spielt, wie dargestellt insbesondere der ökonomische Umgang mit mentalen Prozessen eine bedeutende Rolle, da er entscheidend für die Effizienz und Wirksamkeit individualpsychologischer mentaler Aktivitäten ist.

Der ökonomische Aspekt in der individuellen Psychologie bezieht sich auf die effiziente Nutzung verschiedener geistiger Ressourcen wie Aufmerksamkeit, Gedächtnis und kognitive Kapazitäten.[395] Diese Ressourcen sind begrenzt und müssen daher ökonomisch verwaltet werden, um optimale Ergebnisse zu erzielen.

Ein zentraler Aspekt des ökonomischen Umgangs mit mentalen Prozessen ist die bewusste Steuerung und Priorisierung individueller geistiger Aktivitäten innerhalb des Geistsystems. Indem eine Therapieform nahebringt, mentale Ressourcen effektiv zu allozieren (sprich eben jenen ökonomischen Umgang nachvollziehbar zu machen), kann diese zum einen psychische Komplexe gezielt lösen, zum anderen zum individuellen Wohlbefinden und dem Aufbau von Resilienz gezielt beitragen.

Theoretische Implikationen

Erinnerungen sind mehr als nur ephemere Momente, die im individuellen Geist verweilen. Sie formen Identität, beeinflussen Handeln und prägen die gesamte Lebensführung. Das Erinnern selbst ist kein peripherer oder ungelenkter Prozess, sondern eine komplexe, selbstevidente ökonomische Dynamik, die bewusst gestaltet werden muss.[396] So ist auch der Aufbau von Erinnerungen kein triviales Thema, sondern ein ökonomischer Prozess, der Ressourceneinsatz erfordert. Ähnlich wie auf einem Markt unterliegen auch Erinnerungen einem Auswahl- und Selektionsprozess. Nicht alle Erinnerungen können „überleben“ oder langfristig relevant bleiben. Es gibt eine Art Angebot und Nachfrage für Erinnerungen, die durch unsere Erfahrungen und Lebensführung geformt wird.[397]

---

395 Welche auch einen externen Wertfaktor darstellen, vgl. Schubert (2012), S. 202ff.

396 Vgl. Kast (2010), S. 57ff.

397 Wie auch auf physischer Ebene, vgl. Deco / Rolls (2005), S. 240ff.

Aufgrund begrenzter Ressourcen und selektiver Mechanismen ist es unmöglich, beliebig viele oder beliebig differenzierte Erinnerungen zu bewahren.[398] Daher ist es eine individualpsychologische Notwendigkeit, eine Art inneren Kriterienkatalog zu entwickeln, der bei der bewussten Entscheidung hilft, welche Erinnerungen von Bedeutung sind und welche nicht. Diesen Prozess aktiv zu gestalten ist in der psychologischen Theorie bisher zu sehr vernachlässigt worden – aber eben wegen des ökonomischen Ansatzes ist evident, dass er für die Psychohygiene von hoher Bedeutung ist.

Daraus folgt, dass Erinnerungen eben nicht nur abstrakte Entitäten sind, sondern durchaus reale Güter darstellen, die aus der Realität des spezifisch-situativen Erlebens heraus entstehen und eine monetäre Komponente besitzen.[399] In dieser Betrachtungsweise von Erinnerungen offenbart sich eine komplexe Dynamik, die nicht einfach in traditionelle ökonomische Modelle eingepasst werden kann.[400] Vielmehr manifestiert sich eine hybride Strategie, die mehrere theoretische ökonomische Modelle zur individualpsychologischen Gestaltung von Erinnerungen vereint. Zunächst ist aus der Ökonomisierung des Geistsystems anzuerkennen, dass Erinnerungen (sowie weitere mentale Ressourcen) nicht isoliert betrachtet werden können, sondern in einem kontinuierlichen Wechselspiel zwischen individuellen Erfahrungen, kognitiven Prozessen und intersozialem Meta-Umfeld entstehen. Traditionelle ökonomische Modelle, die oft von rationalen Entscheidungen und Nutzenmaximierung ausgehen, können diese Komplexität nicht allein erfassen. Daher muss eine hybride Strategie die Integration von Konzepten der Verhaltensökonomie und der Psychologie leisten.[401] Durch die Berücksichtigung von Emotionen, Heuristiken und kognitiven Verzerrungen kann letztendlich ein realistischeres Modell davon erstellt werden, wie Erinnerungen gebildet, bewertet und aktiv organisiert werden. Diese Aussagen reflektieren die Vielfalt der Mechanismen und Einflüsse, die das Erinnern selbst beeinflussen – und bieten Raum für weitere Forschung an der Schnittstelle zwischen innerer und äußerer Ökonomie.[402]

---

398 Ebd.

399 Vgl. Schacter (1996), S. 317ff.

400 Ebd.

401 Vgl. Roediger III / Dudai / Fitzpatrick (2007), S. 222f. und S. 339ff. (u.a.)

402 Ebd.

Insgesamt zeigt die Betrachtung der mentalen Ressourcen[403] aus ökonomischer Perspektive, dass es wichtig ist, die inneren Prozesse und Mechanismen bewusst zu steuern und zu gestalten, um eine reiche und sinnvolle innere Welt zu schaffen. Erinnerungen sind nicht nur passive Überreste vergangener Ereignisse, sondern aktive Bausteine unserer Identität und Lebensführung, die es zu pflegen und zu schätzen gilt.

Ein weiteres Theoriefeld sind die Auswirkungen der Ökonomisierung des Geistsystems auf den interkollektiven Materialismus des in der Postmoderne vorherrschenden liberalen Humanismus.[404]

Der Materialismus, insbesondere in seiner aggressiven Form[405], prägt das Weltbild vieler Individuen und Entitäten. Es ist die Überzeugung, dass alles Denken und Bewusstsein letztlich auf einer materiellen (u.U. auch pekuniären)[406] und prozessualen Grundlage beruht. Diese Sichtweise, oft als funktionaler Atomismus beschrieben[407], betrachtet die Welt und den Verstand als Ansammlung funktionaler Teile, die als austauschbar angesehen werden. Nach diesem Weltbild ist der Geist nichts weiter als ein beliebig beeinflussbares, reparierbares Gebilde aus Einzelteilen, ebenso wie seine Prozesse und Produkte.[408]

Doch dieser materialistische Ansatz führt zu einer Verzerrung oder sogar Verkennung der Realität mentaler Erkenntnisprozesse – gerade in einem ökonomischen Kontext. Er untergräbt die Wirksamkeit geistig-inaktiver Prozesse und kann sich zu einer potenziell gefährlichen Ideologie steigern, wie es im Fall des Behaviorismus geschehen ist. Diese Reduktion

---

403 Zum mentalen Ressourcenbegriff vergleiche an dieser Stelle auch Ricœur (2014) und Schubert (2012), S. 193ff.

404 Vgl. von Kutschera (2003), S. 25ff.

405 Vgl. ebd.

406 Vgl. Churchland (1989), S. 351ff. (u.a.) und Gazzaniga (2005), S. 63–87.

407 Der funktionale Atomismus in der Psychologie bezieht sich auf einen Ansatz, der menschliches Verhalten und mentale Prozesse in ihre kleinsten funktionalen Bestandteile zerlegt. Dieser Ansatz geht davon aus, dass komplexe psychologische Phänomene durch die Analyse und das Verständnis der grundlegenden Funktionen und Prozesse, aus denen sie bestehen, erklärt werden können.
Vgl. Fodor (1983), S. 36–45, S. 88f. (u.a.) und konzeptionell Tulving (2011).

408 Ein Bild, das häufig verwendet wird, um diese Sichtweise zu veranschaulichen, ist das des metaphysischen Fernsehers: Die Qualität von Bild und Ton hängt zwar von Zustand und Funktionsweise der einzelnen Bestandteile ab, doch diese haben keinen Einfluss auf das Programm, das man sehen kann. Wenn einem das Programm nicht gefällt, so geht die Argumentation, liegt das Problem auf der materiellen Ebene des Systems und nicht in seinen immateriellen Aspekten. Siehe dazu Fodor (1983).

des menschlichen Geistes auf rein materielle Aspekte birgt die Gefahr, die ubiquitäre Fähigkeit des Menschen zur Reflexion, Introspektion und zum Verständnis seiner selbst zu negieren.[409] Es ist wichtig zu betonen, dass der Geist des Menschen nicht-materialistisch ist und nicht in einem rein materiellen Rahmen verstanden werden kann. Vielmehr existiert der Geist innerhalb eines eigenen mentalen Ökosystems, das von mentaler und spiritueller Disziplin[410] geprägt ist. Diese Disziplin kann individuell dazu angewandt werden, die tiefgreifenderen Dimensionen des menschlichen Bewusstseins zu erforschen und zu für sich besser zu verstehen, und bieten eine holistische Sichtweise auf Erkenntnis und Erinnerung jenseits des rein materialistischen Paradigmas.

Insgesamt verdeutlicht die Betrachtung des Materialismus als Problemfaktor von Erkenntnis und Erinnerung die Notwendigkeit, alternative Ansätze und Perspektiven zu entwickeln, um ein umfassenderes Verständnis der menschlichen Natur und ihrer mentalen Prozesse zu erreichen.[411] Es ist entscheidend zu erkennen, dass das mentale Geistsystem mehr als die Summe seiner materiellen (und immateriellen) Teil(-prozess-)e ist und dass eine rein materialistische Sichtweise eben konträr zur Ökonomie des Geistsystems verläuft.[412]

Abschließend sei hinzugefügt, dass gerade das Thema einer vereinheitlichten Theorie des Geistsystems und der menschlichen Psyche (eben auch gerade unter Einbeziehung ihres eigenen ökonomischen Systems) den philosophisch-psychologischen Diskurs bereits seit den Anfängen der Erforschung des Geistsystems und den ersten Theorien (die versuchen, die komplexen Phänomene des Bewusstseins, der Emotionen und des Verhaltens zu erklären) dazu begleitet.[413] Dabei ist ein gemeinsamer Faden die Erkenntnis, dass der menschliche Geist nicht isoliert betrachtet werden

---

409 Die Gefahr besteht darin, dass die Betonung rein physiologischer oder neurologischer Prozesse die Komplexität des menschlichen Geistes und seiner Fähigkeiten nicht vollständig erfassen kann.

410 Vgl. Knoblauch (2012), S. 96ff. und Essen (2012), S. 115f.

411 Gleichzeitig gilt: Individuen, die materialistisch eingestellt sind und materiellen Besitz als wichtig erachten, weisen tendenziell niedrigere Werte für psychisches Wohlbefinden und Lebenszufriedenheit auf. Diese Ergebnisse legen nahe, dass eine übermäßige Betonung materieller Werte und Ziele zu einem Verlust des inneren Wohlbefindens führen kann.
Vgl. dazu umfassend Richins / Dawson (1992), S. 308ff.

412 Vgl. Ryan / Sheldon / Kasser / Deci (1996), S. 11ff.

413 Vgl. dazu ausführlich die Konzepte von Newell (1994) sowie Kahneman (2011).

kann, sondern in einem umfassenderen Kontext von kulturellen, sozialen, spirituellen und ökonomischen Einflüssen verankert ist.[414]

Die Einbeziehung des intermentalen ökonomischen Systems in diesen Diskurs ist von entscheidender Bedeutung, da dadurch die Wechselwirkungen zwischen individuellem Verhalten, ökonomischen Strukturen und psychischen Transaktionsprozessen erstmals berücksichtigt werden können. Das ökonomisierte Geistsystem beeinflusst wie dargestellt nicht nur die materielle Realität, sondern auch das psychologische und spirituelle Wohlbefinden eines Individuums.[415]

Bei allen (vereinheitlichenden) Theorien stand stets der ökonomische Umgang mit mentalen Ressourcen (die praktisch in jeder Theorie Relevanz haben)[416] im Vordergrund unterschiedlichster Ansätze – ohne explizit auf eine Ökonomie des Geistes hinzuarbeiten.[417] Diese Lücke kann in zukünftiger Forschung noch weiter geschlossen, die genannten Aspekte weiter ausgearbeitet und verfeinert werden. Indem man das Verständnis der menschlichen Psyche um intraindividuelle ökonomische Prinzipien erweitert, können neue Einblicke in die Dynamik des menschlichen Geistes gewonnen und neue Ansätze zur Promotion von mentalen Ressourcen (wie beispielsweise Resilienz) entwickelt werden.

Grundprinzipien der ökonomischen Erkenntnistherapie

Auch in anwendungsorientierter Hinsicht zeigt der Ansatz eines ökonomischen Geistsystems zahlreiche Implikationen auf. Zu Ende gedacht läuft die Ökonomisierung des Geistsystems auf eine individualpsychologische Transformation des gesamthaften Nexus des Denkens und Fühlens (sprich

---

414 In der modernen Psychologie und den Neurowissenschaften haben verschiedene Ansätze versucht, eine vereinheitlichte Theorie des Geistsystems zu entwickeln, die sowohl die biologischen als auch die psychologischen und sozialen Aspekte des menschlichen Geistes berücksichtigt. Einige dieser Ansätze betonen die neuronale Grundlage des Bewusstseins und der mentalen Prozesse, während andere den Fokus auf psychodynamische oder kognitive Modelle legen. Dennoch bleibt die Herausforderung bestehen, diese verschiedenen Perspektiven zu integrieren und ein ganzheitliches Verständnis des Geistes zu erreichen.
Vgl. auch Churchland (1989), Newell (1994) sowie Baars (2002), S. 47ff.

415 Vgl. Auch Richins / Dawson (1992), S. 311f.

416 Vgl. Newell (1994), S. 35f.

417 Vgl. auch das „Konzept des freien Energieprinzips" in Friston (2010).

auch der Eigennarratik)[418] hinaus, der als *„ökonomische Erkenntnistherapie“*[419] (OEK) bezeichnet werden kann. Folgende vier Teilelemente sind dabei von besonderer Relevanz:

1. Bewusstes Denken bildet die Grundlage für jede menschliche Erkenntnis.[420] Diese ist ein ständiger Prozess, der sich in einem bestimmten Muster entwickelt.[421] Zunächst erfolgt in der ökonomischen Erkenntnistherapie ein systematischer Aufbau des Verständnisses für das eigene Geistsystem, bei dem der bewusste Verstand als Werkzeug begriffen, gestärkt und seine Mechanismen (der Imagination und Narration) verstanden und trainiert werden.[422]
2. Die Anwendung der abgeleiteten Grundmotive der Imaginationsrekonstruktion, der transzendentalen Narration und der holistischen Suggestion legt die Basis für erweiterte, holistische Erfahrungen mit ausdifferenzierterer Narratik und ermöglicht es, diese besser zu interpretieren.[423]
3. Diese Erkenntnisse ermöglichen in Summe eine Transformation des Geistsystems (und der Eigenwahrnehmung dessen) selbst. Das Denken kann abgewandelt werden und tritt mehr in den Hintergrund, während das Fühlen, das als transzendiertes Denken[424] betrachtet werden kann, in den Vordergrund tritt – gerade auch weil mentale Transaktionsprozesse effektiver – daher weniger ressourcenintensiv – ablaufen können.

---

418 Vgl. Neisser (1994), S. 10–18 sowie Winogard (1994), S. 246f.

419 Die Erkenntnistherapie an sich basiert auf den Prinzipien der kognitiven Psychologie und der kognitiven Verhaltenstherapie und zielt darauf ab, Denkmuster, Überzeugungen und Wahrnehmungen einer Person zu identifizieren und zu verändern, um ihr emotionales Wohlbefinden zu verbessern und ihr Verhalten zu verändern. In Kombination mit den Erkenntnissen aus der Ökonomisierung des Geistsystems steht im Zentrum der ökonomischen Erkenntnistherapie die bewusste Gestaltung mentaler Transaktionsprozesse und der Umgang mit den Ressourcen des Geistsystems. Sie konzentriert sich darauf, dysfunktionale Ressourcenallokationen sowie Denkmuster zu erkennen und durch eine adaptive Narratik zu ersetzen. Dies geschieht durch eine Reihe von Techniken und Strategien (wie beispielsweise die Transaktionsanalyse (TA)), die darauf abzielen, die kognitiven Verzerrungen und irrationalen Überzeugungen, die das emotionale Leiden einer Person verursachen, zu korrigieren (siehe auch Kapitel 3.4). Vgl. Borghardt / Erhardt (2016), S. 361ff. und Chopra (2023), S. 17–49 sowie Kast (2010), S. 159–178 und den Anhang.

420 Diese Auffassung wird in allen psycho-philosophischen Ausrichtungen geteilt, vgl. auch Winogard (1994), S. 243f. sowie Yates (2015), S. 43–60.

421 Ebd.

422 Vgl. Kapitel 3.3.2.

423 Vgl. Kapitel 3.4.

424 Vgl. Plutchik (1980), S. 9f.

4. Die immanenten Prozesse des Geistsystems verändern sich immer weiter, bis der bewusste Verstand eine untergeordnete, pluralistische Rolle spielt. Es entstehen Alternativen im aktuellen Denken und Handeln, die den Raum für weitere Erkenntnisse eröffnen.[425]

Auch Erinnerungen und Imaginationen bestehen aus verschiedenen Komponenten. Zum einen gibt es zukunftsgerichtete Anteile – Wünsche[426] – welche die kognitive und intellektuelle Komponente des bewussten Denkens repräsentieren.[427] Diese Wünsche sind das Ergebnis von bewussten Überlegungen und Vorstellungen. Auf der anderen Seite stehen die Begierden, die die intuitive Komponente des Fühlens[428] darstellen. Sie entstehen aus emotionalen Impulsen und tiefer liegenden, meist unbewussten Sehnsüchten.[429]

Die wesentliche Aussage der ökonomischen Erkenntnistherapie ist, dass Erinnerungen und Erkenntnisse bewirtschaftet werden müssen. Dies bedeutet in erster Linie, bewusst mit ihnen umzugehen, sie zu pflegen und zu nutzen, um weiteres Wachstum und Entwicklung zu ermöglichen.

Interessanterweise lassen sich die Grundprinzipien der Bewirtschaftung von Erinnerungen und Erkenntnissen eben mit denen der Ökonomie vergleichen (insbesondere im Kontext von Praktiken wie Meditation, Yoga und Tantra)[430]; diese wären:

- Bewusster Umgang mit Ressourcen[431]; daraus folgt die Notwendigkeit, sorgfältig und effizient mit den vorhandenen Ressourcen umzugehen. Dies bedeutet, dass Entscheidungen basierend auf einer fundierten Ana-

425 Dabei ist der Ablauf nicht notwendigerweise konsekutiv.

426 Vgl. dazu Heckhausen (2013), S. 2ff. sowie Dörner (2013), S. 240ff.

427 Vgl. ebd.

428 Das Fühlen wird oft als "Denken mit dem Herzen" beschrieben. Es ist eine andere Form des Bewusstseins, eine translinguale Form der interpersonalen Interaktion, die sich von rein rationalen Denkprozessen unterscheidet. Trotz dieser Unterschiede ist das Fühlen ein ähnlich komplexer Vorgang wie das bewusste Denken und verfügt über sein eigenes Abbildungssystem. Vgl. Kast (2017), S. 29–34 (u.a.).

429 Vgl. Kanfer (2013), S. 291–296.

430 Diese Praktiken betonen den bewussten Umgang mit Ressourcen, die Achtsamkeit und den Fokus auf Prozesse sowie Fleißprinzipien. Sie basieren auf einer wissenschaftlichen Grundlage, die auf Überprüfbarkeit, Wiederholbarkeit und dem Wert des Experiments beruht. Zudem verfügen jene Praktiken über eine Langfristorientierung und nutzen das Abstraktionsprinzip, um komplexe Konzepte zu verstehen und anzuwenden. Vgl. Yates (2015), S. 13ff. und S. 388ff. (u.a.)

431 Vgl. Schubert (2012), S. 210ff.

lyse getroffen werden sollten, um Verschwendung zu minimieren und den größtmöglichen Nutzen zu erzielen.

- Achtsamkeit und Fokus auf Prozesse (Fließprinzipien)[432]; diese Konzentration unterstreicht die Bedeutung sämtlicher momentaner Aktivitäten und Abläufe. Durch bewusste Aufmerksamkeit für jeden Schritt eines Prozesses können Effizienz und Qualität gesteigert werden, was zu besseren Ergebnissen führt.
- Die wissenschaftliche Grundlage beider Systeme[433], einschließlich der Prinzipien der Überprüfbarkeit, Wiederholbarkeit und des Werts des Experiments, ist unerlässlich für fundierte Entscheidungen und Strategien. Durch die Anwendung wissenschaftlicher Methoden und das Sammeln empirischer Daten können Hypothesen getestet und Theorien validiert werden, was zu fundierten Entscheidungen und innovativen Lösungen führt.[434]
- Eine Langfristorientierung[435] gewährleistet das Erreichen von nachhaltigen Ziele. Indem langfristige Auswirkungen und Konsequenzen berücksichtigt werden, können kurzfristige Gewinne vermieden werden, die langfristig zu negativen Folgen führen könnten.
- Das Abstraktionsprinzip fordert die Fähigkeit, komplexe Probleme zu vereinfachen und das Wesentliche zu erfassen. Durch die Identifizierung von Mustern und Zusammenhängen können komplexe Situationen besser verstanden und bewältigt werden, was zu effektiveren Lösungen führt.

Diese Gemeinsamkeiten zeigen deutlich, dass die "Ökonomie" (d.h. die äußere Ökonomie als Wirtschaftssystem) selbst an sich primär ein Produkt des menschlichen Geistes ist und auf den Grundlagen kollektiver Erinnerung und kultureller Praktiken beruht.[436] Durch einen bewussten und achtsamen Umgang mit unseren inneren Ressourcen kann ein Individuum sein persönliches Wachstum und unsere spirituelle Entwicklung gezielt fördern.[437]

Zusammenfassend lässt sich sagen, dass die ökonomische Erkenntnistherapie darauf abzielt, die Bildungsmechanismen individueller Narratik zu

432 Vgl. Pietsch (2020), S. 178ff.
433 Vgl. Schlicht (2007), S. 2–4.
434 Ebd.
435 Vgl. Osranek (2017), S. 29ff.
436 Vgl. auch Bude (1991), S. 67f, S. 137ff.
437 Vgl. auch Schubert (2012), S. 218ff.

identifizieren und zu modifizieren, um einen ökonomischeren Umgang mit mentalen Ressourcen zu unterstützen, was zu einer verbesserten emotionalen Stabilität und erhöhtem Wohlbefinden führen kann.[438]

Die Anwendung der oben genannten Eckpfeiler bildet die Grundlage für eine erfolgreiche therapeutische Intervention in der (weiter auszuarbeitenden) ökonomischen Erkenntnistherapie.[439]

Die drei Kernaussagen:

1. **Struktur und Funktionsweise des Denkens und Erinnerns:** Die individuelle Psychologie betrachtet neben Verhaltensweisen und Emotionen auch die Struktur und Funktionsweise des Denkens und Erinnerns, wobei der ökonomische Umgang mit mentalen Prozessen eine entscheidende Rolle spielt, um die Effizienz individualpsychologischer Aktivitäten zu steigern.
2. **Erinnerungen als komplexe ökonomische Dynamiken:** Erinnerungen sind komplexe ökonomische Dynamiken, die bewusst gestaltet werden müssen, da sie Identität formen und das Handeln beeinflussen. Die bewusste Entscheidung über die Bedeutung von Erinnerungen ist notwendig, um Ressourcen effektiv zu nutzen und psychische Komplexe zu lösen.
3. **Ökonomische Erkenntnistherapie:** Die ökonomische Erkenntnistherapie, die auf einem bewussten Umgang mit mentalen Ressourcen basiert, zielt darauf ab, individuelle Narrativen zu modifizieren und einen effizienteren Einsatz von Erinnerungen und Erkenntnissen zu fördern, was zu verbesserter emotionaler Stabilität und erhöhtem Wohlbefinden führen kann.

438 Vgl. ebd.

439 Siehe in diesem Zusammenhang auch den Anhang.

DREI: Die drei Kernaussagen in Kurzform:

1. **Narration und Imagination als grundlegende Werkzeuge:** Narration und Imagination sind grundlegende Werkzeuge in der menschlichen Erkenntnisdomäne und formen das retrospektive Erleben durch die Konstruktion von Erzählstrukturen sowie die Neubewertung der Vergangenheit.
2. **Ein erweitertes Framework:** Ein Framework erweitert Schlüsselkomponenten von Narration und Imagination um spezifische Konzepte wie Imaginationsrekonstruktion, transzendentale Narration und holistische Suggestion. Diese bieten ein umfassendes Gerüst für die Erforschung und Anwendung narrativer und imaginativer Prozesse in einem ökonomischen Kontext und ermöglichen eine gezielte ökonomische Ausrichtung der Transaktionsprozesse des Geistsystems.
3. **Effektivere Nutzung mentaler Ressourcen:** Die Anwendung der Imaginationsrekonstruktion sowie transzendentaler Narration und holistischer Suggestion trägt zur Vertiefung des Selbstverständnisses, zur Selbstakzeptanz und zum persönlichen Wachstum bei. Diese Prozesse bieten wichtige ökonomische Ressourcen für das Geistsystem und ermöglichen eine effektivere Nutzung mentaler Ressourcen.

VIER: Methoden und Techniken der ökonomischen Erkenntnistherapie

«Der Mensch der Erkenntnis muss nicht nur seine Feinde lieben, sondern auch seine Freunde hassen können.»[440]

Die Erkenntnistherapie ist ein therapeutischer Ansatz, der auf den Erkenntnissen und Schlussfolgerungen der mentalen Ökonomie basiert und darauf abzielt, das individuelle Denken, Wahrnehmen und Erinnern zu untersuchen und gegebenenfalls zu verändern, um das emotionale Wohlbefinden und die psychische Gesundheit zu verbessern. Die Methoden und Techniken der Erkenntnistherapie sind vielfältig und hängen stark von den Bedürfnissen und Zielen des Einzelnen ab. Im folgenden Kapitel werden einige zentrale Methoden und Techniken dieser der kognitiven Psychologie angehörenden Therapieform erläutert.

In den vorhergehenden Kapiteln wurde immer wieder die Rolle von mentalen Ressourcen und deren Bedeutung für unsere innere Ökonomie betont – in diesem und dem nächsten Kapitel geht es stärker um die praktischen, individualpsychischen Auswirkungen

Ein erster Überblick:

- **Kognitive Umstrukturierung:** Dies ist eine zentrale Technik in der kognitiven Verhaltenstherapie, die auch in der Erkenntnistherapie verwendet wird. Sie zielt darauf ab, negative Gedankenmuster zu identifizieren und durch rationale, realistischere Überzeugungen zu ersetzen.
- **Achtsamkeit:** Achtsamkeitsbasierte Techniken, wie z. B. analytische Meditation, werden in der Erkenntnistherapie häufig eingesetzt, um dem Individuum zu helfen, sich bewusster auf den gegenwärtigen Moment zu konzentrieren und seine Gedanken und Emotionen besser

440 Nietzsche (1968), S. 357.

zu regulieren. Durch regelmäßige Praxis kann Achtsamkeit dazu beitragen, negative Denkmuster zu unterbrechen und das Bewusstsein für positive Gedanken und Gefühle zu stärken.

- **Metakognitive Strategien:** Metakognitive Ansätze konzentrieren sich darauf, wie Menschen über ihre eigenen Denkprozesse nachdenken und diese regulieren können. Techniken wie das Erkennen und Herausfordern von irrationalen Überzeugungen, das Überprüfen von Denkfehlern und das Entwickeln von Strategien zur Selbstreflexion können in der Erkenntnistherapie eingesetzt werden, um das Bewusstsein des Individuums für seine Denkmuster zu erhöhen und eine adaptive kognitive Verarbeitung zu fördern.
- **Imaginationsarbeit:** Durch gezielte Vorstellung und Imagination können in der Erkenntnistherapie neue Perspektiven und Lösungsansätze entwickelt werden. Diese Technik kann dazu beitragen, negative Erinnerungen oder Gedanken umzustrukturieren und positive Selbstbilder zu stärken. Imaginationstechniken können auch verwendet werden, um alternative Zukunftsszenarien zu erkunden und das Selbstvertrauen und die Selbstwirksamkeit zu fördern.
- **Selbstmanagementstrategien:** Die Erkenntnistherapie kann auch die Entwicklung von Selbstmanagementstrategien beinhalten, die es dem Individuum ermöglichen, seine Gedanken, Emotionen und Verhaltensweisen effektiv zu regulieren und zu kontrollieren. Dazu gehören Techniken wie Zeitmanagement, Stressbewältigung, Problemlösungsfähigkeiten und die Entwicklung von Selbstfürsorgepraktiken.

Diese Methoden und Techniken können individuell angepasst und kombiniert werden, um den spezifischen Bedürfnissen und Zielen des Einzelnen gerecht zu werden. Sie bieten eine Vielzahl von Werkzeugen und Strategien, um das individuelle Denken, Fühlen und Handeln zu verbessern und das emotionale Wohlbefinden zu fördern.

Grundzüge einer ökonomischen Erkenntnistherapie auf Basis eines ökonomisierten Geistsystems

> *«Schicksal ist das, was so ist, wie es ist, ohne daß man sagen könnte, warum, und das woran alle Klugheit und Überlegung menschlicher Handlungen nichts ändern kann.»*[441]

Die Techniken der inneren Erkenntnisstruktur, der mentalen Transaktionsprozesse und einer übergeordneten Achtsamkeit haben sich allgemein als wirkungsvolle Ansätze in der psychologischen Therapie erwiesen, um individuelle Heilungs- und Wachstumsprozesse zu unterstützen.[442] Basierend auf langjähriger Arbeitserfahrung und zahlreichen theoretischen Konstrukten ist folgendes Therapiekonzept entstanden, das auf diesen theoretischen Ansätzen aufbaut und darauf abzielt, Individuen dabei zu helfen, tiefere Einsichten in sich selbst zu gewinnen und ein tieferes Verständnis für ihre inneren Prozesse sowie einen ökonomischen Umgang mit jenen zu entwickeln. Diese Darstellung soll einen Überblick über die Ziele der ökonomischen Erkenntnistherapie liefern.

- **Förderung der inneren Achtsamkeit und Bewusstheit:** Die Förderung der inneren Achtsamkeit und Bewusstheit zielt darauf ab, dass Individuen sich bewusst auf ihre Gedanken, Emotionen und körperlichen Empfindungen konzentrieren.[443] Durch konkrete, leicht erlern- und trainierbare Achtsamkeitspraktiken[444] können Menschen in jedem Stadium des eigenen Bewusstseins lernen, den gegenwärtigen Moment möglichst vollständig zu erfassen und ihre Aufmerksamkeit bewusst zu lenken – was beides als Grundlage für die Beschäftigung mit dem inneren ökonomischen System angesehen werden kann. Zahlreiche wissenschaftliche Studien haben gezeigt, dass Achtsamkeitstraining nicht nur das emotionale Wohlbefinden verbessert, sondern auch die übergreifende kognitive Funktion (einschließlich der Aufmerksamkeitssteuerung und der Stressbewältigung) stärkt.[445]

---

441 Lü Bu We (1928), S. 378.
442 Vgl. Kabat-Zinn (1990), S. 613ff. (u.a.)
443 Vgl. McKibben / Nan (2017), S. 488–492.
444 Wie beispielsweise Meditation, Atemübungen oder Körperwahrnehmung.
445 Vgl. Kabat-Zinn (2013), S. 203f. sowie Tang / Posner (2013), S. 118f.

- **Erleichterung der Identifikation und Verarbeitung unbewusster Emotionen und Gedankenkonzepte:** Ein zentrales Ziel der ökonomischen Erkenntnistherapie ist es danach, einem Individuum zu helfen, unbewussten Emotionen und Gedankenkonzepte zu identifizieren und konstruktiv zu verarbeiten beziehungsweise umzusetzen. Dies kann u.a. durch Techniken wie kognitive Umstrukturierung, psychoanalytische Ansätze und emotionale Exposition erreicht werden.[446] Indem sie sich ihrer inneren Konflikte bewusst werden und diese bearbeiten, können Menschen ihre psychologische Flexibilität erhöhen, ihre mentale Ressourcennutzung optimieren und ein tieferes Verständnis für sich selbst entwickeln.[447]
- **Stärkung der Fähigkeit zur Selbstregulation und Stressbewältigung:** Die ökonomische Erkenntnistherapie zielt ebenfalls darauf ab, die Fähigkeit zur Selbstregulation und Stressbewältigung zu stärken, indem sie den Menschen effektive Bewältigungsstrategien vermittelt. Dies kann die Entwicklung von Stressmanagementtechniken wie Entspannungsübungen, Zeitmanagement und Problemlösungsfähigkeiten umfassen.[448] Durch die Stärkung dieser Fähigkeiten können Individuen lernen, mit belastenden Situationen konstruktiv umzugehen und ihre emotionale Stabilität zu verbessern; beides verbessert die übergreifende Transaktionsstruktur des mentalen Geistsystems.
- **Unterstützung bei der Entwicklung eines positiven Selbstkonzepts und einer gesunden Selbstakzeptanz:** Ein anschließendes wichtiges Ziel der ökonomischen Erkenntnistherapie ist es, den Menschen dabei zu helfen, ein positives Selbstkonzept aufzubauen und eine gesunde Selbstakzeptanz zu entwickeln. Dies beinhaltet die Förderung von Selbstmitgefühl, Selbstvertrauen und Selbstwirksamkeit.[449] Indem Menschen lernen, sich selbst gegenüber freundlich und nachsichtig zu sein und ihre Stärken und Schwächen realistisch einzuschätzen, können sie ein tieferes Gefühl des Wohlbefindens und der Zufriedenheit mit sich selbst erreichen.
- **Förderung von persönlichem Wachstum und Selbstverwirklichung:** Schließlich strebt die Erkenntnistherapie danach, persönliches Wachstum und Selbstverwirklichung zu fördern, indem sie den Menschen

446 Vgl. Chiesa / Serretti (2009), S. 1240ff.
447 Ebd.
448 Vgl. Hofmann / Asnaani / Vonk / Sawyer / Fang (2012), S. 430ff.
449 Vgl. auch Chung (2012), S. 176f.

hilft, ihr volles Potenzial zu entfalten und ihre Lebensziele zu erreichen. Dies kann durch die Förderung von Selbstreflexion, transformative Zielsetzung und gezielter persönlicher Entwicklung geschehen. Indem Menschen ihre Werte und Lebensziele klären und an ihrer persönlichen Entwicklung arbeiten, können sie ein erfülltes und sinnerfülltes Leben führen.[450]

Erkenntnis im Sinne der ökonomischen Erkenntnistherapie bezieht sich also auf das Bewusstsein für die Verfügbarkeit und den effizienten Einsatz mentaler Ressourcen sowie die Transaktionsprozesse und deren Architektur (sprich der Ausbau- und Ablauforganisation des mentalen Systems) des Geistsystems selbst. Es geht darum, die Funktionsweise des eigenen Geistsystems zu verstehen und Strategien zu entwickeln, um die vorhandenen Ressourcen optimal zu nutzen. Dieser Ansatz impliziert (und setzt explizit voraus), dass das Geistsystem ähnlich einem (offenen) ökonomischen System betrachtet werden muss – samt des ganzen bereits ausgeführten theoretischen Überbaus – das mit begrenzten Ressourcen operiert und interne wie externe Transaktionen durchführt, um bestimmte Ziele zu erreichen.[451]

Eine zentrale Idee dabei ist, dass eben dieses Geistsystem trainiert und geformt werden kann. Ähnlich wie bei körperlichem Training können gezielte Übungen und Praktiken dazu beitragen, die kognitiven Fähigkeiten zu verbessern, die emotionale Regulation zu stärken und die Resilienz gegenüber Stress und Belastungen aller Art zu erhöhen. Durch regelmäßige mentale Stimulation und gezieltes Training können Menschen ihre kognitive Leistungsfähigkeit steigern und ihre mentale Kapazität erweitern.

Ein wichtiger Aspekt dieser ökonomischen Erkenntnis ist die Verankerung und Zuordnung von sämtlichen individuell empfundenen Problemen und Komplexen im individuellen Geistsystem. Wenn Menschen ein besseres Verständnis für ihre mentalen Prozesse und Transaktionen entwickeln, können sie konkreter erkennen, welche Probleme oder Herausforderungen sie belasten, und gezielt daran arbeiten, diese zu bewältigen. Indem sie ihre mentale Landschaft genauer kartieren und verstehen, können sie Strategien entwickeln, um ihre individuellen psychischen Belastungen zu verringern und ihre mentale Gesundheit zu verbessern.

Ein weiterer Eckpfeiler der ökonomischen Erkenntnis sind Erinnerungen, Resilienz und mentale Kapazität. Erinnerungen spielen eine wichtige Rolle bei der Konstruktion der persönlichen Identität und beeinflus-

---

450 Vgl. Beck (2011), S. 145ff.
451 Vgl. Kahneman (2011), S. 348ff. (u.a.)

sen maßgeblich das individuelle Handeln und die Entscheidungsfindung. Durch ein tieferes Verständnis der eigenen Erinnerungen und ihrer Bedeutung können Menschen ihre Resilienz stärken und ihre mentale Kapazität erweitern. Sie lernen, aus vergangenen Erfahrungen zu lernen, sich an positive Erlebnisse zu erinnern und aus negativen Erfahrungen zu wachsen.

Übergeordnet zielt die ökonomische Erkenntnis darauf ab, das Bewusstsein für mentale Ressourcen und Transaktionsprozesse zu schärfen, das Geistsystem zu trainieren und zu formen, individuelle psychische Belastungen zu reduzieren und die Resilienz und mentale Kapazität zu stärken. Durch eine ganzheitliche Betrachtung des Geistsystems und gezielte Interventionen können Individuen ein tieferes Verständnis für sich selbst entwickeln und so ihre psychische Gesundheit verbessern.[452]

Die fünf wichtigsten Ziele der ökonomischen Erkenntnistherapie:

1. Förderung der inneren Achtsamkeit und Bewusstheit als Erkenntnisgrundlage.
2. Erleichterung der Identifikation und Verarbeitung unbewusster Emotionen und Gedankenkonzepte.
3. Optimierung der inneren Transaktionsprozesse sowie der Ressourcennutzung mentaler Ressourcen.
4. Stärkung der Fähigkeit zur Selbstregulation und Stressbewältigung.
5. Unterstützung bei der Entwicklung eines positiven Selbstkonzepts und einer gesunden Selbstakzeptanz sowie die Förderung von persönlichem Wachstum und Selbstverwirklichung.

Zusammenfassend zielt die ökonomische Erkenntnistherapie darauf ab, das Bewusstsein für mentale Ressourcen und Transaktionsprozesse zu schärfen, das Geistsystem zu trainieren, zu formen sowie die Resilienz und mentale Gesamtkapazität zu stärken. Durch eine ganzheitliche Betrachtung des Geistsystems und gezielte Interventionen können Menschen ein tieferes Verständnis für sich selbst entwickeln und ihre psychische Gesundheit und Wohlbefinden verbessern.

452 Vgl. Guttmacher (1979), S. 16f. sowie Chan / Sik Ying Ho / Chow (2002), 269f.

Therapeutische Ansätze der ökonomischen Erkenntnistherapie

Die therapeutischen Ansätze der ökonomischen Erkenntnistherapie sind spezifisch auf die Ökonomie des Geistsystems abgestimmt und zielen darauf ab, das Bewusstsein für mentale Ressourcen zu stärken, die Transaktionsprozesse des Geistsystems zu optimieren und die Erkenntnisfähigkeit zu steigern. Ein zentraler Schwerpunkt liegt dabei auf der bewussten Auseinandersetzung mit den ökonomischen Prinzipien des Geistsystems, die es ermöglichen, individuelle Narrative zu modifizieren und eine effizientere Nutzung von Erinnerungen und Erkenntnissen zu fördern.

Ein wichtiger therapeutischer Ansatz besteht darin, das Geistsystem eben gerade als ein ökonomisches System zu betrachten, das mit mentalen Ressourcen operiert und einer ökonomischen Ressourcennutzung zugänglich ist. Durch diese Perspektive werden individuelle Denk- und Verhaltensmuster in einem ökonomischen Kontext betrachtet, wodurch gezielte Interventionen möglich werden, um die Effizienz der mentalen Ressourcennutzung zu steigern. Ein weiterer Ansatz ist die Schulung und Formung des Geistsystems durch gezieltes Training von Narration und Imagination. Hierbei werden Techniken wie Imaginationsrekonstruktion, transzendentale Narration und holistische Suggestion eingesetzt[453], um die individuellen Fähigkeiten zur Konstruktion von eigenen Erzählstrukturen zu flexibilisieren und zu verbessern und eine auf aktuelle Herausforderungen des Individuums angepasste Verbindung zwischen individueller Narration und externer Realität herzustellen.

Zudem legt die ökonomische Erkenntnistherapie einen starken Fokus auf die Förderung von Resilienz und die Steigerung der mentalen Kapazität. Durch die gezielte Arbeit an der Stabilität des individuellen psychischen Systems werden Strategien wie Achtsamkeit, kognitive Umstrukturierung und emotionale Regulation angewandt, um die Bewältigungsfähigkeit gegenüber stressigen Lebensereignissen zu stärken und eine verbesserte psychische Gesundheit zu erreichen. Folgende fünf Ansätze sind dabei besonders relevant[454]:

- **Achtsamkeitsbasierte Meditationstechniken:** Durch geführte Meditationen und Achtsamkeitsübungen werden Individuen angeleitet, sich auf

453 Siehe Kapitel DREI.

454 Diese eher universellen (d.h. nicht spezifisch auf die ökonomische Erkenntnistherapie angepassten) Ansätze werden nur rudimentär angesprochen; mehr Details können der weiterführenden Literatur entnommen werden.

den gegenwärtigen Moment zu konzentrieren, ihre Gedanken zu beobachten und sich ihrer körperlichen Empfindungen bewusst zu werden. Diese Praktiken fördern die Selbstwahrnehmung und helfen dabei, einen Zustand innerer Ruhe und Gelassenheit, aber auch erhöhter innerer Rationalität und Offenheit zu erreichen. Beide mentalen Zustände unterstützen das Geistsystem dabei, eigenökonomisch rationale Entscheidungen zu treffen und einen klaren Blick auf die eigenen Transaktionsprozesse zu finden.

- **Innere Dialogarbeit und Redefinition der Eigennarratik:**.[455] Diese Methode basiert auf der Annahme, dass Menschen komplexe innere Systeme haben, die aus verschiedenen Persönlichkeitsaspekten, Überzeugungen, Emotionen und Erfahrungen bestehen – daher ergänzt sie sich mit dem Ansatz des ökonomischen Geistsystems ausgesprochen gut. Durch die Schaffung eines dialogischen Rahmens werden diese Aspekte aktiviert und können miteinander in Beziehung treten, wodurch ein tieferes objektives Verständnis für sich selbst und die eigenen inneren Konflikte Mithilfe von Techniken wie der inneren Dialogarbeit werden Individuen in die Lage versetzt, mit verschiedenen Aspekten ihres Selbst oder Prozessen ihres Geistsystems in einen konstruktiven Dialog zu treten. Dies ermöglicht es, unbewusste Gedankenmuster zu erkennen, kritische Prozesselemente zu identifizieren und negative Selbstüberzeugungen zu überwindenentsteht.

Die innere Dialogarbeit wird bereits länger in verschiedenen therapeutischen Kontexten eingesetzt (darunter die kognitive Verhaltenstherapie, die Gestalttherapie und die systemische Therapie). Der Prozess beginnt damit, dass Individuen dabei unterstützt werden, sich bewusst zu werden, dass verschiedene Teile des Geistsystems miteinander kommunizieren. Dies kann durch die Exploration von inneren Stimmen oder Figuren geschehen, die verschiedene Aspekte der Person repräsentieren. Ein wichtiger Aspekt der inneren Dialogarbeit ist die Förderung eines respektvollen und unterstützenden Dialogs zwischen den verschiedenen Teilen des Geistsystems. Individuen müssen dabei unterstützt werden, die Perspektiven und Bedürfnisse verschiedener innerer Aspekte zu verstehen und Konflikte auf konstruktive Weise anzusprechen. Dies kann dazu beitragen, innere Widerstände oder Blockaden zu lösen und positive Veränderungen zu erleichtern. Darüber hinaus kann die innere Dia-

455 Vgl. auch Leuzinger-Bohleber, / Pfeifer (1998), S. 890ff.

logarbeit dazu beitragen, die Selbstreflexion und Selbstakzeptanz eines Individuums zu fördern. Indem dieses lernt, seine inneren Erfahrungen und Konflikte zu erkunden und anzuerkennen, kann es ein tieferes Verständnis für sich selbst entwickeln und eine größere Fähigkeit zur Selbstregulierung und Selbstführung entwickeln.[456]

- **Kognitive Reframing-Techniken:** Die kognitive Umstrukturierung ist eine sehr gut ins Framework des ökonomischen Geistsystems passende therapeutische Technik, die darauf abzielt, die Denkmuster und Überzeugungen von Individuen (positiv) zu verändern. Sie basiert auf dem Konzept der mentalen Konstitution von Realität; das unsere Gedanken und Interpretationen unsere Emotionen und Verhaltensweisen maßgeblich beeinflussen. Individuen durchlaufen oft Situationen, in denen ihre Gedanken von negativen Überzeugungen oder irrationalen Annahmen geprägt sind, die zu emotionalen Belastungen führen können. Hier setzt die kognitive Umstrukturierung an, indem sie Individuen dabei unterstützt, ihre Gedanken zu identifizieren, zu analysieren und neu zu bewerten.[457]

  Der Prozess der kognitiven Umstrukturierung beginnt mit der bewussten Wahrnehmung und Erfassung der eigenen Gedanken und Gedankenprozesse. Indem Individuen lernen, ihre Gedankenmuster zu erkennen, können sie verstehen, wie diese ihre Emotionen und Verhaltensweisen beeinflussen. Dieser Schritt erfordert Achtsamkeit und Selbstreflexion, um die eigenen Denkmuster objektiv zu betrachten – insofern sind Reframing-Techniken eher eine aufbauende Methodik.[458]
  Nach der Identifikation unerwünschter, also negativer oder irreführender Gedanken folgt die Analyse dieser Gedanken. Hier werden Individuen ermutigt, die Evidenz für und gegen ihre Gedanken zu sammeln und alternative Interpretationen der Situation zu entwickeln, ganz im Sinne der transzendentalen Narration. Dieser Prozess beinhaltet oft das Herausfordern von irrationalen Überzeugungen und das Finden von realistischeren und konstruktiveren Sichtweisen. Letztendlich erfolgt die Neuinterpretation der Situation und die Entwicklung neuer, positiverer Gedankenmuster. Individuen lernen, wie sie ihre Gedanken aktiv beein-

456 Ebd.
457 Vgl. in diesem Zusammenhang für eine Konkretisierung in der Anwendbarkeit auch Hofmann (2023), S. 195ff.
458 Ebd.

flussen können, um ihre Emotionen zu regulieren und konstruktivere Verhaltensweisen zu fördern. Dieses neu strukturierte Geistsystem unterstützt Individuen dabei, mit Herausforderungen umzugehen, ihr Selbstwertgefühl zu stärken und ihr emotionales Wohlbefinden zu verbessern. Insgesamt ermöglicht die kognitive Umstrukturierung Individuen, einen bewussteren und flexibleren Umgang mit ihren mentalen Ressourcen zu entwickeln. Sie befähigt sie, ihre Denkmuster aktiv zu steuern und konstruktive Bewältigungsstrategien zu nutzen – ganz im Sinne einer ressourcenoptimierten Strategie.

- **Emotionale Kompetenz:** In einem sicheren Raum werden Individuen angeleitet, sich mit ihren emotionalen Erfahrungen auseinanderzusetzen und sie auf konstruktive Weise auszudrücken. Dies kann im Rahmen der ökonomischen Erkenntnistherapie besonders durch kreative Ausdrucksformen wie Kunsttherapie, Schreibtherapie oder ähnliches geschehen. Die Entwicklung emotionaler Kompetenz ist meist eine begleitende Technik, welche beispielsweise die kognitive Umstrukturierung unterstützt.[459]
- **Integration spiritueller Praktiken:** Spiritualität und ökonomische mentale Prozesse mögen auf den ersten Blick wie zwei völlig unterschiedliche Konzepte erscheinen. Doch bei genauerer Betrachtung zeigt sich, dass sie auf tiefgreifende Weise miteinander verflochten sind und sich gegenseitig beeinflussen. In der modernen Psychologie und Neurowissenschaft wird zunehmend erforscht, wie diese Verbindung das individuelle Wohlbefinden und die geistige Entwicklung beeinflusst.

  Spiritualität (oft definiert als die Suche nach Sinn und Zweck jenseits des Materiellen)[460] beinhaltet häufig Praktiken wie Meditation, Gebet und Reflexion. Diese Praktiken können dazu beitragen, das Bewusstsein zu erweitern, die innere Ruhe zu fördern und ein tieferes Verständnis von sich selbst und der Welt zu entwickeln. Auf der anderen Seite bezieht sich der Begriff der ökonomischen mentalen Prozesse auf die Art und Weise, wie das individuelle Geistsystem mit mentalen Ressourcen umgeht, Entscheidungen trifft und Informationen verarbeitet. Eine zentrale Verbindung zwischen Spiritualität und ökonomischen mentalen Prozes-

---

459 Vgl. auch Seidel (2004), S. 31ff.

460 Spiritualität kann verschiedene Dimensionen umfassen, wie die Suche nach Transzendenz, Verbundenheit mit etwas Größerem, rituelle Praktiken und die Entwicklung eines persönlichen Glaubenssystems oder einer Weltsicht. Vgl. dazu auch Pargament / Exline / Jones (Hrsg.) (2013), S. 178ff.

sen besteht daher in der Fähigkeit zur Selbstreflexion und zur bewussten Steuerung der eigenen Gedanken und Gefühle. Spirituelle Praktiken wie Meditation können dazu beitragen, das Bewusstsein für die inneren Prozesse zu schärfen und die Fähigkeit zur Selbstregulierung zu verbessern. Dies wiederum kann die Effizienz der mentalen Ressourcennutzung erhöhen und zu einer optimierten Entscheidungsfindung führen. Darüber hinaus können spirituelle Erfahrungen und Erkenntnisse das individuelle Werte- und Glaubenssystem beeinflussen, was wiederum Auswirkungen auf ökonomische mentale Prozesse haben kann. Wenn beispielsweise jemand durch spirituelle Praktiken ein tieferes Verständnis von Mitgefühl und Verbundenheit entwickelt, könnte dies dazu führen, dass sie in ihre Entscheidungsstrukturen im mentalen Geistsystem verändern.
Ein weiterer Aspekt ist die Rolle von Spiritualität bei der Bewältigung von Stress und psychischen Belastungen. Spirituelle Praktiken wie Gebet und Achtsamkeit können dazu beitragen, Stress zu reduzieren und die Resilienz gegenüber Herausforderungen zu stärken. Diese gestärkte Resilienz kann wiederum die Effizienz der mentalen Ressourcennutzung verbessern und eine gesündere Bewältigung von Lebensereignissen ermöglichen. Für Individuen, die offen für spirituelle Ansätze sind, können Elemente aus östlichen oder westlichen spirituellen Traditionen in die ökonomische Erkenntnistherapie integriert werden.

Bei allen therapeutischen Ansätzen der ökonomischen Erkenntnistherapie geht es darum, eine ganzheitliche Sichtweise auf das Geistsystem einzunehmen und gezielte Interventionen zu entwickeln, die darauf abzielen, die individuelle Reflexion über bewusste Denkprozesse sowie auch unbewusste Transaktionsprozesse zu fördern. Indem das Geistsystem (als letztendlich unpersönliche Entität, innerhalb derer auch das Selbst angesiedelt ist)[461] mehr Ressourcen zur Verfügung hat und die Effizienz zunimmt, kann auch die Selbstwirksamkeit und damit auch die Selbstakzeptanz ausgebaut werden.[462] Besonders wichtig ist dabei der Integrationsprozess der genannten übergeordneten Techniken in das bestehende individuelle Geistsystem – sprich die Individualisierungsleistung einer Therapie, welche die theoretischen Abstrakta in praktische, individuell angepasste Konzepte überführt: Die Wirkung von Erkenntnis im Rahmen einer therapeutischen Intervention ist ein zentraler Aspekt jeder psychologischen Praxis und unterliegt

461 Vgl. Dennett (2017), S. 163ff.
462 Ebd.

einer Vielzahl von komplexen Dynamiken. Erkenntnis, definiert als das Erfassen von Wissen oder Verständnis über bestimmte Aspekte des Selbst oder der Umwelt, ist ein essenzieller Faktor für die Initiierung und den Verlauf des therapeutischen Prozesses. Individuen, die sich mit Problemen oder Komplexen konfrontiert sehen und sich mit diesen auseinandersetzen, streben oft danach, tieferes Verständnis über ihre psychischen Prozesse, Verhaltensmuster und emotionalen Reaktionen zu erlangen. Auch hierauf zielt die ökonomische Erkenntnistherapie ab und integriert dabei die Erfahrungsrealitäten des *Homo oeconomicus* umfassend. Die Wirksamkeit einer Therapie hängt allgemein oft davon ab, inwiefern Individuen in der Lage sind, neue Erkenntnisse zu gewinnen und diese in ihr Selbstkonzept zu integrieren – die ökonomische Erkenntnistherapie bedient genau diesen Erkenntnisgewinn. Dieser Prozess wird durch die individuelle Kombination der genannten therapeutische Ansätze ermöglicht (wie etwa die bereits ausgeführte kognitive Umstrukturierung, Achtsamkeitspraktiken und narrative Techniken). Durch die Förderung von Reflexion und Selbstbeobachtung können Individuen dabei unterstützen werden, kognitive Verzerrungen zu identifizieren und vorhandene mentale Ressourcen zu aktivieren, zu bündeln und effektiver einzusetzen.[463]

Erkenntnis wirkt sich dabei nicht nur auf die kognitive Ebene aus, sondern hat auch tiefgreifende emotionale und Verhaltensimplikationen. Indem Individuen ein tieferes Verständnis über die Ursachen ihrer psychischen Probleme erlangen, können sie ihre Reaktionen und Bewältigungsstrategien besser regulieren.[464] Dies kann zu einer Verringerung der individuellen psychischen Belastung führen, da Probleme konkreter verankert und zugeordnet werden können – unter der parallelen Zuweisung von effizient eingesetzter mentaler Ressourcen. Des Weiteren kann die Gewinnung neuer Erkenntnisse zu einem erhöhten Gefühl von Selbstwirksamkeit führen, da Individuen erkennen, dass sie in der Lage sind, positive Veränderungen in ihrem Leben herbeizuführen; der positive Ressourceneinsatz evoziert sich selbst. Dieser Prozess kann dazu beitragen, die Motivation zur Weiterentwicklung und zur Überwindung von Hindernissen zu stärken.[465]

Insgesamt fungiert Erkenntnis als katalytischer Bestandteil des therapeutischen Wandels der ökonomischen Erkenntnistherapie, der es Individuen ermöglicht, ihr Selbstverständnis zu vertiefen, ihre Handlungsfähigkeit zu

463 Vgl. Newell (1994), S. 243ff.
464 Vgl. Beck (2024), S. 24–39.
465 Ebd., S. 338ff.

erweitern und gleichzeitig die Handlungsoptionen zu vertiefen. Durch die kontinuierliche Förderung von Erkenntnisprozessen innerhalb des Geistsystems kann eine wesentlicher Beitrag zur psychischen Gesundheit und zum individuell empfundenen Glück geleistet werden.

Der Behandlungs- und Erkenntnisprozess

Der Behandlungs- und Erkenntnisprozess der ökonomischen Erkenntnistherapie ist darauf ausgerichtet, die gesamthaften mentalen Ressourcen eines Individuums optimal zu nutzen und die generelle Erkenntnisfähigkeit zu steigern. Dabei wird ein bewusster Umgang mit mentalen Ressourcen und Transaktionsprozessen angestrebt, um die individuell empfundene psychische Belastung zu verringern und eine objektive Einstellung zur Realität des Außen samt deren Akzeptanz zu fördern.[466] Hierbei kommen wie bereits aufgeführt verschiedene therapeutische Ansätze und Techniken zur Anwendung, die systematisch ineinandergreifen. Im Folgenden wird der Ablauf der ökonomischen Erkenntnistherapie mit seinen sechs Phasen skizziert:

1. **Bewusstsein für mentale Ressourcen und Transaktionsprozesse schaffen:** Der erste Schritt in der ökonomischen Erkenntnistherapie besteht darin, das Individuum für seine mentalen Ressourcen und die internen Transaktionsprozesse zu sensibilisieren. Dies beinhaltet die Förderung des Bewusstseins darüber, wie Gedanken, Emotionen und Erinnerungen miteinander interagieren und wie diese Prozesse das Verhalten und die Wahrnehmung beeinflussen. Durch gezielte Reflexionsübungen und die Anwendung kognitiver Techniken wird das Individuum in die Lage versetzt, seine internen Abläufe zu erkennen und zu verstehen. Ebenso werden in einem späteren Schritt Gedanken und Denkmuster des eigenen Geistsystems klarer erkennbar. Durch die Entwicklung dieser Selbstbeobachtungsfähigkeiten kann ein Individuum lernen, seine Gedanken (und Emotionen) besser zu verstehen und zu kontrollieren.[467]
2. **Adaption und Optimierung des individuellen Geistsystems:** Sobald ein grundlegendes Bewusstsein für die Funktionsweise des Geistsystems

466 Was gemäß des aktuellen Forschungsstands ein entscheidender Faktor für individuell empfundenes, auf ökonomischen Prinzipien beruhendes Glück ist. Vgl. Frey / Frey-Marti (2010), S. 458ff.

467 Vgl. Bishop (2004), S. 232–234.

und seiner ökonomischen Dimension geschaffen ist, fokussiert sich die ökonomische Erkenntnistherapie auf die Adaption und Optimierung des Geistsystems und seiner (Transaktions-)Prozesse. Dies geschieht durch die Anwendung der im Vorgang eingeführten Kernmethodik (wie die kognitive Umstrukturierung, bei der dysfunktionale Denkmuster identifiziert und durch realistischere, ökonomischere Gedanken ersetzt werden). Parallel dazu unterstützen Achtsamkeitspraktiken dabei, die gegenwärtige Erfahrung zu akzeptieren und nicht-reaktiv zu beobachten, was zu einer besseren Regulation von Emotionen führt. Weiterführende narrative Techniken unterstützen das Individuum dabei, seine Lebensgeschichte zu rekonstruieren und neue Bedeutungen von Erinnerungen zu erschließen und so diese entscheidende mentale Ressource weiter zu aktivieren.[468]

3. **Internale Modifikation der Eigennarratik:** In engem Zusammenhang mit der Adaption und Optimierung des Geistsystems steht auch die Modifikation der oft irrationalen oder prozessual-ökonomisch fehlerhaften Eigennarratik eines Individuums. Durch das Herausfordern und Ersetzen dieser internalen Erzählstrukturen durch realistischere und ökonomisch ausgewogenere Alternativen[469] können psychische Probleme und Komplexe aktiv in die Realität gezogen und so angegangen und eventuell aufgelöst oder zumindest reduziert werden.[470]
4. **Verringerung der psychischen Belastung durch Bewältigungsstrategien:** Die individualpsychische Belastung durch psychische Probleme kann durch die ökonomische Erkenntnistherapie signifikant reduziert werden, da Probleme konkreter verankert und zugeordnet werden können. Durch die strukturierte Analyse und Interpretation der eigenen Lebensumstände und mentalen Prozesse werden psychische Probleme weniger diffus und damit leichter zu bewältigen. Dieser Prozess der Konkretisierung trägt zur Verringerung von Angst und Stress bei und erhöht die Handlungsfähigkeit des Individuums.[471] Dies kann ebenso die Entwicklung von Problemlösungsfähigkeiten, Stressmanagementtechniken und Entspannungstechniken umfassen.
5. **Erinnerungen, Resilienz und mentale Kapazität als Eckpfeiler der mentalen Ökonomie etablieren:** Erinnerungen spielen eine zentrale

468 Vgl. Baumeister / Vohs / Tice (2007), S. 356–359.
469 Im Sinne der mentalen Ökonomie.
470 Vgl. dazu auch Beck (2011), S. 145–175 sowie White / Epston (1990), S. 5–19.
471 Vgl. Wells (2011), S, 74f.

Rolle in der ökonomischen Erkenntnistherapie, da sie die Grundlage für das Selbstverständnis und die Identität eines Individuums bilden. Durch die Anwendung der Imaginationsrekonstruktion können Erinnerungen geordnet interpretiert und neu bewertet werden, was zur Verarbeitung traumatischer Erlebnisse beiträgt. Resilienz wird durch die Stärkung positiver Bewältigungsstrategien und die Förderung eines flexiblen Denkens erhöht. Die mentale Kapazität wird durch Techniken zur Steigerung der Konzentration und zur effektiven Nutzung kognitiver Ressourcen erweitert.

6 .**Integration und Anwendung der Erkenntnisse:** Ein zentraler Bestandteil des therapeutischen Prozesses ist die Integration der gewonnenen Erkenntnisse in das alltägliche Leben des Individuums. Dies erfolgt durch praktische Übungen und gezielte Interventionen, die darauf abzielen, die neuen Erkenntnisse in konkrete Verhaltensweisen umzusetzen. Therapeuten begleiten das Individuum dabei, die neuen Einsichten zu festigen und in verschiedenen Lebensbereichen anzuwenden. Ein wichtiger Bestandteil der ökonomischen Erkenntnistherapie sind auch «Hausaufgaben» und Selbstübungen, die darauf abzielen, die erlernten Fähigkeiten und Strategien in den Alltag eines Individuums zu integrieren. Dadurch wird die praktische Anwendung der therapeutischen Prinzipien gefördert und langfristige Veränderungen unterstützt.

Die psychologische Erkenntnistherapie ist wirksam bei der Behandlung einer Vielzahl von psychischen Störungen, einschließlich Depressionen, Angststörungen und posttraumatischen Belastungsstörungen.[472] Sie bietet einen strukturierten und evidenzbasierten Ansatz zur Veränderung von Denkmustern und Überzeugungen, um das emotionale Wohlbefinden und letztendlich auch die Lebensqualität eines Individuums zu verbessern (insbesondere durch die Anpassung an und die Neubewertung von äußerer Realität); das Therapiekonzept bietet einen holistischen Bezugspunkt zur psychologischen Heilung und persönlichen Entwicklung.

Die therapeutischen Ansätze der ökonomischen Erkenntnistherapie lassen sich in drei Kernaussagen zusammenfassen:

1. **Bewusstsein für mentale Ressourcen und Transaktionsprozesse schaffen:** Die ökonomische Erkenntnistherapie zielt darauf ab, das Individuum für seine mentalen Ressourcen und die internen Transaktionsprozes-

472 Vgl. Beck / Alford (2009), S. 255–278.

se zu sensibilisieren. Durch Reflexionsübungen und kognitive Techniken wird das Verständnis und die Kontrolle über die eigenen Gedanken, Emotionen und Erinnerungen gefördert, was zu einer bewussteren und effizienteren Nutzung der mentalen Ressourcen führt.

2. **Adaption und Optimierung des Geistsystems:** Ein wesentlicher Ansatz ist die Betrachtung des Geistsystems als ökonomisches System, das durch gezielte Interventionen optimiert werden kann. Dies beinhaltet Techniken wie kognitive Umstrukturierung, Achtsamkeitspraxis und narrative Techniken, die darauf abzielen, dysfunktionale Denkmuster zu verändern, Emotionen besser zu regulieren und neue Bedeutungen von Erinnerungen zu erschließen. Die individuelle Narration wird flexibel und an aktuelle Herausforderungen angepasst.
3. **Förderung von Resilienz und mentaler Kapazität:** Die ökonomische Erkenntnistherapie legt großen Wert auf die Steigerung der Resilienz und der mentalen Kapazität. Durch Techniken wie Achtsamkeit, kognitive Umstrukturierung und emotionale Regulation werden Strategien zur Stressbewältigung und zur psychischen Gesundheit gefördert. Die Integration der gewonnenen Erkenntnisse in den Alltag unterstützt langfristige positive Veränderungen und ein erhöhtes Gefühl der Selbstwirksamkeit.

Weiterführende Methoden und Techniken der ökonomischen Erkenntnistherapie

> *«Wenn man etwas für recht hält, soll man es tun. Und wenn man es tut, kann einen nichts auf Erden daran hindern. Wenn man etwas für unrecht hält, soll man es lassen, und wenn man es läßt, kann einen nichts auf Erden dazu zwingen.»*[473]

Neben dem gerade skizzierten Ablauf der ökonomischen Erkenntnistherapie gibt es noch ein ganzes Set an spezifisch ökonomisch-psychologischen Methoden und Techniken, welche in ihrem Rahmen sinnvollerweise zur Anwendung kommen – diese sollen im Folgenden vorgestellt und ausgeführt werden.

473 Lü Bu We (1928), S. 378.

An dieser Stelle eine kurze Anmerkung zu Methoden und Techniken, da mich die Frage in der Praxis häufig erreicht: Der Unterschied zwischen Methode und Technik lässt sich in wissenschaftlichen Kontexten klar abgrenzen, auch wenn die Begriffe im Alltag häufig synonym verwendet werden. Eine Methode bezeichnet einen systematischen Ansatz, der dazu dient, ein bestimmtes Ziel zu erreichen oder ein Problem zu lösen. Sie umfasst stets eine übergeordnete Strategie und theoretische Prinzipien, die dem praktischen Vorgehen zugrunde liegen. Eine Technik hingegen ist eine spezifische Handlung oder ein Werkzeug innerhalb einer konkreten Methode, das zur Umsetzung und Ausführung der methodischen Schritte verwendet wird. Methoden sind in der Regel breiter gefasst und theoretisch fundiert. Sie bieten einen umfassenden Rahmen, innerhalb dessen Techniken angewandt werden.[474] Die Unterscheidung zwischen Methode und Technik ist wesentlich, da sie Klarheit darüber schafft, wie theoretische Ansätze praktisch umgesetzt werden. Methoden geben den strukturellen und theoretischen Rahmen vor, der die Praxis leitet, während Techniken konkrete Schritte oder Werkzeuge darstellen, die innerhalb dieses Rahmens angewendet werden.

Zusammenfassend lässt sich sagen, dass Methoden den theoretischen (und strategischen) Überbau darstellen, während Techniken die praktischen Schritte und Werkzeuge umfassen, die zur Realisierung der methodischen Ziele eingesetzt werden. Beide sind untrennbar miteinander verbunden, wobei die Methode den Kontext und die Richtung vorgibt und die Techniken die operativen Mittel zur Zielerreichung bereitstellen.

Und mir sei eine zweite Anmerkung zu den folgenden Methoden und Techniken der ökonomischen Erkenntnistherapie gestattet: Grundsätzlich sind sie alle (wie alle anderen vorgestellten Themen auch) selbst unmittelbar anwendbar, wobei gerade die Methoden teilweise stark vom äußeren Dialog leben und von Anleitung und Begleitung unterstützt werden sollten in der konkreten Durchführung. Der äußere Dialog spiegelt dabei den

---

474 Beispielsweise kann in der psychologischen Forschung die Methode der kognitiven Verhaltenstherapie (KVT) verwendet werden, die einen theoretischen Ansatz zur Behandlung von psychischen Störungen durch Veränderung von Denkmustern und Verhaltensweisen beschreibt. Innerhalb dieser Methode kommen verschiedene Techniken zum Einsatz, wie z.B. kognitive Umstrukturierung, Expositionstherapie oder Achtsamkeitsübungen. Jede dieser Techniken dient einem spezifischen Zweck und trägt zur Umsetzung der übergeordneten Methode bei.
Vgl. auch Beck (2011), S. 46–58 und 100–122.

inneren Dialog wider und regt ihn dabei an. Insofern ist die ökonomische Erkenntnistherapie eine diskursive Form der Beratung.

Die folgende Abbildung (Abbildung 12) gibt einen Überblick über alle spezifischen Techniken und Methoden, welche sich die ökonomische Erkenntnistherapie bedient, gruppiert nach den drei Grundmethoden der ökonomischen Erkenntnistherapie.[475] In dieser Ordnung werden die Methoden und Techniken auch im Anschluss weiter ausgeführt.

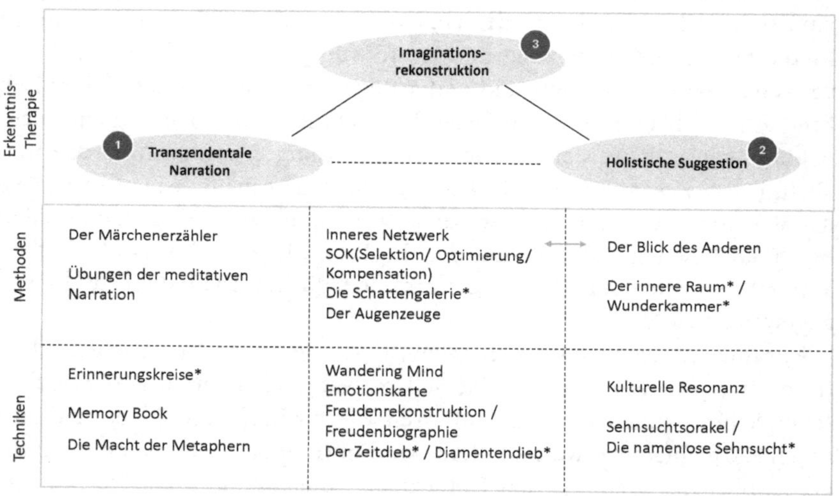

Abbildung 12: Überblick der spezifischen Methoden und Techniken der ökonomischen Erkenntnistherapie.[476]

Methoden und Techniken der Imaginationsrekonstruktion

Bei den Methoden und Techniken der Imaginationsrekonstruktion steht die Analyse und Neubewertung von Erinnerungen im Mittelpunkt. Alle Ansätze zielen darauf ab, die Art und Weise, wie Individuen ihre vergangenen Erlebnisse wahrnehmen und interpretieren, grundlegend zu transformieren. Die zentrale Gemeinsamkeit aller dieser Methoden ist ihre Fokus-

475 Die mit Stern (*) markierten Methoden oder Techniken wurden speziell für den Kontext der ökonomischen Erkenntnistherapie entwickelt bzw. modifiziert.

476 Eigene Darstellung.

sierung auf Imaginationsprozesse, die sowohl Kreativität als auch mentale Flexibilität erfordern und fördern.

Imaginationsrekonstruktionstechniken nutzen die menschliche Fähigkeit zur Visualisierung und gedanklichen Simulation, um Erinnerungen analytisch zu verarbeiten. Diese Techniken ermöglichen es den Individuen, vergangene Ereignisse nicht nur kognitiv zu durchdenken, sondern sie auch emotional neu zu erleben. Durch das erneute Erleben und die kreative Neugestaltung der Erinnerungen können tief verankerte emotionale und kognitive Muster aufgebrochen und transformiert werden.

Ein wesentlicher Aspekt der Imaginationsrekonstruktion ist die Nutzung von Kreativität. Kreativität spielt eine Schlüsselrolle, da sie den Prozess des Vorstellens und Erschaffens neuer Szenarien unterstützt.[477] Diese Fähigkeit erlaubt es Individuen, alternative Perspektiven auf ihre Erinnerungen zu entwickeln und diese neu zu bewerten. Gleichzeitig erfordert und fördert die Imaginationsrekonstruktion mentale Flexibilität. Mentale Flexibilität bezieht sich auf die Fähigkeit, gedanklich zwischen verschiedenen Konzepten hin- und herzuwechseln und neue Informationen und Perspektiven in bestehende kognitive Strukturen zu integrieren. Diese Flexibilität ist entscheidend, um die starren und oft maladaptiven Muster, die sich um bestimmte Erinnerungen gebildet haben, zu lösen. Durch die bewusste Einbeziehung neuer und variierter Imaginationsprozesse lernen Individuen, ihre Erinnerungen aus verschiedenen Blickwinkeln zu betrachten und sich auf neue Bedeutungen und Einsichten einzulassen.

Die spezifischen Techniken der Imaginationsrekonstruktion helfen, die kognitive sowie emotionale Arbeitsweise des eigenen Geistsystems besser zu erfassen und die Reaktion auf eigene Erinnerungen zu verändern. Durch das aktive Erzählen und Neuschreiben ihrer Geschichten können sie eine kohärentere und positivere Selbstwahrnehmung entwickeln.

Inneres Netzwerk:

Die Methodik des "Inneren Netzwerks" in der ökonomischen Erkenntnistherapie basiert auf dem Konzept, dass das menschliche Selbst (wie bereits dargestellt)[478] aus vielfältigen Teilen und Prozessen besteht, die miteinander interagieren und das Verhalten sowie das emotionale Erleben konstituieren. Diese Therapiemethodik zielt darauf ab, durch die Erkundung und Integration dieser inneren Anteile ein tieferes Verständnis und eine umfas-

477 Vgl. Singer (1975), S. 45–67.
478 Vgl. Kapitel DREI

sende Selbstkenntnis zu erreichen. Die Methodik ist eng mit Konzepten aus der Systemischen Therapie verbunden und nutzt Elemente der Selbstreflexion und des inneren Dialogs.[479]

Die vier Grundlagen und Prinzipien des "Inneren Netzwerks"

1. **Multiplizität des Selbst:** Die Theorie des "Inneren Netzwerks" geht davon aus, dass das Selbst nicht monolithisch, sondern multipel ist. Jeder Mensch hat verschiedene innere Anteile oder Subpersönlichkeiten, die unterschiedliche Bedürfnisse, Wünsche, Ängste und Perspektiven repräsentieren.[480]
2. **Innere Dialoge und Selbstreflexion:** Ein zentraler Bestandteil der Methodik ist die Förderung innerer Dialoge zwischen diesen verschiedenen Anteilen – beziehungsweise der Förderung des innersystemischen Austausch- und Transaktionsprozesse. Durch gezielte Selbstreflexion und therapeutisch geleitete innere Gespräche lernen Individuen, ihre inneren Einzelprozesse zu identifizieren, zu benennen und deren spezifische Funktionen und Ziele zu verstehen.
3. **Systemisches Verständnis:** Das "Innere Netzwerk" wird als ein System betrachtet, in dem die inneren Anteile miteinander interagieren und ein Gleichgewicht anstreben. Dysfunktionale Muster, wie zum Beispiel übermächtige Eigenkritik oder unterdrückte emotionale Anteile, können zu psychischen Problemen führen. Ziel der Methode ist es, ein harmonisches und ausgewogenes inneres System zu schaffen.[481]
4. **Achtsamkeit und Akzeptanz:** Die Methodik betont die Bedeutung von Achtsamkeit und Akzeptanz gegenüber allen inneren Anteilen beziehungsweise Prozessen. Anstatt bestimmte Teile zu unterdrücken oder zu ignorieren, sollen Individuen lernen, diese Anteile anzuerkennen und zu akzeptieren. Dies fördert ein ganzheitliches Selbstverständnis und trägt zum emotionalen Holismus bei.[482]

Zu Beginn der Methodik werden Individuen dazu angeleitet, ihre verschiedenen inneren Anteile zu identifizieren oder deren zugrundeliegenden Prozessen bewusst zu werden, ein Prozess, der durch imaginative Techniken, Rollenspiele oder strukturierte Interviews unterstützt wird. Dabei besteht

---

479 Vgl. Hermans / Gieser (2012), S. 20–34.
480 Diese Sichtweise entspricht leicht vereinfacht auch dem tatsächlichen Aufbau des Geistsystems.
481 Vgl. Schwartz / Sweezy (2019), S. 13–40.
482 Vgl. Baer (2010), S. 168f.

das Ziel darin, ein inneres Bild oder eine Landkarte des inneren Netzwerks zu erstellen. In den nachfolgenden Sitzungen wird jeder identifizierte Anteil detailliert exploriert, wobei ein Individuum in einen bewussten Dialoge mit diesen Prozessen eintritt, um diese besser zu verstehen. Übergeordnetes Ziel der Methodik ist es, eine harmonische Integration der verschiedenen Prozesse in einen bewussten Teil des Geistsystems zu erreichen, was bedeutet, dass alle Anteile oder Prozesse akzeptiert werden und keine übermäßige Dominanz ausüben. Durch die Arbeit mit dem inneren Netzwerk entwickeln Individuen eine verbesserte Selbstregulation und emotionale Resilienz, indem sie lernen, ihre inneren Konflikte zu erkennen und zu lösen, und Strategien entwickeln, um mit stressigen Situationen und emotionalen Herausforderungen besser umzugehen.

Die Methodik des "Inneren Netzwerks" basiert auf Konzepten der inneren Familie, wie sie in der Internal Family Systems Therapy (IFS)[483] entwickelt wurden. Studien zur Wirksamkeit von IFS und ähnlichen Ansätzen zeigen positive Ergebnisse in der Behandlung von Angststörungen, Depressionen, posttraumatischen Belastungsstörungen (PTBS) und anderen psychischen Erkrankungen. Diese Studien belegen, dass die Arbeit mit inneren Anteilen zu einer verbesserten Selbstwahrnehmung, emotionalen Balance und psychischen Gesundheit beitragen kann.[484]

Als Methodik im Rahmen des ökonomischen Erkenntnistherapie "Inneren Netzwerks" einen umfassenden und integrativen Ansatz zur Selbstkenntnis und psychischen Heilung. Durch die Erkundung und Integration der inneren Anteile können Klienten ein tieferes Verständnis ihrer selbst entwickeln und ihre psychische Widerstandskraft stärken.

- Das Konzept des "Inneren Netzwerks" in der ökonomischen Erkenntnistherapie basiert auf der Multiplizität des Selbst, das aus verschiedenen inneren Anteilen besteht, die miteinander interagieren und das Verhalten sowie das emotionale Erleben beeinflussen.
- Ziel der Methodik ist es, durch die Erkundung und Integration dieser Anteile mittels innerer Dialoge, Selbstreflexion, systemischem Verständnis, Achtsamkeit und Akzeptanz eine harmonische innere Balance zu erreichen und die Selbstregulation sowie emotionale Resilienz zu stärken.

483 Vgl. Schwartz / Sweezy (2019), S. 38f.
484 Vgl. Butler (et. al.) (2008), S. 105–107.

Modifizierte SOK (Selektion, Optimierung und Kompensation):

Die grundlegende SOK-Methodik (Selektion, Optimierung und Kompensation) ist ein integratives Modell, das im Kontext der Entwicklungspsychologie entwickelt wurde.[485] Dieses Modell beschreibt adaptive Mechanismen, die Individuen anwenden, um ihre Lebensqualität und Leistungsfähigkeit über die Zeit hinweg zu erhalten und auszubauen.[486] Die ökonomische Erkenntnistherapie baut auf deren Konzept auf und nutzt deren Mechanismen in einem weiteren, auf das ökonomisierte Geistsystem zugeschnittenen Rahmen.

Selektion:

Die Selektion bezieht sich auf den Prozess der Auswahl und Priorisierung von Zielen und Aktivitäten. Im Kontext der ökonomischen Erkenntnistherapie wird das Momentum der Selektion allerdings objektiviert, sprich der zuvor skizzierten Entscheidungslogik des transaktionsbasierten Geistsystems unterworfen. Die Selektion erfolgt dabei wie bei einem prozessbasierten Projektplan[487] und kann dabei in zwei Formen von statten gehen:

- Elektive Selektion: Hierbei handelt es sich um die bewusste Entscheidung, bestimmte Ziele zu verfolgen und andere aufzugeben, basierend auf individuellen Präferenzen, Fähigkeiten und Ressourcen. Diese Form der Selektion ermöglicht es Individuen, ihre Energie und Ressourcen auf die wichtigsten und (potenziell) erfüllendsten Ziele zu konzentrieren.[488]
- Verlustbasierte Selektion: Diese tritt auf, wenn sich Individuen an veränderte Umstände anpassen müssen, etwa aufgrund von äußeren Einschränkungen oder mentalen Barrieren. Sie beinhaltet die Modifikation von Zielen und Plänen, um den neuen Gegebenheiten gerecht zu werden. Dies kann bedeuten, dass bestimmte Ziele aufgegeben oder verändert werden, um weiterhin erfüllende Aktivitäten zu ermöglichen.[489]

485 Vgl. Baltes / Baltes (1990), S. 1ff.
486 Ebd.
487 Ebd.
488 Ebd.
489 Vgl. Baltes / Lindenberger / Staudinger (1998), S. 1055ff.

Optimierung

Optimierung bezieht sich auf die aus der Selektion resultierenden Investition von Ressourcen, um die Verfolgung der ausgewählten Ziele zu maximieren. Dies kann verschiedene Strategien umfassen[490]:

- Verbesserung von intrapersonellen Fähigkeiten: Durch Training und (mentale) Übung können Individuen ihre Kompetenzen in den ausgewählten Bereichen verbessern, um ihre Ziele effektiver zu erreichen.
- Effektivere Nutzung externer Ressourcen: Die Inanspruchnahme von Unterstützungssystemen aller Art kann ebenfalls zur Optimierung beitragen.
- Effiziente Nutzung von Ressourcen: Dies beinhaltet die strategische Planung und Organisation von Aktivitäten, um die vorhandenen Ressourcen bestmöglich zu nutzen und die Zielerreichung zu unterstützen.

Kompensation

Kompensation tritt in den Vordergrund, wenn Ereignisse auftreten, die die Zielerreichung gefährden. Durch Kompensationsstrategien können Individuen trotz dieser Ereignisse weiterhin effektiv handeln[491]:

- Ersatzstrategien: Wenn die einem zur Verfügung stehenden Fähigkeiten nicht zur Zielerreichung führen, können alternative Wege gefunden werden, um dieselben (oder vergleichbare) Ziele zu erreichen.
- Anpassung der Ziele: In einigen Fällen kann es notwendig sein, die Ziele selbst zu modifizieren, um sie an die veränderten Fähigkeiten und Situationen anzupassen.
- Erhöhung des Aufwands: Individuen können mehr Zeit, Energie oder andere Ressourcen investieren, um Ereignisse zu kompensieren und ihre Ziele dennoch zu erreichen.

Die grundsätzliche Passung in den Rahmen der ökonomischen Erkenntnistherapie liegt in dem prozessbasierten, relativ mechanistischem Ablaufschemata der SOK-Methodik – dieses ermöglicht einen guten Fit zur Anwendung im therapeutischen Rahmen.

In der Praxis wird die SOK-Methodik angewendet, um Individuen dabei zu helfen, adaptive Strategien zu entwickeln und ihre Lebensqualität trotz

490 Ebd., S. 1034f.
491 Vgl. Baltes / Baltes (1990), S. 26f.

Herausforderungen und Veränderungen zu verbessern. Die Anwendung umfassen für gewöhnlich folgende Schritte[492]:

1. Assessment: Zunächst werden die aktuellen Ziele, Fähigkeiten und Einschränkungen des Klienten evaluiert, um eine Basis für die Auswahl geeigneter Strategien zu schaffen.
2. Zielsetzung und Planung: Gemeinsam wählt ein Individuum spezifische, realistische und bedeutsame Ziele aus (Selektion) und entwickelt einen Plan zur Optimierung der Ressourcen.
3. Strategieentwicklung: Identifikation und Umsetzung von Optimierungs- und Kompensationsstrategien, um die gewählten Ziele trotz möglicher Einschränkungen zu erreichen.
4. Evaluation und Anpassung: Die Effektivität der angewendeten Strategien wird regelmäßig überprüft, und bei Bedarf werden Anpassungen vorgenommen, um die Zielerreichung weiter zu unterstützen.

Durch die Anwendung der SOK-Methodik in Kontext der inneren Ökonomie können Individuen lernen, ihre Ziele und Ressourcen effizienter zu organisieren, was zu einer verbesserten Lebensqualität und einem höheren Maß an Selbstwirksamkeit führt. Dieses Modell ist besonders wertvoll für Individuen, die mit signifikanten Lebensveränderungen konfrontiert sind.

- Die Methodik von Selektion, Optimierung und Kompensation (SOK) im ökonomischen Kontext:
  - Selektion: Auswahl und Priorisierung von Zielen, unterteilt in elektive Selektion (bewusste Zielsetzung) und verlustbasierte Selektion (Anpassung an Veränderungen).
  - Optimierung: Maximierung der Ressourceninvestition durch Verbesserung von Fähigkeiten, effektive Nutzung externer Ressourcen und effiziente Planung.
  - Kompensation: Anwendung von Ersatzstrategien, Anpassung der Ziele und Erhöhung des Aufwands, um Zielerreichung trotz Hindernissen sicherzustellen.

492 In Anlehnung an Baltes / Baltes (1990).

- Anwendung der SOK-Methodik in der ökonomischen Erkenntnistherapie: Die SOK-Methodik wird in einem strukturierten, prozessbasierten Rahmen verwendet, um adaptive Strategien zu entwickeln, die die Lebensqualität trotz Herausforderungen und Veränderungen verbessern. Die Methodik umfasst die Schritte Assessment, Zielsetzung und Planung, Strategieentwicklung sowie Evaluation und Anpassung.

Die Schattengalerie:

"Die Schattengalerie" ist eine psychologische Therapiemethodik der ökonomischen Erkenntnistherapie, die auf den Konzepten und Theorien von Carl Gustav Jung basiert und sich insbesondere mit dem Aspekt der Selbsterkenntnis und Integration des Schattens in das individuelle Geistsystem auseinandersetzt. Diese Methode nutzt verschiedene Techniken, um einem Individuum dabei zu helfen, unbewusste Teile des Selbst zu erkennen und zu integrieren, was letztendlich zu einer ganzheitlicheren Persönlichkeit sowie einem tieferen Bewusstsein für die transaktionalen Prozesse des Geistsystems führt.[493]

Wesentliche Inhalte der „Schattengalerie“ gehen auf das Konzept des Schattens als einen integralen Bestandteil der menschlichen Psyche zurück. Der Schatten umfasst all jene Aspekte des Selbst, die eine Person verdrängt oder nicht anerkennt, weil sie als negativ oder unerwünscht betrachtet werden. Diese Aspekte können sowohl persönliche Eigenschaften als auch kollektive archetypische Muster beinhalten.[494]

Die Schattengalerie-Methodik basiert auf der Annahme, dass die Integration dieser verdrängten Aspekte notwendig ist, um psychisches Wohlbefinden und Selbsterkenntnis zu erlangen. Die Methodik umfasst mehrere Schritte und Techniken, die systematisch angewendet werden, um ein Individuum durch diesen sechsstufigen Prozess zu führen:

1. **Identifikation des Schattens:** Der erste Schritt in der „Schattengalerie“ besteht darin, die verschiedenen Schattenaspekte eines Individuums zu identifizieren. Dies erfolgt durch Techniken wie freie Assoziation, Traumanalyse und projektive Verfahren. Es geht dabei auch darum, Mus-

493 Vgl. Jung (2001b), S. 8ff.
494 Ebd.

ter und wiederkehrende Themen zu erkennen, die auf verdrängte oder unbewusste Inhalte hinweisen.[495]

2. **Konfrontation und Anerkennung:** Sobald die Schattenaspekte identifiziert sind, wird ein Individuum angeleitet, sich diesen bewusst zu stellen. Dies erfordert spezifische Eigenschaften (wie Mut, Offenheit und Ehrlichkeit), da die Konfrontation mit den jeweiligen Schattenaspekten oft als unangenehm oder schmerzhaft empfunden werden kann – jedoch unterstützt das Rahmenmodel der ökonomischen Erkenntnistherapie diese Teilschritt, da dieses gerade kein Konzept von individueller Schuld oder Scham beinhaltet.[496] Die Anerkennung von Schattenaspekten ist essentiell für den angestrebten mentalen Holismus der Erkenntnistherapie – daher ist die Übersicht über die „Schattenprozesse" des Geistsystems ein wichtiger Teil jener Methodik.
3. **Symbolische Arbeit und kreative Ausdrucksformen:** Ein weiterer (optionaler) Bestandteil der Schattengalerie-Methodik ist die Arbeit mit Symbolen und kreativen Ausdrucksformen. Durch das Malen, Schreiben oder Visualisierungsübungen können Individuen ihre Schattenaspekte auf eine non-verbale und oft tiefere Weise erkunden. Diese kreativen Techniken helfen, die unbewussten Inhalte ins Bewusstsein zu heben und zu verarbeiten sowie deren mentalen Prozesse und Funktionen besser zu erfassen.[497]
4. **Integration und Transformation:** Der nächste Schritt besteht in der Integration der anerkannten Schattenaspekte in das bewusste Selbst und dessen mentale Prozesslandschaft. Dies kann durch narrative transformative oder transzendentale Techniken geschehen, bei denen ein Individuum lernt, diese Aspekte in einem positiven Gesamtkontext zu sehen und als Teil ihrer gesamten mentalen Realität zu akzeptieren und anzunehmen.[498]
5. **Arbeit mit Archetypen:** In weitere Anlehnung an die Arbeit von C.G. Jung werden auch archetypische Bilder und Motive der Ökonomie und des Wirtschaftens genutzt, um tiefere psychologische Strukturen zu erforschen und über diese zu lernen, die Schattenaspekte der mentalen Prozesse wie in einer Galerie in einem geordneten Gesamtkontext wahr-

495 Vgl. Jung (1994), S. 402ff. (u.a.)
496 Vgl. Roesler (2006), S. 481f.
497 Vgl. Jung (1994), S. 233ff.
498 Ebd., S. 168f.

zunehmen, sie letztendlich zu integrieren, um so ein besseres Verständnis aller inneren Dynamiken zu gewinnen.[499]

6. **Reflexion und Selbstbeobachtung:** Ein begleitender, fortlaufender Prozess in der „Schattengalerie" ist die Selbstreflexion. Individuen werden dazu gebracht, ihre Fortschritte zu dokumentieren und ihre Gedanken und Gefühle in Tagebüchern festzuhalten. Dies fördert die Achtsamkeit und die Fähigkeit zur Selbstbeobachtung, was die langfristige Integration und das innere Wachstum unterstützt.

Das übergeordnete Ziel der Schattengalerie-Methodik ist letztendlich eine „ökonomische Individuation"[500]. Durch die Arbeit mit dem Schatten sowie der Integration von dessen funktionaler Bedeutung für das Geistsystem kann ein kohärentes und holistisches Selbstbild entwickeln werden, wie es die ökonomische Erkenntnistherapie fordert. Dies umfasst die Anerkennung und Integration sowohl positiver als auch negativer Aspekte der mentalen Prozesslandschaft. Diese Bewusstwerdung und Integration reduziert innere Konflikte und fördert psychische Ganzheit. Die Methodik ermöglicht es, besser zu erkennen, wie das individuelle mentale Geistsystem arbeitet und erhöht zugleich die Affektregulation.[501] Die Akzeptanz und Integration der Schattenaspekte fördern ein umfassenderes Selbstwertgefühl und eine authentische, effektive Lebensweise.

Die „Schattengalerie" ist eine tiefgreifende therapeutische Methode, die einen strukturierten Ansatz zur Erkundung und Integration des Schattens in einem ökonomischen Kontext bietet, was zur Ganzheit und psychischen Gesundheit des Individuums beiträgt. Durch imaginative, kreative und analytische Techniken unterstützt die „Schattengalerie" den Prozess der ökonomischen Individuation, also der Werdung dessen, was man bereits ist, ohne es bewusst erfassen zu können. Dies ist die Grundlage für ein effizientes mentales Geistsystem mit ökonomisch arbeitenden Transaktionsprozessen.

---

499 Vgl. auch Jung (1954), S. 211–218.

500 Die Individuation ist ein Prozess, den Jung als die kontinuierliche Entwicklung des Selbst und die Integration aller Teile der Persönlichkeit beschreibt. Diese psychologische Konzeption stellt eine Verbindung zur ökonomischen Erkenntnistherapie her, indem sie aufzeigt, dass die umfassende Integration und Harmonisierung der inneren Aspekte eines Individuums zu einer effizienteren Nutzung mentaler Ressourcen führen kann. In ökonomischer Hinsicht bedeutet dies, dass die optimale Strukturierung und Ausrichtung der psychischen Prozesse zur Förderung eines ganzheitlichen und produktiven Selbstkonzepts beitragen können.

501 Vgl. Schore (2007), S. 42–46.

- Die Schattengalerie ist eine psychologische Therapiemethode der ökonomischen Erkenntnistherapie, die Selbsterkenntnis und die Integration verdrängter Schattenaspekte ins individuelle Geistsystem fördert.
- Der sechsstufige Prozess umfasst die Identifikation des Schattens durch Techniken wie freie Assoziation und Traumanalyse, die Konfrontation und Anerkennung dieser Aspekte, symbolische Arbeit und kreative Ausdrucksformen, die Integration und Transformation der Schattenaspekte, die Arbeit mit archetypischen Bildern und Motiven sowie fortlaufende Reflexion und Selbstbeobachtung.
- Das Ziel der Schattengalerie ist eine ökonomische Individuation, die durch die Anerkennung und Integration sowohl positiver als auch negativer Aspekte der mentalen Prozesslandschaft zu einem kohärenten und holistischen Selbstbild, einer besseren Affektregulation, einem umfassenderen Selbstwertgefühl und einer authentischen Lebensweise führt.

Der Augenzeuge:

"Der Augenzeuge" ist eine Methode, die darauf abzielt, das Verständnis und die Verarbeitung persönlicher Erlebnisse durch eine aktive, reflektierte Reinszenierung zu fördern. Diese Technik ermöglicht es Individuen, ihre Erinnerungen nicht nur zu rekonstruieren, sondern auch neu zu erleben und zu interpretieren, wodurch tiefere Einsichten und eine nachhaltigere Heilung möglich werden.[502]

Zentrales Konzept dieser Technik ist es, ein Individuum zum Zuschauer seines eigenen Erlebens zu machen, wobei der Verstand als eine Art Aufnahmegerät fungiert. Dies bedeutet, dass die Person ihre vergangenen Erlebnisse so betrachtet, als würde sie einen Film sehen, wobei sie gleichzeitig in der Lage ist, aktiv einzugreifen und das Geschehen zu beeinflussen. Diese distanzierte, aber dennoch aktive Rolle erlaubt es, vergangene Erfolge spezifisch noch einmal aufzurufen und nicht nur zu erinnern, sondern diese neu zu inszenieren. Durch diese Reinszenierung werden die Ereignisse nicht nur kognitiv, sondern auch gerade emotional neu durchlebt.[503]

Die Methode umfasst mehrere Schritte. Zunächst wird das Erlebnis in allen Einzelheiten wieder hervorgeholt und durchlebt, einschließlich der

502 Vgl. Samide / Ritchey (2021), S. 849f.
503 Ebd., S. 853f.

Sinneseindrücke, Worte und Reaktionen, die damals eine Rolle spielten. Dabei ist es entscheidend, dass ein Individuum nicht nur Zuschauer bleibt, sondern aktiv durch die Situation geht, sie neu erlebt und gegebenenfalls anders darauf reagiert. Dieser Prozess wird durch das Konzept des "Psychodramas"[504] unterstützt, bei dem Emotionen und mentale Prozesse gespiegelt und somit bewusst gemacht werden. Ein Individuum nimmt dabei beide Rollen ein und kann die Geschehnisse beliebig anhalten, diskutieren und Alternativen ausarbeiten. Dies ermöglicht eine tiefe Reflexion und eine differenzierte Auseinandersetzung mit dem Erlebten.[505]

Besonders wichtig ist dabei die getrennte Beachtung der mentalen Prozesse (Gedanken) und Gefühle (Emotionen). Durch diese Differenzierung kann besser verstanden werden, wie bestimmte Gedanken zu bestimmten Gefühlen führen und umgekehrt. Wiederholungen dieses Prozesses fördern das Verstehen und die Gewinnung neuer Erkenntnisse. Durch das erneute Durchleben und die aktive Auseinandersetzung kann ein Heilungsprozess eingeleitet werden, indem verborgene oder verdrängte Gefühle an die Oberfläche gebracht und entlastet werden.

Ein weiterer Aspekt dieser Technik ist die Metapher, die Welt zum Spiel zu machen. Hierbei werden die Regeln des Spiels so gestaltet, dass sie Leichtigkeit und eine flexible Handhabung der Erlebnisse ermöglichen. In einer individualistischen Kultur, in der oft ein kollektiver Irrtum besteht, wie etwa die pluralistische Ignoranz, ist diese Technik besonders wertvoll.[506] Pluralistische Ignoranz beschreibt das Phänomen, dass Individuen ihre eigenen inneren Erfahrungen als abweichend von der Norm betrachten, obwohl viele ähnliche Gefühle und Gedanken haben, dies aber nicht kommunizieren. Diese Diskrepanz führt oft zu einer verzerrten Selbstwahrnehmung, da man sich im Inneren anderen unterlegen fühlt, weil man einen enormen Wissensvorsprung über sich selbst hat.

Die Technik des "Augenzeugen" hilft, diese Innen-Außen-Divergenz zu überbrücken. Durch die bewusste Inszenierung und Reflexion der eigenen Erlebnisse kann der innere Gedankenstrom unterbrochen und neu geordnet werden. Dies führt zu einer konkreteren Selbstwahrnehmung und Selbsteinordnung. Das Individuum lernt, seine innere Welt besser zu verstehen und gleichzeitig milder zu bewerten, was zu einer weniger verzerrten Selbstwahrnehmung führt. Indem die zerstörerische Wirkung des

504 Vgl. Leutz, Grete A. (1974), S. 71–77 und S. 119ff.
505 Ebd., S. 145f.
506 Ebd., S. 153ff.

kontinuierlichen inneren Gedankenstroms unterbrochen wird, entsteht ein sicherer Raum für die Narration und Reflexion, der es ermöglicht, einen authentischeren Blick auf das eigene Geistsystem zu werfen.

Folgende Prinzipien werden bei der Methodik des „Augenzeugen" eingesetzt:

1. Gespiegelter Betrachter des eigenen Erlebens bleiben

Ein Individuum wird angeleitet, seine Erlebnisse aus einer distanzierten Perspektive zu betrachten, ähnlich einem Augenzeugen. Dies ermöglicht es, das eigene Geistsystem wie ein Aufnahmegerät zu nutzen und vergangene Ereignisse ohne die unmittelbare emotionale Beteiligung zu betrachten; die einzelnen mentalen Prozesse werden entkoppelt und isoliert betrachtbar.[507]

- Vergangene Erfolge spezifisch noch einmal aufrufen: Das Individuum erinnert sich nicht nur an frühere Erfolge, sondern inszeniert diese neu. Durch das aktive Durchgehen der Sinneseindrücke, Worte und Reaktionen wird das Erlebnis lebendig und real. Dies beinhaltet, dass der Klient die Erlebnisse nachspielt und dabei die Rollen verschiedener Beteiligter übernimmt.
- Neu erleben und reagieren: Während der Reinszenierung kann ein Individuum die Geschehnisse anhalten, diskutieren, und alternative Reaktionen ausarbeiten. Dieses Element des Psychodramas spiegelt Emotionen wider und ermöglicht es, Reaktionen und Emotionen zu kommentieren und zu reflektieren. Dabei wird auf mentale Prozesse (Gedanken) und Ressourcen (Emotionen) separat geachtet, um eine differenzierte Wahrnehmung zu fördern.
- Wiederholung und Verstehen: Durch die wiederholte Reinszenierung und Reflexion können neue Erkenntnisse gewonnen werden. Dies hilft, unverheilte Wunden oder emotionale Narben zu erkennen und den Heilprozess durch Entlastung und Reinszenierung zu fördern. Diese Technik bringt verborgene oder unterdrückte Gefühle an die Oberfläche und ermöglicht deren Integration.

2. Die Welt zum Spiel machen

Ein zentrales Element dieser Methodik ist es, die äußere Welt als eine Art Spiel der inneren Welt zu betrachten, wobei die Spielregeln metastabil

507 Ebd.

sind.[508] Dies steht im Gegensatz zur oft ernsten und rigiden Wahrnehmung des Alltags und ermöglicht eine flexiblere Auseinandersetzung mit eigenen Erlebnissen und Emotionen, ein Individuum kann mehrere Rollen parallel einnahmen, die Ereignisse anhalten und modifizieren.

- Individualistische Kultur und kollektiver Irrtum: In individualistischen Kulturen herrscht oft pluralistische Ignoranz, bei der Menschen glauben, dass ihre eigenen Gedanken und Gefühle einzigartig sind und von den Normen abweichen. Diese Wahrnehmung führt zu einer verzerrten Selbstwahrnehmung, da man sich innerlich anderen unterlegen fühlt, weil man einen enormen Wissensvorsprung über sich selbst hat.
- Innen-Außen-Divergenz: Es gibt eine Diskrepanz zwischen der inneren und äußeren Wahrnehmung. Während die Struktur der eigenen inneren Welt bekannt ist, einschließlich Schwächen und negativer Gedanken, ist dies bei anderen nicht der Fall. Diese Divergenz führt zu einem Dualismus, der die Selbstwahrnehmung verzerrt.
- Inneren Gedankenstrom unterbrechen: Ein wichtiger Aspekt der Methodik ist das Unterbrechen des kontinuierlichen inneren Gedankenstroms. Dies hilft eine konkrete Selbstwahrnehmung und Selbsteinordnung zu erfahren, die nicht durch potenziell destruktive Gedankenmuster verzerrt ist. Dem "Stream of Continuous" liegt grundsätzlich auch ein zerstörerisches Prinzip zugrunde.[509]

"Der Augenzeuge" bietet als mehrstufige Methode ein strukturiertes und dennoch flexibles Rahmenwerk, das es einem Individuum ermöglicht, dessen Vergangenheit aus einer neuen Perspektive zu betrachten, tiefere Einsichten zu gewinnen und emotionale Ganzheit zu erfahren. Sie fördert eine ganzheitliche Auseinandersetzung mit den eigenen Erlebnissen und

---

508 Ebd., S. 154f.

509 Der "Stream of Continuous" (oder Strom des kontinuierlichen Bewusstseins) beschreibt den ununterbrochenen Fluss von Gedanken, Wahrnehmungen und Empfindungen im menschlichen Geist. Diese kontinuierliche Kette von mentalen Ereignissen kann jedoch auch ein zerstörerisches Prinzip beinhalten. Insbesondere ist hervorzuheben, dass unablässiges Grübeln (Rumination) oder eine dauerhafte negative Gedankenflut zu psychischem Stress, Angstzuständen und Depressionen führen kann. Diese negativen Gedankenschleifen können destruktiv sein, da sie die kognitive und emotionale Belastbarkeit verringern und Prozesse im mentalen System beeinträchtigen.
Vgl. Nolen-Hoeksema / Wisco / Lyubomirsky (2008), S. 402ff.

unterstützt den Prozess der Selbstfindung und Selbstakzeptanz und damit den transaktionalen Durchsatz des Geistsystems.

- Die Methode des „Augenzeugen“ fördert durch reflektierte Reinszenierung die Verarbeitung persönlicher Erlebnisse, indem Individuen ihre Erinnerungen rekonstruieren und neu interpretieren, was mentale Transaktionsprozesse anregt und Komplexe dadurch verändern oder auflösen kann.
- Diese Technik erlaubt es Individuen, als distanzierte Zuschauer ihrer eigenen Erlebnisse zu agieren, wodurch sie aktiv in die reimaginierten Geschehnisse eingreifen können, um vergangene Ereignisse emotional und kognitiv neu zu erleben und zu verarbeiten.
- Durch das bewusste Inszenieren und Reflektieren eigener Erlebnisse hilft die Methode, die Diskrepanz zwischen innerer und äußerer Wahrnehmung zu überbrücken, was zu einer authentischeren Selbstwahrnehmung und einer weniger verzerrten Selbstbewertung führt.

Wandering Mind:

Die Technik des "Wandering Mind" beschreibt zunächst einen Zustand, in dem das Gehirn sich ohne eine spezifische Aufgabe der inneren Welt zuwendet und dabei verschiedene sensorische Ebenen involviert, wie visuelle, auditorische, olfaktorische, gustative und somatosensorische Wahrnehmungen.[510] Diese Art des freien, ungeplanten Denkens ermöglicht es dem Geist, auf natürliche Weise von einem Gedanken zum nächsten zu springen, ohne durch externe Anforderungen oder Aufgaben begrenzt zu sein.[511]

Eine der wesentlichen Eigenschaften des Wandering Mind ist seine Fähigkeit, verschiedene sensorische Modalitäten zu integrieren. Während das Gehirn ohne spezifische Aufgaben im Ruhezustand arbeitet, können visuel-

510 Vgl. Smallwood / Schooler (2015), S. 490–492.

511 Das Konzept des Wandering Mind wurde als eine zentrale menschliche Fähigkeit identifiziert, die eine wichtige Rolle in der mentalen Auslastung spielt. Im Zustand des Wandering Mind ist das Gehirn besonders aktiv und nutzt eine Vielzahl von neuronalen Netzwerken, einschließlich des Default Mode Networks (DMN), das bei introspektiven Gedanken, Selbstreflexion und dem Abrufen von Erinnerungen beteiligt ist.
Vgl. Christoff / Gordon / Smallwood / Smith / Schooler (2009), S. 8721–8723.

le Bilder, Geräusche, Gerüche, Geschmäcker und körperliche Empfindungen spontan auftauchen und miteinander interagieren. Diese multisensorischen Erfahrungen tragen dazu bei, dass das Individuum eine reiche innere Welt erschafft und erlebt.

Der Wandering Mind fördert ebenfalls kreative Problemlösungen und innovative Ideen, indem er dem Gehirn erlaubt, frei und ohne Einschränkungen zu assoziieren. Viele bedeutende wissenschaftliche und künstlerische Durchbrüche sind in Momenten des gedankenverlorenen Umherschweifens entstanden, wenn das Gehirn unerwartete Verbindungen zwischen scheinbar unzusammenhängenden Konzepten herstellte.[512] Diese Fähigkeit, neue und originelle Ideen zu generieren, ist ein entscheidender Bestandteil der menschlichen Kreativität. Zudem hat der Wandering Mind eine wichtige Funktion in der Verarbeitung von Emotionen und der persönlichen Reflexion. Durch das ungehinderte Umherschweifen können Individuen ihre Gefühle und Gedanken in einem freien, nicht wertenden Raum erkunden. Dies kann zur emotionalen Regulierung und einem tieferen Verständnis der eigenen psychischen Prozesse beitragen. Untersuchungen haben gezeigt, dass Menschen, die regelmäßig Zeit mit Tagträumen oder gedankenverlorenem Umherschweifen verbringen, häufig ein höheres Maß an emotionaler Resilienz und psychischem Wohlbefinden aufweisen.

Darüber hinaus ist der Wandering Mind für die Planung und das Vorausschauen auf zukünftige Ereignisse von Bedeutung. Indem das Gehirn ohne konkrete Aufgabe frei assoziiert, können Szenarien und Pläne für die Zukunft entworfen und mental durchgespielt werden. Diese vorausschauende Denkweise hilft Individuen, sich auf kommende Herausforderungen vorzubereiten und ihre Ziele und Wünsche zu klären.

- Die Technik des Wandering Mind ist eine essentielle Komponente der menschlichen Kognition.
- Diese schulbare Fähigkeit ermöglicht es dem Gehirn, auf allen sensorischen Ebenen frei zu arbeiten, und trägt wesentlich zur aktiven Lebensgestaltung bei.
- Durch das Zulassen und Ermutigen von gedankenverlorenem Umherschweifen können Individuen ein tieferes Verständnis ihrer selbst und ihrer Umwelt entwickeln.

---

512 Vgl. Smallwood / Schooler (2015), S. 502ff.

Emotionskarte:

Die Technik der Emotionskarte (auch bekannt als "Emotion Mapping" oder "Emotion Map") ist ein innovatives psychologisches Werkzeug, das darauf abzielt, individuelle emotionale Erfahrungen beziehungsweise die emotionale Bewertung von Erinnerungen räumlich und visuell darzustellen.[513] Diese Technik hilft dabei, ein besseres Verständnis der eigenen Gefühlswelt zu erlangen und emotionale Muster sowie deren Auslöser zu identifizieren.

Bei der Erstellung einer Emotionskarte wird ein Individuum aufgefordert, eine Karte oder ein Diagramm zu zeichnen, das verschiedene emotionale Zustände und deren Intensitäten in Bezug auf spezifische Lebensereignisse oder -situationen darstellt. Diese visuelle Darstellung kann auf unterschiedliche Weise erfolgen, beispielsweise durch die Nutzung von Farben, Symbolen oder Bildern, die jeweils unterschiedliche Emotionen repräsentieren. Die Technik erfordert, dass sich ein Individuum seiner Gefühle bewusst wird, jene klar wahrnimmt und in Beziehung zu den Auslösern und Kontexten setzt, in denen diese Emotionen auftreten.

Ein zentraler Aspekt der Emotionskarte ist die Identifikation von Mustern und Zusammenhängen zwischen Emotionen und bestimmten Erlebnissen oder Kontexten. Durch das visuelle Mapping werden oft unbewusste emotionale Reaktionen und deren Zusammenhänge deutlich sichtbar, was eine tiefere Einsicht in die eigene emotionale Dynamik ermöglicht. Diese Technik fördert somit die Selbstreflexion und das emotionale Bewusstsein, was für die emotionale Regulation und das Wohlbefinden von entscheidender Bedeutung ist.[514]

Die Emotionskarte kann beispielsweise verwendet werden, um dysfunktionale Gedankenmuster und deren emotionale Auswirkungen auf das Geistsystem zu identifizieren und zu verändern oder den Zugang zu tieferliegenden Emotionen zu erleichtern und diese zu verarbeiten. Sie unterstützt die Rekonstruktion und Neubewertung von Narrationen aus einer emotionalen Perspektive.

---

513 Vgl. auch Kokoska / Nicholson (2005), S. 388ff.

514 Vgl. Greenberg / Paivio (1997).

- Die Emotionskarte ist eine wirkungsvolle Technik, die es Individuen ermöglicht, ihre emotionale Landschaft visuell darzustellen und zu analysieren.
- Sie fördert das emotionale Bewusstsein, die Selbstreflexion und die Kommunikation in der Therapie und bietet wertvolle Einblicke in die Zusammenhänge zwischen Emotionen und Erinnerungen.
- Durch die Identifikation und Neubewertung emotionaler Muster unterstützt die Emotionskarte die Bewusstwerdung der Ressource Emotion.

Freudenrekonstruktion / Freudenbiographie:

Die psychologische Technik der Freudenrekonstruktion zielt darauf ab, vergangene freudige Erlebnisse zu analysieren und neu zu bewerten, um deren positive Wirkung im gegenwärtigen Moment zu maximieren. Sie basiert auf der Vorstellung, dass Freude nicht nur im Moment des Erlebens, sondern auch durch die bewusste Erinnerung und Reflexion über diese Momente eine tiefgreifende Wirkung auf das Individuum haben kann.

Freudenrekonstruktion beginnt mit der Erinnerung an freudige Ereignisse, wobei sowohl die Aspekte der Freude als auch die damit verbundenen Schwierigkeiten berücksichtigt werden. Freude wird oft als ein emotionaler Zustand beschrieben, in dem Erwartungen übertroffen werden, was zu einem Gefühl des Einverständnisses mit der Welt und der eigenen Situation führt.[515] Dieser Zustand erzeugt emotionale Höhen und Weiten, die sogar eine bedingte Suggestion des Transzendentalen hervorrufen können.[516]

Ein zentraler Aspekt der Freudenrekonstruktion ist die Entwicklung einer sogenannten "Freudenbiografie". Diese biografische Reflexion zeichnet die Veränderungen und Entwicklungen der Freude im Laufe des Lebens nach und hilft dabei, Muster und Schlüsselereignisse zu identifizieren, die zu besonderen Momenten der Freude geführt haben. Diese Analyse kann aufzeigen, wie Freude das Leben geformt hat und welche Faktoren besonders förderlich waren.[517]

---

515 Vgl. Kast (2010), S. 79f.
516 Vgl. Csikszentmihalyi (2002), S. 124ff.
517 Vgl. Kast (2010), S. 80f.

Freude hat die besondere Fähigkeit, die Ich-Grenzen zu öffnen und Vertrauen sowie Naivität[518] zu fördern, was jedoch auch zu einer erhöhten Verletzlichkeit führen kann. Dennoch ist das Erleben und Erinnern von Freude eine zentrale Ressource des Selbst. Freude ist eine universelle Emotion, die durch eine Vielzahl von Auslösern wie Leistung, Beziehungen, Konsum, Wachstum, Schönheit und sogar durch die Abwesenheit von Schmerz hervorgerufen werden kann.[519] Ein wesentlicher Teil der Freudenrekonstruktion ist das Schaffen eines präzisen Rahmens für die Imagination. Dies beinhaltet die Identifikation der Auslöser für Freude, das bewusste Erleben der damit verbundenen Gefühle und die Reflexion über deren Auswirkungen auf Stimmung und Verhalten. Vorfreude, die durch Imagination, Neugier und Unsicherheit gekennzeichnet ist, spielt ebenfalls eine Rolle. Indem man sich freudige Ereignisse detailliert vorstellt und diese wiedererlebt, können diese positiven Gefühle in die Gegenwart gebracht und sogar erweitert werden.[520]

Die emotionale Ansteckung ist ein weiteres Phänomen, das in der Freudenrekonstruktion genutzt wird. Freude kann nicht nur von anderen Menschen übernommen werden, sondern auch durch den eigenen Rückgriff auf freudige Erinnerungen verstärkt werden. Diese "Selbstansteckung" mit Freude hilft, eine stärkere Verbindung zu sich selbst herzustellen und die Qualität der eigenen Freude besser zu erkennen und zu schätzen. Dankbarkeit spielt hier eine wichtige Rolle, da sie hilft, freudige Erlebnisse bewusst zu reflektieren und wertzuschätzen. Dies kann durch Wehmut unterstützt werden, die es ermöglicht, vergangene Freuden erneut zu erleben und sie in die Gegenwart zu holen. Diese Philosophie der Freude, wie sie auch von Epikur beschrieben wird, betont die Bedeutung von sowohl bewegten als auch stillen Freuden sowie deren Umfang und Durchdringung im Leben.[521]

In diesem Kontext sei betont, dass Freude auch in einem (inneren wie äußeren) ökonomischen Sinne die mitunter bedeutsamste, reichhaltigste Emotion ist[522], da sie einen Grundpfeiler des mentalen Systems als sein

---

518 Ein Persönlichkeitsmerkmal, das durch Gutgläubigkeit, Unkenntnis und eine einfache Weltsicht gekennzeichnet ist. Naive Personen tendieren dazu, anderen ohne ausreichende Skepsis zu vertrauen und komplexe Situationen zu vereinfachen. Vgl. auch Peterson / Seligman (2004), S. 549f.

519 Dieser Aspekt ist eng mit Humor verknüpft. Vgl. ebd. S. 584ff.

520 Vgl. Fredrickson (2001), S. 223f.

521 Vgl. Kast (2010), S. 86.

522 Freude spielt nicht nur auf individueller und emotionaler Ebene eine bedeutende Rolle, sondern hat auch erhebliche Implikationen in einem makroökonomischen

Telos darstellt. Diese teleologische Perspektive besagt, dass Freude nicht nur eine zufällige oder nebensächliche Emotion ist, sondern das Hauptziel, auf das das menschliche Leben und seine verschiedenen Aktivitäten ausgerichtet sind. Aristoteles' Konzept der *Eudaimonie* (oft übersetzt als Glück oder Wohlbefinden) betont, dass das Streben nach Freude und Erfüllung das höchste Ziel des menschlichen Lebens ist:

> *„Das Gute, das höchste Ziel, ist die Eudaimonie. Und zwar lautet dann die Definition der Eudaimonie: die Tätigkeit der Seele gemäß der Tugend, und zwar nach der besten und vollkommensten Tugend in einem vollkommenen Leben.“*[523]

Kontext. Ökonomisch betrachtet, ist Freude eine fundamentale und äußerst reichhaltige Emotion, die auch als eine Konstante des menschlichen ökonomischen Systems angesehen werden kann. Ihre Bedeutung liegt in ihrer Fähigkeit, Motivation, Produktivität und soziales Kapital zu fördern.
Freude als Motivator und Treiber der Produktivität: Freude und positive Emotionen allgemein sind starke Motivatoren. Sie fördern nicht nur die individuelle Leistung, sondern auch die kollektive Produktivität in Organisationen und Gesellschaften. Nach der Broaden-and-Build-Theorie erweitern positive Emotionen wie Freude die Denk- und Handlungsspielräume von Individuen, was zu kreativerem Problemlösen, besserer Entscheidungsfindung und erhöhter Flexibilität führt. Diese erweiterte Denkweise ist entscheidend für Innovation und Effizienzsteigerung, die in ökonomischen Systemen von hoher Bedeutung sind. (Vgl. Fredrickson (2001), S. 219–222).
Freude als Bestandteil des sozialen Kapitals: Freude trägt wesentlich zum Aufbau und zur Pflege sozialer Netzwerke und Beziehungen bei. Positive soziale Interaktionen, die Freude hervorrufen, stärken das soziale Kapital – ein Netzwerk von Beziehungen, das auf Vertrauen, Kooperation und Gegenseitigkeit basiert. Dieses soziale Kapital ist in ökonomischen Kontexten von unschätzbarem Wert, da es die Zusammenarbeit und den Wissensaustausch fördert, die für wirtschaftliches Wachstum und Entwicklung unerlässlich sind.
Freude und Konsumverhalten: Ökonomisch betrachtet, ist Freude auch ein zentraler Treiber des Konsumverhaltens. Konsumgüter und Dienstleistungen, die Freude bereiten, sind besonders nachgefragt. Die Fähigkeit eines Produkts, Freude zu erzeugen, kann dessen Marktwert erheblich steigern. Dies zeigt sich in der Erlebnisökonomie, wo der Wert von Produkten und Dienstleistungen zunehmend durch die Erfahrungen und Emotionen bestimmt wird, die sie erzeugen. (Vgl. Pine / Gilmore (1999), S. 1ff.)
Freude und Lebenszufriedenheit: Die Lebenszufriedenheit und das Wohlbefinden, die stark von der Fähigkeit zur Erfahrung von Freude abhängen, haben auch direkte ökonomische Konsequenzen. Glückliche und zufriedene Individuen sind gesünder, produktiver und weisen geringere Fehlzeiten auf, was sich positiv auf die Wirtschaft auswirkt. Untersuchungen haben gezeigt, dass Länder mit höherem subjektiven Wohlbefinden auch höhere wirtschaftliche Leistung aufweisen (Vgl. Diener / Seligman (2004), S.3ff.)

523 Aristoteles (1956), S. 12.

- Die Freudenrekonstruktion ist eine strukturierte Technik, um vergangene freudige Erlebnisse zu analysieren und zu bewerten, was zu einer stärkeren emotionalen Resilienz und einem tieferen Verständnis des eigenen Selbst führen kann.
- Diese Technik betont die Vielfalt der Quellen der Freude und die Bedeutung der bewussten Reflexion und Wertschätzung, um die positiven Effekte dieser Emotion zu maximieren und nachhaltig in das eigene Leben zu integrieren.

Der Zeitdieb* / Diamantendieb*:

Die psychologische Technik des "Zeitdieb / Diamantendieb" ist ein integrierter Ansatz, der darauf abzielt, individuelle Wahrnehmungen von Zeit und persönlichen Ressourcen in einem ökonomischen Kontext zu analysieren und zu transformieren. Diese Technik basiert auf der metaphorischen Vorstellung, dass bestimmte Gedankenmuster und Verhaltensweisen entweder als „Zeitdiebe“ oder „Diamantendiebe“ fungieren können. Während Zeitdiebe sich auf Aktivitäten und Gedanken beziehen, die wertvolle Zeit stehlen und ineffektiv nutzen, konzentrieren sich Diamantendiebe auf jene inneren und äußeren Einflüsse, die das Potenzial und die wertvollen Aspekte des eigenen Lebens und Selbstbildes untergraben. Beide Faktoren spielen im individuellen Umgang mit Imagination und Imaginationsrekonstruktion als vitale Funktion des Geistsystems eine Rolle, da jene in direkter Korrelation zu diesen ausgeübt wird (beziehungsweise gehemmt werden kann.[524]

1. **Zeitdiebe**
   Zeitdiebe repräsentieren all jene Aktivitäten und gedanklichen Prozesse, die die verfügbare Zeit eines Individuums verschwenden und es daran hindern, produktive und erfüllende Aufgaben zu erledigen. Diese können alltägliche Ablenkungen sein, wie etwa übermäßige Nutzung sozialer Medien, unnötiges Aufschieben (Prokrastination) oder ineffizientes Zeitmanagement.[525]
   Der erste Schritt in der Technik des „Zeitdieb / Diamantendieb“ ist die Identifikation der Zeitdiebe. Hierzu kann das Individuum eine detaillier-

524 Vgl. Seligman (2002), S. 53ff.

525 Vgl. Steel (2007), S. 67ff. und Kuss / Griffiths (2011), S. 3528ff. sowie Claessens / van Eerde / Rutte / Roe (2007), S. 258–269.

te Aufzeichnung seiner täglichen Aktivitäten führen, um herauszufinden, welche Aufgaben und Gedanken Zeit stehlen. Die Analyse dieser Aufzeichnungen ermöglicht es, Muster zu erkennen und spezifische Zeitdiebe zu identifizieren. Nach der Identifikation folgt die Intervention. Diese beinhaltet das Entwickeln und Implementieren von Strategien zur Minimierung oder Eliminierung der identifizierten Zeitdiebe. Ziel ist es, eine effizientere Nutzung der Zeit zu fördern und den Fokus auf produktive und erfüllende Tätigkeiten zu lenken.

2. **Diamantendiebe**
   Diamantendiebe hingegen symbolisieren die inneren und äußeren Kräfte, die das Potenzial und die wertvollen Eigenschaften eines Individuums beeinträchtigen oder untergraben. Dies können negative Selbstüberzeugungen, destruktive Kritik von außen oder selbstsabotierende Verhaltensmuster sein, die das Selbstwertgefühl und die Lebensqualität reduzieren.[526]
   Der Prozess beginnt mit der Identifikation dieser Diamantendiebe durch Selbstreflexion und äußerer Unterstützung. Hierzu können Methoden wie das Führen eines Tagebuchs, therapeutische Gespräche oder Selbstreflexionsübungen genutzt werden. Ziel ist es, ein tiefes Verständnis für die Quellen und Auswirkungen dieser Diamantendiebe zu entwickeln. Im nächsten Schritt erfolgt die Transformation dieser negativen Einflüsse. Dies kann durch kognitive Verhaltenstherapie, positive Affirmationen und die Entwicklung neuer, positiver Selbstüberzeugungen geschehen. Indem die Individuen lernen, ihre Diamantendiebe zu erkennen und zu neutralisieren, stärken sie ihr Selbstbewusstsein und fördern ihre imaginative Entwicklung und Resilienz.

Die Techniken der Zeitdiebe und Diamantendiebe sind komplementär und sollten integrativ angewendet werden. Ein Bewusstsein für Zeitdiebe fördert eine effizientere Nutzung der Zeit, während das Erkennen und Überwinden von Diamantendieben das Selbstwertgefühl und die Effizienz des mentalen Systems übergreifend stärkt.[527] Diese duale Strategie kann Individuen helfen, ihr Leben effektiver und erfüllender zu gestalten, indem sie sowohl äußere Ablenkungen als auch innere Barrieren adressieren.

526 Vgl. dazu auch Seligman (2002).
527 Vgl. Steel (2007), S. 80f.

- Die Technik des "Zeitdieb / Diamantendieb" bietet einen ganzheitlichen Ansatz zur Verbesserung der Lebensqualität durch die bewusste und gezielte Veränderung von Zeitmanagement und Selbstwahrnehmung.
- Zeitdiebe sind Aktivitäten und gedankliche Prozesse, die Zeit verschwenden. Diamantendiebe sind innere und äußere Einflüsse, die das Potenzial und die wertvollen Eigenschaften eines Individuums untergraben.
- Die Techniken der Zeitdiebe und Diamantendiebe werden integrativ angewendet, um sowohl äußere Ablenkungen als auch innere Barrieren zu adressieren. Diese duale Strategie fördert eine effektivere und erfüllendere Lebensgestaltung, indem sie das Selbstwertgefühl und die Effizienz des mentalen Systems stärkt.

Methoden und Techniken der transzendentalen Narration

In Kapitel DREI wurde die Methodologie der transzendentalen Narration bereits ausführlich eingeführt; hier möchte ich noch auf einige allgemeine weiterführende Aspekte und Hintergründe eingehen, bevor einige Methoden und Techniken im Rahmen der ökonomischen Erkenntnistherapie näher erläutert werden.

Die psychologische Narration beschäftigt sich mit der Art und Weise, wie Geschichten und Erzählungen psychologische Prozesse widerspiegeln, beeinflussen und formen.[528] Diese Prinzipien lassen sich in mehreren Kernelementen zusammenfassen, die sowohl kognitive als auch emotionale Dimensionen umfassen.

Zunächst haben alle Formen der Narration die kognitive Umsetzung (also deren «Verarbeitung») von Geschichten zum Ziel. Innere Erzählstränge strukturieren Informationen in einer Weise, die die menschliche Kognition optimal anspricht. Alle Erzählstrukturen beginnt mit der Schemabildung. Ein Schema ist ein kognitives Konstrukt, das Individuen verwenden, um Informationen zu organisieren und zu interpretieren.[529] Die Analyse der individuellen Erzählschemata steht daher am Anfang der psychologischen Beschäftigung mit Narrationsmethoden und -Techniken.

528 Vgl. Bartlett (1932), S. 191ff.

529 Geschichten nutzen bekannte Schemata, wie z.B. die Struktur von Anfang, Mitte und Ende, um Verständnis und Erinnerung zu erleichtern. Vgl. ebd., S. 201–203.

Ein weiterer wichtiger Aspekt ist die Kohärenz von Erzählstrukturen.[530] Psychologisch gesehen suchen alle individuellen Geistsysteme nach kohärenten Geschichten, da diese einfacher zu verstehen und zu verarbeiten bzw. zu erinnern sind. Kohärente Geschichten erleichtern das kognitive Mapping auch bei Eigennarrationen, so dass Ereignisse in einer verständlichen und sinnvollen Weise verknüpft werden können.[531] Dabei spielt die emotionale Einbindung eine wichtige Rolle. In diesem Zusammenhang steht auch die narrative Transportations-Theorie, welche besagt, dass Individuen, die tief in eine selbst erzählte Geschichte eintauchen, eine starke emotionale und mentale Einbindung erfahren.[532] Dies kann individualpsychologisch durch verschiedene narrative Techniken unterstützt werden. Ein hoher Grad an emotionaler Einbindung führt dazu, dass die Geschichte nicht nur kognitiv verarbeitet, sondern auch affektiv erlebt wird und effektiver rekonstruiert werden kann. Dies belegt auch das Konzept des emotionalen Bogens.[533] Ein solcher emotionaler Bogen umfasst in der Eigennarration klare Verläufe von Emotionen und grenzt diese auch deutlich voneinander ab. Die Übergänge sind dabei Momente des bewussten Erlebens, welche den Wert von Erinnerungen in der Eigennarration mit definieren. Grundsätzlich hat die individuelle Narrativik eine Auswirkung auf Empathie als zusätzliche mentale Ressource.

Im Kontext der ökonomischen Erkenntnistherapie aktiviert die individuelle (Eigen-)Narratik des Geistsystems primär zwei konkrete psychologische Mechanismen:

- Einer davon ist die kognitive Dissonanzreduktion. Narrationen, die bestehende Überzeugungen und Werte in Frage stellen, können initial kognitive Dissonanz erzeugen, doch durch die narrative Struktur und den emotionalen Bogen der Eigennarratik (der Erinnerungsrekonstruktion)

530 Kohärenz bezieht sich dabei auf die interne Logik und Konsistenz einer Narration.

531 Ebd.

532 Die narrative Transporttheorie (NTT) geht davon aus, dass Menschen, wenn sie eine Geschichte lesen, sehen oder hören, einen «Zustand des Transports» erleben können, was bedeutet, dass sie sich emotional involviert, geistig fokussiert und fantasievoll in die Welt der Geschichte versetzt fühlen. Je mehr sie in die Erzählung integriert sind, desto wahrscheinlicher ist es, dass sie deren Botschaften akzeptieren, sich in die Figuren hineinversetzen und ihre eigenen Überzeugungen oder Handlungen im Einklang mit der Geschichte ändern.
Vgl. Green / Brock (2002), S. 323ff.

533 Geschichten, die einen klaren emotionalen Verlauf haben, sind effektiver in ihren Narrationseffekten.

kann diese Dissonanz zunächst aufgefangen oder reduziert und final integriert werden.[534] Narratik ist also so zu gestalten, dass eine möglichst belastbare mentale Prozessstruktur gefördert wird, welche flexibel auf Dissonanz reagieren kann.

- Der andere Mechanismus ist die perspektivische Übernahme. Dies bezieht sich auf die individualpsychologische Fähigkeit, sich in ein breites Spektrum an unterschiedlichen (auch widersprüchlichen) Eigenerzählstrukturen hineinversetzten zu können.[535]

Zusammengefasst bieten die allgemeinen Prinzipien der psychologischen Narration einen umfassenden Rahmen, um zu verstehen, wie Eigennarration auf kognitiv-emotionaler (und letztendlich auch intersozialer, sprich kollektiv-intersubjektiv konstituierender) Ebene wirken. Sie verdeutlichen die Komplexität der Interaktionen zwischen den verschiedenen Prozessen und Transaktionsmechanismen des Geistsystems und unterstreichen die Macht der Narratik, individuelles Denken, Fühlen und Handeln zu beeinflussen.

Der Märchenerzähler:

Die Methodik des «Märchenerzählers» basiert auf der tiefgreifenden Wirkung von Geschichten und Märchen auf das menschliche Denken, Fühlen und Verhalten.[536] Diese Methodik integriert kulturelle und traditionelle Elemente des Erzählens, nutzt Grundmotive von Märchen, und setzt geführte Narrationstechniken ein, um die wesentlichsten Verbindungspunkte im Leben eines Individuums zu identifizieren und anschließend gezielt zu bearbeiten. Ziel ist es, ein umfassendes Bild des Lebens als Märchen zu entwickeln, magisches Denken und Imagination zu fördern und so innere Erkenntnis und persönliche Entwicklungslinien zu unterstützen.

Diese Methodik berücksichtigt die tief verwurzelten Traditionen des Märchenerzählens in verschiedenen Kulturen. Märchen sind stets Geschichten, die universelle menschliche Erfahrungen und Werte vermitteln und tief in kollektives Unbewusstsein eintauchen. Indem die Methodik des «Märchenerzählers» diese soziokulturellen Elemente einbindet, wird eine Verbindung zu den individuellen kulturellen Wurzeln und Traditionen eines Individuums hergestellt. Diese Verbindung fördert ein Gefühl eigenen

534 Vgl. Pennebaker / Smyth (2016), S. 65ff.
535 Vgl. Apperly (2012), S. 826–829.
536 Vgl. Lüthi (1976), S: 112–118.

Identität und bietet dadurch einen optimalen Einstieg in die eigenen Narrationen.

Märchen enthalten Grundmotive wie Heldenreisen, Prüfungen, Transformationen und Erlösungen, die tief in der individuellen wie kollektiven Psyche verankert sind. Bei dieser Methodik werden diese Grundmotive genutzt, um die inneren Konflikte und Herausforderungen eines Individuums zu spiegeln.[537] Dies ermöglicht eine tiefere Reflexion und ein besseres Verständnis der eigenen Lebensumstände. Als geführte Narrationstechnik fungiert bei dieser Methodik das ICH eines Individuums als „Märchenerzähler", der den Eigennarrationsprozess (angeleitet durch sein therapeutisches Gegenüber) als eine strukturierte Erzählung konstruiert. Dies geschieht in mehreren Phasen:

1. Erzählphase: Die Vorstellung eines (oder mehrerer) ausgewählten Märchens, das inhaltlich auf die spezifischen Themen und Herausforderungen eines Individuums abgestimmt ist.
2. Reflexionsphase: Gemeinsames Reflektieren über die Bedeutung der Märchenmotivik und deren Parallelen zum Erleben und Erinnern des eigenen Geistsystems.
3. Kreationsphase: Ein Individuum wird ermutigt, seine eigene Lebensgeschichte in Form eines Märchens zu erzählen, wobei es die Grundmotive und Strukturen des Märchens (bzw. der Märchen) verwendet.

Diese Methode legt einen starken Fokus auf die Identifikation und Bearbeitung von verbindenden Knotenpunkten im Leben des Klienten. Dies sind Schlüsselerlebnisse oder Wendepunkte, die das Leben eines Individuums nachhaltig geprägt haben. Durch die narrative Struktur des Märchens werden diese Punkte herausgearbeitet und in einen kohärenten Kontext gesetzt. Das Geistsystems eines Individuums lernt dabei, die Eigennarratik als eine zusammenhängende, komplexere Erzählstruktur zu verstehen, was zur Selbstintegration und verstärkten Akzeptanz von vergangenen Erinnerungen beiträgt.

Ein weiteres Ziel des «Märchenerzählers» ist es, ein umfassendes Gesamtbild eines individuellen Lebens und der dahinterliegenden, oft verworrenen Ereignisstränge zu entwickeln. Durch die Märchenerzählung wird

537 Beispielsweise kann die Geschichte eines Helden, der eine Reihe von Prüfungen bestehen muss, um ein Ziel zu erreichen, als Metapher für die persönlichen Kämpfe und Erfolge dienen.
Vgl. ebd.

das Leben als eine kohärente, sinnvolle Geschichte dargestellt, die sowohl Höhen als auch Tiefen umfasst. Dabei wird auch das magische Denken[538] und die Imagination des Geistsystems gefördert. Magisches Denken, das in Märchen allgegenwärtig ist, kann in der ökonomischen Erkenntnistherapie genutzt werden, um neue Perspektiven und Lösungsansätze für bestehende, offene oder unterbrochene Transaktionsprozesse zu entwickeln. Es ermöglicht dem Geistsystem zunehmend, über konventionelle Denkprozesse hinauszugehen und kreative Wege zur Problembewältigung zu finden, indem holistische Muster gefunden, anerkannt und letztendlich auch integriert werden können.

Die Methodik des «Märchenerzählers» nutzt wesentliche psychologischen Prinzipien der Narration, um therapeutische Prozesse zu unterstützen. Indem kulturelle und traditionelle Erzähltechniken integriert werden, werden universelle menschliche Motive und persönliche Lebensgeschichten miteinander verknüpft. Die geführte Narrationstechnik, die Konzentration auf Lebensereignisse und das Aufbauen eines Gesamtbildes fördern das individuelle magische Denken und die allgemeine Imagination. Diese Methodik ermöglicht es, ein Leben als bedeutungsvolle, zusammenhängende und holistische Geschichte zu betrachten, was zum Ganzheiterleben und zum Auflösen von Komplexen beiträgt.

Übungen der meditativen Narration:

Die Therapiemethodik der "Übungen der meditativen Narration" integriert Prinzipien der narrativen Therapie und meditativer Praktiken, um die mentale Geschmeidigkeit der Eigennarration zu fördern. Diese Methode basiert auf der Annahme, dass Geschichten und Erzählungen mächtige Werkzeuge zur Selbstreflexion und emotionalen Verarbeitung sind, während meditative Techniken dabei helfen, einen Zustand der inneren Ruhe und Klarheit zu erreichen. Durch die Kombination dieser Ansätze können Individuen tiefere Einsichten in ihre Lebensgeschichte gewinnen und gleichzeitig eine verbesserte emotionale Regulation und geistige Ausgeglichenheit erreichen, was narrative Prozesse im Geistsystem generell verbessert.

538 Vgl. von Franz (1971), S. IVff.

Die Übungen der meditativen Narration nutzen die kognitiven Prinzipien der Schemabildung und Kohärenz sowie emotionale Einbindung.[539] Die narrativen Komponenten helfen, Erinnerungen in eine verständliche und zusammenhängende Geschichte zu integrieren, während meditative Praktiken die emotionale Einbindung und Regulation unterstützen. Diese Kombination fördert die narrative Kohärenz, indem sie eine sichere und entspannte Umgebung schafft, in der Klienten ihre Geschichten reflektieren und reorganisieren können. Ziel der Methodik ist es, individuelle narrative Identitäten zu überarbeiten und neu zu gestalten, indem vergangene Erlebnisse verarbeiten und neu interpretiert werden. Dies kann zu einer Reduktion von Symptomen wie Angst, Depression und posttraumatischer Belastung führen. Durch die meditative Komponente soll zudem die Achtsamkeit und Selbstakzeptanz der Klienten gestärkt werden.

Grundsätzlich ist die Methodik in sechs Schritte untergliedert:

1. Einleitung und Setting: Jede Sitzung beginnt mit einer kurzen Einführung zu den Zielen und dem Ablauf der Übung erklärt. Es wird eine ruhige und sichere Atmosphäre geschaffen, die es ermöglicht, sich zu entspannen und zu fokussieren.
2. Geführte narrative Meditation: Die Sitzung beginnt mit einer geführten Meditation, die darauf abzielt, ein Individuum in einen Zustand der Ruhe und Achtsamkeit zu versetzen. Diese Phase kann Atemübungen, progressive Muskelentspannung und Visualisierungstechniken beinhalten, um den Geist zu beruhigen und die Konzentration zu fördern.
   Narrative Meditation nutzt die Kraft der Erzählung, um einen liebevollen und achtsamen Fokus auf einen Gegenstand oder ein Thema zu lenken. Ein zentrales Element dieser Technik ist die Einbettung des Gegenstandes in seine historische und gemeinsame Bedeutung. Ein typisches Beispiel ist die Meditation über einen persönlichen Gegenstand, etwa ein Erbstück. Ein Individuum wird angeleitet, sich intensiv mit dem Gegenstand zu verbinden, seine physische Beschaffenheit zu fühlen und gleichzeitig seine Geschichte und Bedeutung zu reflektieren. Durch diesen Prozess entstehen eine tiefere Verbindung und ein Verständnis für die symbolische und emotionale Bedeutung des Gegenstandes im eigenen Leben und in der gemeinsamen Geschichte. Eine weitere Technik der narrativen Meditation ist das Finden von "Knoten und Strängen". Hierbei

539 Vgl. Cozolino (2010), S. 160–180.

wird ein Individuum ermutigt, die verschiedenen Verbindungen und Beziehungen, die der Gegenstand repräsentiert, zu identifizieren und zu verknüpfen. Diese Übung hilft, ein mentales Netzwerk zu weben, das die Komplexität und Interkonnektivität von Erfahrungen und Erinnerungen visualisiert. Dies unterstützt die Integration von fragmentierten oder verdrängten Erinnerungen und fördert ein kohärentes Selbstverständnis.[540]

3. Narrative Exploration: Nach der Meditation wird ein Individuum eingeladen, eine spezifische Lebensgeschichte oder ein bestimmtes Erlebnis zu reflektieren und zu erzählen. Der Therapeut kann Fragen stellen, die ein Individuum anregen, tiefer in ihre Erinnerungen und Gefühle einzutauchen, und dabei helfen, kohärente und bedeutungsvolle Narrative zu entwickeln.
4. Narrative Umstrukturierung: Anschließend werden die Erzählungen durch die Individuen überarbeitet und zu rekonstruiert, wobei neue Perspektiven entdeckt und alternative Interpretationen entwickelt werden können, die emotionale Belastungen verringern und positive Veränderungen der Narratik fördern können.
5. Imaginative Meditation und meditative Integration: Nach der narrativen Exploration folgt eine weitere Phase der Meditation, die darauf abzielt, die gewonnenen Einsichten und Veränderungen zu integrieren. Diese Phase kann stille Meditation, achtsames Atmen oder die Visualisierung (positiver) zukünftiger Szenarien umfassen. Die imaginative Meditation richtet sich auf die kreative und zukunftsorientierte Auseinandersetzung mit einem Gegenstand oder einer Situation. Eine Übung besteht darin, einen Gegenstand so zu betrachten, als sähe man ihn zum ersten Mal. Ein Individuum wird angeleitet, das Potenzial und die Möglichkeiten, die dieser Gegenstand bietet, zu erkennen und sich vorzustellen. Dieser imaginative Prozess bringt die Zukunft des Gegenstandes in die Gegenwart und ermöglicht es dem Teilnehmer, neue Perspektiven und Wege zu entdecken.

   Ein weiterer Aspekt der imaginativen Meditation ist die Exploration der Dualität der Zukunft. Hierbei wird ein zukünftiges Ereignis in zwei mögliche Ergebnisse aufgespalten. Ein Individuum wird eingeladen, beide Szenarien detailliert zu imaginieren und ihre Implikationen zu erfassen. Diese Übung hilft, die Unsicherheiten der Zukunft zu akzeptieren und verschiedene Möglichkeiten und ihre Auswirkungen bewusst zu durch-

540 Vgl. Brown / Creswell / Ryan (2015), S. 90–117.

denken. Dadurch können Ängste vor der Zukunft reduziert und ein Gefühl der Kontrolle und Vorbereitungsfähigkeit gestärkt werden.[541]

6. Abschluss und Reflexion: Die Sitzung endet mit einer kurzen Reflexionsrunde. Dies bietet eine Gelegenheit, die erarbeiteten Erkenntnisse zu festigen und nächste Schritte zu planen.

Die Wirksamkeit der Methodik der meditativen Narration basiert auf mehreren psychologischen Mechanismen:

- Kognitive Dissonanzreduktion: Durch die narrative Umstrukturierung werden widersprüchliche Gedanken und Gefühle adressiert und harmonisiert, was zur Reduktion kognitiver Dissonanz beiträgt.[542]
- Emotionale Regulation: Die meditativen Techniken fördern die Entspannung und die Fähigkeit, Emotionen zu erkennen und zu akzeptieren, was zur allgemeinen emotionalen Stabilität beiträgt.[543]
- Perspektivübernahme und Empathie: Durch das Erzählen und Reflektieren von Geschichten entwickelt ein Individuum ein tieferes Verständnis für sich selbst und andere, was ihre empathischen Fähigkeiten stärkt.
- Narrative Kohärenz: Die Strukturierung und Integration von Lebensgeschichten fördern ein kohärentes Selbstbild, das für die psychische Gesundheit und die Effektivität des Geistsystems entscheidend ist.

Die Methodik der meditativen Narration verbinden Narrative und Imagination in einer meditativen Praxis. Diese Kombination fördert eine ganzheitliche Auseinandersetzung, die sowohl Vergangenes integriert als auch Zukünftiges antizipiert. Die meditative Narration als therapeutische Methode bietet somit einen Rahmen, in dem Individuen ihre inneren Erzählungen und Imaginationen systematisch und achtsam erkunden können. Dies führt zu einer gesteigerten Selbstwahrnehmung, einer tieferen emotionalen Verarbeitung und einer erweiterten kreativen Problemlösungsfähigkeit. Die Übungen unterstützen das individuelle mentale Geistsystem dabei, eine kohärente und bedeutungsvolle Narratik zu konstruieren, die sowohl die Vergangenheit würdigt als auch die Zukunft mitgestaltet, ohne das momentane Erleben zu unterminieren.[544]

541 Ebd.
542 Vgl. Pennebaker / Smyth (2016), S. 68ff.
543 Vgl. Greenberg / Paivio (1997).
544 Vgl. Cozolino (2010), S. 173ff.

- Die Übungen der meditativen Narration bieten einen holistischen Ansatz, der Narratik mit den beruhigenden und zentrierenden Effekten der Meditation kombiniert.
- Diese Methodik hat das Potenzial, tiefgreifende Einsichten und Veränderungen zu fördern, indem sie kognitive und emotionale Prozesse integriert und die narrative Kohärenz sowie die emotionale Regulation eines Individuums zu stärken.
- Die Methode der meditativen Narration in der psychologischen Therapie kombiniert Elemente der Narration und der Imagination mit meditativen Techniken. Diese integrative Ansatzweise zielt darauf ab, die Selbstreflexion zu fördern, emotionale Belastungen zu verarbeiten und die kreative Problemlösungsfähigkeit zu steigern.

Erinnerungskreise:

Die Technik der „Erinnerungskreise" macht sich die grundlegenden Prinzipien der Narration und Gedächtnisforschung zunutze und zielt darauf ab, Individuen dabei zu unterstützen, ihre Erinnerungen zu strukturieren, zu reflektieren und neue Perspektiven zu gewinnen.

Die Technik der Erinnerungskreise basiert auf der Organisation und Strukturierung des episodischen Gedächtnisses. Das episodische Gedächtnis umfasst persönliche Erlebnisse und Ereignisse, die zeitlich und räumlich verortet sind. Erinnerungskreise dienen als Organisationstechnik zur Gruppierung und Sortierung dieser Erinnerungen, indem sie visuell und konzeptuell dargestellt werden.[545]

In der praktischen Anwendung werden Individuen aufgefordert, ihre Erinnerungen in Form von Kreisen auf einem Blatt Papier oder digitalem Medium zu visualisieren. Jeder Kreis repräsentiert ein bestimmtes Thema, Ereignis oder eine Lebensphase. Diese Kreise können in Größe, Farbe und Position variieren, um unterschiedliche Bedeutungen und Beziehungen darzustellen. Die Konzentration auf einzelne Kreise ermöglicht eine gezielte Fokussierung auf spezifische Themen innerhalb des episodischen Gedächtnisses. Durch die visuelle und strukturierte Darstellung wird die kognitive Verarbeitung der Erinnerungen unterstützt, da der Patient die Möglichkeit hat, einzelne Erlebnisse isoliert zu betrachten und zu reflektieren. Dies erleichtert die Identifikation und Analyse von Mustern und

545 Vgl. Conway / Pleydell-Pearce (2000), S. 261–270.

Zusammenhängen, die in der weniger strukturierten Form des freien Erinnerns möglicherweise übersehen werden.

Die Technik der Erinnerungskreise fördert das kognitive Mapping, ein Prozess, bei dem Erinnerungen systematisch geordnet und verknüpft werden. Dies kann dazu beitragen, die Kohärenz der eigenen Narration zu erhöhen, indem disparate Erinnerungen in einem verständlichen und zusammenhängenden Kontext integriert werden. Die visuelle Organisation erleichtert zudem die Reduktion kognitiver Dissonanz, indem widersprüchliche Erinnerungen in einem strukturierten Rahmen betrachtet und neu interpretiert werden können.[546]

Emotionale Einbindung spielt ebenfalls eine wesentliche Rolle. Durch die Fokussierung auf einzelne Kreise können Individuen ihre emotionale Reaktion auf spezifische Ereignisse intensiver erleben und verarbeiten. Diese vertiefte emotionale Reflexion fördert die emotionale Kohärenz und kann therapeutische Prozesse wie die Verarbeitung von Traumata oder die Bewältigung von Verlusten unterstützen. Ebenso ermöglicht die Technik der Erinnerungskreise die Möglichkeit, zusätzliche Perspektiven und neue Verknüpfungen zu erkennen. Durch die visuelle und thematische Gruppierung von Erinnerungen können Individuen Zusammenhänge und Beziehungen entdecken, die ihnen zuvor nicht bewusst waren. Diese neuen Einsichten können transformative Auswirkungen auf das Selbstverständnis und die Entwicklung des Geistsystems haben.

Die perspektivische Übernahme wird ebenfalls gefördert, indem durch die visuelle Aufbereitung Erinnerungen einfacher aus unterschiedlichen Blickwinkeln betrachtet werden können. Dies kann durch die Reflexion über die Perspektiven anderer beteiligter Personen oder durch die Betrachtung derselben Erinnerung unter verschiedenen emotionalen und kognitiven Aspekten geschehen. Diese Multiperspektivität unterstützt die Entwicklung von Empathie und einem tieferen Verständnis der eigenen und fremden Erlebnisse.[547]

Die Technik der Erinnerungskreise ist in der ökonomischen Erkenntnistherapie von besonderem Nutzen, da durch sie die systematische Organisation und Reflexion der eigenen Erinnerungen die jeweils individuelle Narratik kohärenter und positiver integriert werden kann, was zu einem verbesserten Selbstwertgefühl und stärkerer emotionaler Resilienz führt.

546 Vgl. McAdams (1993), S. 11–30.
547 Vgl. Tulving (2002), S. 10ff.

- Die Technik der Erinnerungskreise eine strukturierte und fokussierte Methode zur Organisation und Bearbeitung persönlicher Erinnerungen.
- Sie nutzt die Prinzipien der narrativen Psychologie, um kognitive und emotionale Prozesse zu unterstützen, neue Perspektiven zu eröffnen und Fortschritte im Umgang mit dem eigenen Geistsystem zu erzielen.

Memory book:

Die „Memory Book"-Technik, auch bekannt als Erinnerungsbuch oder Gedächtnisbuch, ist eine etablierte psychologische Interventionsmethode. Diese Technik basiert auf den Prinzipien der psychologischen Narration und nutzt die kognitive, emotionale und soziale Dimension von Geschichten, um Effekte im Hinblick auf die Effizienz des individuellen Geistsystems zu erzielen.[548]

Das Memory Book dient als strukturiertes Medium, in dem Individuen ihre Eigennarration in Form von Texten, Fotos und anderen Erinnerungsstücken festhalten. Diese Methode nutzt die Schemabildung und Kohärenz der psychologischen Narration. Durch das Ordnen von Lebensereignissen in einer chronologischen und sinnvollen Struktur wird es den Betroffenen erleichtert, ihre Erinnerungen zu organisieren und zu verarbeiten.

Emotionale Einbindung ist ein weiterer zentraler Aspekt der Memory Book-Technik. Das Erstellen eines Erinnerungsbuches kann intensive emotionale Reaktionen hervorrufen, die von Freude über positive Erinnerungen bis hin zu Trauer bei der Reflexion über Verluste reichen. Diese Technik nutzt den emotionalen Bogen von Geschichten, um tief verwurzelte Emotionen zu adressieren und zu verarbeiten. Die Reflexion über vergangene Erlebnisse und das Erzählen der eigenen Lebensgeschichte fördern die emotionale Verarbeitung und können zur Reduktion von Symptomen wie Angst und Depression beitragen.

Die Technik ermöglicht es einem Individuum, eine narrative Struktur zu finden, die ihm hilft, vergangene Traumata in ihre Lebensgeschichte zu integrieren und somit kognitive Dissonanz zu reduzieren. Dies geschieht durch das wiederholte Erzählen und das Finden neuer Bedeutungen in den eigenen Erlebnissen, was als narrative Integration bezeichnet wird.[549]

548 Vgl. Leu (2019), S. 13–25.
549 Vgl. Kast (2010), S. 37ff.

Das Memory Book erfüllt darüber hinaus wichtige soziale Funktionen, indem es als Kommunikationsmedium zwischen Individuen dienen kann. Es ermöglicht einen sozialen Austausch und kann die Bindung und Empathie zwischen den Beteiligten stärken. Durch das Teilen ihrer Geschichten können Individuen eine kollektive Identität und ein Gefühl der Zugehörigkeit entwickeln, was besonders in sozialen oder familiären Kontexten von Bedeutung ist. Die Technik aktiviert verschiedene psychologische Mechanismen, die zur therapeutischen Wirkung beitragen. Einer dieser Mechanismen ist die perspektivische Übernahme. Indem Patienten ihre Lebensgeschichte aus unterschiedlichen Blickwinkeln betrachten und erzählen, können sie ein tieferes Verständnis für ihre eigenen Erfahrungen und die Perspektiven anderer entwickeln; dies fördert die Selbstreflexion und die Selbstakzeptanz.

- Die Memory Book-Technik stellt eine effektive psychologische Interventionsmethode dar, die die Prinzipien der psychologischen Narration nutzt, um kognitive, emotionale und soziale Verbesserungen zu fördern.
- Durch die strukturierte Aufzeichnung und Reflexion der eigenen Narration bietet sie einen Rahmen, in dem Individuen ihre Erinnerungen organisieren, ihre Emotionen verarbeiten und ihre sozialen Beziehungen stärken können.

Die Macht der Metaphern:

Die Technik "Die Macht der Metaphern" in der psychologischen Therapie nutzt die transformative Kraft von Metaphern, um Individuen zu helfen, ihre Gedanken, Gefühle und Verhaltensweisen zu verstehen und zu verändern. Metaphern sind sprachliche Bilder, die abstrakte Konzepte in konkrete, greifbare Darstellungen übersetzen. In der psychologischen Praxis dienen sie als Brücken zwischen dem bewussten und dem unbewussten Geist, fördern das Verständnis und unterstützen den therapeutischen Prozess.[550]

Metaphern arbeiten, indem sie komplexe und oft abstrakte psychologische Zustände in greifbare, alltägliche Bilder übersetzen. Dies nutzt die kognitive Theorie der Metapher, die besagt, dass Menschen neue und

550 Vgl. Lawley / Tompkins (2012), S. 54ff.

komplexe Informationen durch bereits bekannte und vertraute Konzepte verstehen.[551] Metaphern haben eine starke emotionale Resonanz. Sie können tief verwurzelte emotionale Zustände ansprechen und beeinflussen. Dies ist eng mit der Theorie des narrativen Transports verbunden, die besagt, dass Metaphern ein Individuum in eine Geschichte ziehen und ihnen ermöglichen, ihre Emotionen aus einer sicheren Distanz zu betrachten.[552] Durch diese distanzierte Perspektive können Individuen ihre Gefühle und Probleme oft objektiver betrachten.

In der Praxis der "Macht der Metaphern"-Technik geht es darum, passende Metaphern zu finden und zu verwenden, die den individuellen Erfahrungen und Herausforderungen des Klienten entsprechen. Die Anwendung erfolgt in vier Schritten:

1. Identifikation und Exploration: Gemeinsame Identifikation aktueller Herausforderungen; dies kann durch offene Gespräche, reflektierendes Zuhören und gezielte Fragen geschehen. Besonders spontane Metaphern sind relevant, da diese oft Einblicke in unbewusste Prozesse und Überzeugungen bieten.
2. Einführung und Anpassung von Metaphern: Basierend auf den identifizierten Themen und Mustern werden geeignete Metaphern eingeführt und auf die konkrete Situation angewendet.
3. Arbeit mit der Metapher: Gemeinsame Arbeit an der Metapher, um tiefere Einsichten zu gewinnen. Dies kann durch narrative Techniken wie das Erzählen und Erweitern der Metapher geschehen. Das Individuum wird ermutigt, die Metapher weiter auszubauen und zu erkunden, wie sie verschiedene Aspekte seiner Erfahrung darstellt.
4. Integration und Transformation: Schließlich arbeitet das Individuum daran, die metaphorischen Einsichten in konkrete Handlungsstrategien und Verhaltensänderungen zu übersetzen. Dies kann die Entwicklung neuer Metaphern umfassen, die positive Veränderungen und Bewältigungsstrategien symbolisieren. Zum Beispiel kann das Labyrinth, das zunächst als Symbol der Verwirrung dient, durch die Arbeit im therapeutischen Prozess zu einem Symbol des Wachstums und der Entdeckung werden.

Metaphern sind dezidiert kulturell eingebettet und tragen dazu bei, die soziale und kulturelle Identitäten eines Individuums zu respektieren und zu

551 Ebd., S. 198ff.
552 Vgl. White / Epston (1990), S. 28–41.

integrieren.[553] Man muss sich dem individuellen kulturellen Hintergründe bewusst sein um Metaphern zu wählen, die in einem spezifischen kulturellem Kontext sinnvoll und resonant sind.

Die Wirksamkeit der Verwendung von Metaphern in der Therapie ist gut dokumentiert.[554] Studien zeigen, dass Metaphern helfen können, den therapeutischen Prozess zu beschleunigen und die Tiefe des Verständnisses und der emotionalen Verarbeitung zu erhöhen. Sie sind besonders wirksam bei der Behandlung von Angstzuständen, Depressionen und posttraumatischen Belastungsstörungen, wo abstrakte emotionale Zustände oft schwer in Worte zu fassen sind.

- Die Technik "Die Macht der Metaphern" stellt einen wirksamen Ansatz in der ökonomischen Erkenntnistherapie dar, der kognitive, emotionale und kulturelle Dimensionen integriert.
- Durch die kreative und gezielte Verwendung von Metaphern können Individuen komplexe psychologische Zustände besser verstehen und gezielt transformieren, was letztlich zu tieferem Einblick und nachhaltigen Veränderungen führt.

Methoden und Techniken der holistischen Suggestion

Die holistische Suggestion ist ein integrativer Ansatz der ökonomischen Erkenntnistherapie, der darauf abzielt, das gesamte Geistsystem eines Individuums mit der äußeren, erlebbaren Realität zu harmonisieren, wobei die Schnittstelle zwischen der individuellen Narration und der externen Realität das Spannungsfeld der Methoden und Techniken bestimmt. Holistische Suggestion basiert auch auf der Überzeugung, dass Veränderung des mentalen Systems eine direkte Auswirkung auf physische Zustände hat und umgekehrt. Da Narration und Imagination grundlegende Werkzeuge in der menschlichen Erkenntnisdomäne sind, betonen diese Methoden und Techniken allesamt den intersubjektiven, kulturellen, interaktiven Aspekt – eben Suggestion – von Narration und Imagination und komplettieren so das Methodenset der ökonomischen Erkenntnistherapie.

553 Vgl. Lawley / Tompkins (2012), S. 120f.
554 Ebd.

Der Blick des Anderen:

"Der Blick des Anderen" ist eine spezielle Methodik, die sich stark auf Prinzipien des Existenzialismus stützt und darauf abzielt, tiefere Selbsterkenntnis und Verständnis durch die Perspektive anderer zu erlangen. Diese Methode integriert Erkenntnistheorie und existentialistische Ansätze, um Individuen zu helfen, ihre Existenz und Identität in Konstellation zu sozialen Beziehungen zu setzen und gezielt zu reflektieren und zu verstehen.

Die Methodik basiert auf der existenzialistischen Philosophie, insbesondere auf den Ideen von Jean-Paul Sartre und Martin Buber. Sartres Konzept des "Blicks" spielt eine zentrale Rolle, da es beschreibt, wie das Bewusstsein und die Identität eines Individuums durch die Wahrnehmung und das Urteil anderer beeinflusst werden. Laut Sartre entsteht das Bewusstsein der eigenen Existenz und die individuelle Freiheit häufig durch den Kontrast zu anderen Menschen.[555] Ebenso betont der philosophische Ansatz von Buber die Bedeutung der Dialogik, insbesondere das "Ich-Du"-Prinzip“, für das Entstehen von authentischen Begegnungen und Beziehungen, in denen das Selbst im Angesicht des Anderen erkannt und definiert wird.[556]

Genau dieser Ansatz findet sich dezidiert im ökonomisierten Geistsystem eines Individuums wieder, da auch hier mentale Austausch- beziehungsweise Transaktionsprozesse (wie eben mit der externen Realität) zentraler Bestandteil des Erkenntnisprozesses sind. Daher kann „der Blick des Anderen“ hier eine effektive Methode sein, diesen Aspekt individuell besser verstehen und nachvollziehen zu können.

Die Anwendung von "Der Blick des Anderen" in der ökonomischen Erkenntnistherapie erfolgt durch mehrere strukturierte Schritte:

1. Einführung und Kontextualisierung: Zunächst werden die theoretischen Grundlagen der Technik erläutert. Dies umfasst eine Einführung in existenzialistische Konzepte wie Freiheit, Verantwortung, Authentizität und die Bedeutung des „Anderen“ in der Selbstwahrnehmung.[557]

555 Das Bewusstsein der eigenen Existenz und dessen Freiheit entstehen erst durch den Kontrast und die Beziehung zu anderen Menschen. Dabei geht es insbesondere um das Konzept des "Blicks" (le regard), durch welches das Bewusstsein der eigenen Subjektivität und Freiheit im Angesicht eines anderen entsteht, der einen ebenfalls als Subjekt wahrnimmt. Siehe Sartre (1952), S. 370ff.

556 Vgl. Buber (2023), S. 212ff.

557 Vgl. Kast (2010), S. 161ff.

2. Perspektivenwechsel: Das Individuum wird ermutigt, Situationen aus dem Alltag aus der Sicht anderer Personen zu betrachten. Diese Übung hilft, Empathie zu entwickeln und die eigenen Handlungen und Entscheidungen aus einem externen Blickwinkel zu reflektieren. Beispielsweise könnte das Individuum gebeten werden, einen Konflikt aus der Perspektive des anderen Beteiligten zu beschreiben.
3. Dialogische Reflexion: Basierend auf Bubers Prinzip der dialogischen Beziehung werden Gespräche geführt, in denen das Individuum die Wahrnehmungen und Gefühle anderer in Bezug auf sich selbst erforscht. Dies fördert ein tieferes Verständnis dafür, wie die eigene Identität und Handlungen durch soziale Interaktionen geformt werden.
4. Existenzielle Reflexion: In diesem Schritt reflektiert das Individuum über existenzielle Fragen. Dabei werden Techniken verwendet, die das Individuum dazu anregen, über seine Existenz nachzudenken und welche Rolle andere Menschen und das individuelle Beziehungsgeflecht dabei spielen. Ein besonderer Fokus kann auf die Transaktionsebene jenes Beziehungsgeflecht gelegt werden.
5. Integration und Handlung: Der abschließende Schritt fokussiert darauf, die gewonnenen Erkenntnisse in das alltägliche Leben zu integrieren. Das Individuum entwickelt Strategien, um bewusster und authentischer in sozialen Beziehungen zu agieren und seine Erkenntnisse über den "Blick des Anderen" in seine persönliche Entwicklung einzubringen.

Die Methodik "Der Blick des Anderen" wirkt auf mehreren psychologischen Ebenen:

- Selbsterkenntnis: Durch die Reflexion und den Perspektivenwechsel wird ein Individuum dazu gebracht, tiefer in sein eigenes Selbstverständnis und seine Existenz einzutauchen. Dies fördert die Selbstwahrnehmung und das Verständnis der eigenen Identität im Kontext sozialer und mentaler Interaktionen.
- Empathie und soziale Intelligenz: Das Einnehmen der Perspektive anderer stärkt die Fähigkeit zur Empathie und verbessert die soziale Intelligenz. Ein Individuum lernt, die Gefühle und Gedanken anderer besser nachzuvollziehen, was die Qualität zwischenmenschlicher Beziehungen verbessert.
- Authentizität und Freiheit: Die existenzialistische Komponente der Methodik unterstützt ein Individuum darin, authentischer zu leben und seine Freiheit zu erkennen und zu nutzen. Indem es sich seiner Verantwortung und Wahlmöglichkeiten bewusst wird, kann es Entscheidun-

gen treffen, die seinen wahren Werten und Überzeugungen entsprechen (welche wiederum Produkt mentaler Transaktionsprozesse sind).

- Reduktion von Angst und Isolation: Existenzielle Reflexion und der dialogische Prozess können helfen, existentielle Ängste zu reduzieren und das Gefühl der Isolation zu verringern. Das Individuum erkennt, dass seine Existenz und sein Wert in einem komplexen, mehrdimensionalen und temporal ausgedehnten Netzwerk von Beziehungen verankert sind.

"Der Blick des Anderen" ist eine eher komplexe und transformative Methode der holistischen Suggestion, die besonders die transaktionalen Prinzipien des Geistsystems anspricht, um diese besser integrieren zu können. Durch den systematischen Einsatz von Perspektivenwechsel, dialogischer Reflexion und existenziell-philosophischer Auseinandersetzung bietet diese Methode die Möglichkeit, individuelles Selbstverständnis des eigenen Geistsystems zu vertiefen und eine bessere Basis für transaktionale Beziehungen zu entwickeln.

- "Der Blick des Anderen" ermutigt Individuen, Situationen aus der Sicht anderer zu betrachten, um Empathie zu entwickeln und ihre eigenen Handlungen aus einem externen Blickwinkel zu reflektieren. Sie umfasst Schritte wie die Einführung in existenzialistische Konzepte, Perspektivenwechsel, dialogische Reflexion und existenzielle Auseinandersetzung, gefolgt von der Integration der gewonnenen Erkenntnisse in den Alltag.
- Die Methode fördert Selbsterkenntnis, Empathie, soziale Intelligenz, Authentizität und das Verständnis des eigenen Geistsystems. Sie hilft, existentielle Ängste zu reduzieren und das Gefühl der Isolation zu verringern, indem das Individuum seine Existenz und seinen Wert in einem Netzwerk von Beziehungen erkennt.

Der innere Raum/Wunderkammer:

Die Therapiemethodik "Der innere Raum/Wunderkammer" konzentriert sich auf die eher spielerische Erforschung der inneren Welt eines Individuums und setzt diese dezidiert in einen Zusammenhang mit dem kollektiven Unbewussten, welches sich im sozio-kulturellen Kontext der intersubjektiven Konstruktion bewegt.[558] Diese Methodik nutzt metaphorische und reale Gegenstände, um tiefere psychologische Einsichten in das individuelle Geistsystem zu ermöglichen und die Integration von inneren und äußeren Welten zu fördern. Im Zentrum steht die Idee, dass der innere Raum eines Individuums wie eine Wunderkammer aufgebaut ist, in der verschiedene Gegenstände symbolisch für unterschiedliche Aspekte des Selbst und der eigenen Erfahrungen stehen.

In der modernen Gesellschaft ist der Konsumismus allgegenwärtig und beeinflusst tiefgreifend das Selbstverständnis und die Identität der Menschen. Die "Wunderkammer"-Methodik thematisiert diesen Einfluss, indem sie ein Individuum anregt, sich kritisch mit den Objekten auseinanderzusetzen, die seine innere Welt bevölkern. Konsumismus führt oft zu einer Überidentifikation mit materiellen Gütern und einem externen Fokus, der das innere Selbst vernachlässigt. In der ökonomischen Erkenntnistherapie wird daher auch untersucht, wie Konsum- und Luxusgüter die persönliche Identität formen und möglicherweise mit der Selbstwahrnehmung negativ interferieren.[559] Insofern kombiniert die „Wunderkammer" in einem wechselseitigen Austauschprozess innere und äußere Transaktionsprozesse und ordnet ihnen mentale Entsprechungen zu; die Prozesse des Geistsystems werden so transparenter und auch individuell greifbarer.[560]

---

558 Der Begriff der "inneren Wunderkammer" der Psyche bezieht sich metaphorisch auf einen inneren Raum, in dem individuelle Erinnerungen, Emotionen, Träume und Gedanken gesammelt und aufbewahrt werden. Dieser psychische Raum ist nicht nur ein Archiv vergangener Erlebnisse, sondern ein dynamischer Ort, an dem die kreative und emotionale Verarbeitung stattfindet. Er kann aktiv genutzt werden, um mit dem individuellen Geistsystem zu arbeiten - meist über assoziative und imaginative Verfahren.
Vgl. dazu Varela / Thompson / Rosch (1991), S. 145–168.

559 In einer konsumorientierten Gesellschaft wird das Selbst (im Außen und Innen) oft durch materielle Besitztümer definiert. Die ökonomische Erkenntnistherapie lädt aufgrund ihres Fokus auf Transaktionsprozesse dazu ein, diesen Einfluss zu reflektieren und kritisch zu hinterfragen. Die Gegenstände in der Wunderkammer sind keine Produkte des Konsums, sondern symbolische Repräsentationen einzelner mentaler Prozesse oder mentaler Ressourcen. Dadurch wird eine Unterscheidung zwischen äußeren, materiellen Werten und inneren, immateriellen Werten geschaffen. Diese Reflexion kann dazu führen, dass Individuen erkennen, wie sehr ihre innere Wunderkammer von äußeren Konsumgütern beeinflusst wird und wie sie zu einer authentischen Selbstwahrnehmung des eigenen Geistsystems gelangen können.

560 Vgl. Johnson-Laird (1995), S.23 - 61.

Die Gegenstände in der Wunderkammer sind nicht nur mentale physische Objekte, sondern tragen eine aufgeladene kulturelle symbolische Bedeutung in sich. Diese Aufladung geschieht durch die Auseinandersetzung mit den persönlichen Narrationen, Emotionen und Erfahrungen, die den Gegenständen zugeordnet werden. Der innere Raum, der durch diese Objekte gestaltet wird, dient als Spiegelbild der inneren Welt eines Individuums und bietet eine greifbare Manifestation der abstrakten psychischen Realität. Die physikalische Realität der Gegenstände dient als Kontrast zur für viele schwer fassbaren Natur der inneren Welt und des Geistsystems; indem ein Individuum diese physischen Objekte betrachtet und ihre Bedeutung reflektiert, wird eine Brücke zwischen der äußeren und der inneren Welt geschaffen. Dies erleichtert den Zugang zum grundlegenden Geistsystem und fördert eine ganzheitliche Integration der unterschiedlichen Prozesse des Selbst. Insofern ist die „Wunderkammer" eine sehr basale, einführende Methodik.[561]

Der therapeutisch-erkenntnistheoretische Prozess der "Wunderkammer"-Methodik umfasst vier grundlegende Schritte:

1. Erkundung: Ein Individuum beginnt, unter Anleitung seine innere Wunderkammer zu erkunden und die verschiedenen Gegenstände zu entdecken, die dort zu finden sind.
2. Reflexion: Jeder Gegenstand wird untersucht und seine Bedeutung in Bezug auf die persönliche Narratik und Identität reflektiert.
3. Integration: Die Einsichten, die durch die Reflexion gewonnen werden, werden in das Selbstbild eines Individuums integriert, wobei besondere Aufmerksamkeit auf die systemische Kongruenz und die daraus resultierenden Transaktionsprozesse zwischen der inneren und äußeren Welt gelegt wird.
4. Transformation: Durch die symbolische Arbeit mit den Gegenständen wird das eigene Geistsystem besser verstanden und kann Stück für Stück erschlossen werden; es können darüber hinaus auch tief verwurzelte, zuvor unbewusste Muster und Prozesse transformiert werden, was zu einer tieferen Selbstakzeptanz und innerem Wachstum führt.

Die Methode "Der innere Raum/Wunderkammer" bietet einen gut strukturierten und auf unterschiedlichem Erkenntnisniveau einsetzbaren Ansatz zur Selbsterkenntnis und individuellen Entdeckung des mentalen Systems

561 Ebd.

– eine Grundlage für alle weiteren Ansätze der ökonomischen Erkenntnistherapie. Durch die Arbeit mit mentalen Gegenständen in einem imaginierten inneren Raum können Individuen sowohl inneren Werte als auch die Bedeutungen einzelner mentaler Prozesse erkunden, die Interkonnektivität der äußeren Welt (und des Konsumismus) auf ihre innere Struktur und die daraus resultierende, konstruierte Identität reflektieren und die transaktionale Natur der Beziehung zwischen innerer und äußerer Realität verstehen.[562]

- Die Therapiemethodik "Der innere Raum/Wunderkammer" nutzt metaphorische und reale Gegenstände zur spielerischen Erforschung der inneren Welt eines Individuums, wobei sie tiefere psychologische Einsichten und die Integration von inneren und äußeren Welten fördert. Sie setzt diese individuelle Erkundung in den Kontext des kollektiven Unbewussten und der sozio-kulturellen Konstruktion.
- Die Methode thematisiert den Einfluss des Konsumismus auf die Identität und Selbstwahrnehmung, indem sie Individuen anregt, sich kritisch mit den Objekten in ihrer inneren Welt auseinanderzusetzen. Der therapeutische Prozess umfasst Erkundung, Reflexion, Integration und Transformation, um das eigene Geistsystem besser zu verstehen und zu transformieren.

Sehnsuchtsorakel/Die namenlose Sehnsucht

Die Technik "Sehnsuchtsorakel" oder "Die namenlose Sehnsucht" zielt darauf ab, dysfunktionale Prozesse innerhalb des Geistsystems zu identifizieren und zu bearbeiten. Diese Technik integriert Elemente der narrativen Therapie, tiefenpsychologischen Ansätze der narrativen Strukturierung und imaginative Verfahren (auf die Identitätskonstruktionen fokussiert), um Zugang zu jenen meist unbewussten Prozessen zu erlangen. Als Ausgangsbasis der Technik dient der Umstand, dass besonders die dysfunktionalen Transaktionsprozesse des Geistsystems im Spiegel eigener Erinnerungen besonders signifikant reflektiert werden, was einen mittelbaren Zugang zu dieses ermöglicht.

562 Vgl. Walsh / Vaughan (1993), S. 48ff.

Das zentrale Element des Sehnsuchtsorakels ist das narrative Reframing. Nachdem ein Individuum seine inneren Bilder und die Symbole innerer Sehnsüchte erkundet hat, wird es ermutigt, eine integrierte Gesamtnarration um diese Bilder zu konstruieren. Diese Narration hilft dabei, die unbewussten Wünsche und Sehnsüchte in eine narrative Form zu bringen, die für das Individuum greifbarer und verständlicher wird. Durch das Erzählen und Reflektieren dieser Geschichte kann das Individuum neue Perspektiven auf seine inneren, konfliktären Prozesse gewinnen und mögliche Wege zur Translation seiner Sehnsüchte erkennen.[563]

Ein weiterer wichtiger Aspekt ist dabei die emotionale Regulation. Indem das Individuum lernt, die Ursachen für die dysfunktionale Ausrichtung von (vormals) unbewussten Prozessen zu erkennen und zu konkretisieren, kann es besser mit aufkommenden Emotionen umgehen und diese regulieren. Durch die bewusste Auseinandersetzung mit den eigenen Sehnsüchten kann das Individuum lernen, diese in sein Leben zu integrieren und einen Weg zu finden, sie auf konstruktive Weise zu erfüllen oder zu transzendieren. Insgesamt ist es ein entlastender Vorgang für das Geistsystem, diese Art von inneren Dysfunktionalitäten anzugehen und in ein konstruktives Medium zu überführen.[564]

Die Technik des „Sehnsuchtsorakels" ist vergleichsweise neu und noch nicht umfassend empirisch erforscht. Erste qualitative Studien und Fallberichte deuten jedoch darauf hin, dass diese Methode bei vielen Individuen durch die umfassende Integration von Sehnsüchten zu einer signifikanten Verbesserung des subjektiven Wohlbefindens führt.[565] Weitere Forschung ist erforderlich, um die langfristigen Wirkungen und die Effektivität dieser Technik systematisch zu evaluieren.

- Die Technik "Sehnsuchtsorakel" / "Die namenlose Sehnsucht" zielt darauf ab, dysfunktionale Prozesse im Geistsystem durch narrative Reframing und imaginative Verfahren zu identifizieren und zu bearbeiten, indem unbewusste Wünsche und Sehnsüchte in greifbare narrative Formen gebracht werden.

563 Vgl. White / Epston, (1990), S. 26ff.
564 Vgl. McAdams, Dan P. (1993), S. 34–58.
565 Vgl. Scheibe / Freund / Baltes (2007), S. 780–785.

- Durch das Erkennen und Konkretisieren dysfunktionaler Prozesse und deren Ursachen sowie die bewusste Auseinandersetzung mit den eigenen Sehnsüchten wird eine bessere emotionale Regulation und Integration dieser Sehnsüchte in das Leben eines Individuums ermöglicht, was zu einer signifikanten Verbesserung der Effizienz des Geistsystems führen kann.

FÜNF: Die Hilfssysteme – Yoga, Meditation, Kultur und Ästhetik

„Wer im Handeln das Nicht-Handeln wahrnehmen kann und erkennt, wie das Wirken sich fortsetzt, wenn er vom Wirken zurücktritt, ist unter den Menschen derjenige von wahrer Vernunft und Unterscheidungskraft.“[566]

Zunächst einmal verdient der Begriff der “Hilfssysteme” einen Kommentar, da ich über diesen beim Schreiben des Buches wohl mit am längsten nachgedacht habe und gleichzeitig am unglücklichsten mit ihm war.

Denn dieser Begriff wird keinem der im kommenden Kapitel genannten Sammlungen an Methoden und Techniken wirklich gerecht – vielmehr haben wir es bei ihnen mit nur schwer fassbaren, meta-psychologischen und spirituellen Schulen zu tun, die selbst weit mehr Bücher füllen und unterschiedliche Ausrichtungen haben, als dies hier darstellbar wäre. Dennoch möchte ich mich hierbei nur soweit auf sie einlassen, wie sie einer effektiven mentalen Arbeit mit Erinnerung und Imagination dienlich sein können – alles andere wäre für dieses Buch vermessen und wenig zielführend. Dabei möchte ich ganz ausdrücklich an dieser Stelle betonen, dass Meditation (als auch Yoga und verbundene spirituelle Systeme) vollkommen eigene, manchmal konträre Sichtweiten auf Erinnerungen, Erfahrungen und mentale Prozesse ganz allgemein liefern können, die stärker auf eine spirituelle Entwicklung abzielen, als ich sie in meinen Konzepten der ökonomischen Psychologie berücksichtigen möchte.

Aber die Grundlagen sind für beide Zwecke sehr ähnlich – alle Ansätze haben gemein, dass sie sich strukturiert mit wertvollen inneren Ressourcen auseinandersetzten und deren Einsatz optimieren möchten[567] – deswegen ist es in grundlegender, untergeordneter Form sehr sinnvoll, sich auch mit diesen Techniken auseinanderzusetzen, daher der (etwas despektierlich klingende) Titel der “Hilfssysteme”.

566 Bhagavadgita (1998), 4.18.
567 Vgl. Gunturu (2020), S. 7–10.

Der Begriff "Hilfssysteme" mag zunächst technisch und mechanistisch erscheinen, doch er beschreibt treffend die Unterstützungssysteme, die im Rahmen der ökonomischen Erkenntnistherapie mentalen Prozesse elaborieren und stabilisieren können. In diesem Kontext beziehen sich Hilfssysteme zunächst (unabhängig von ihrer Ausgestaltung) auf externe Quellen und Strukturen, die unsere Imagination, Narration und Suggestion anregen und bereichern. Diese Systeme dienen als kontinuierliche Impulsgeber, die die innere Welt eines Individuums rekonstruiert und erweitern. Ein besonders relevanter Aspekt ist die kulturelle Dimension einiger Hilfssysteme;[568] auf der anderen Seite stehen die metapsychologischen Hilfssysteme des Yoga und Tantra und der Meditation.

Man muss an dieser Stelle den Umstand betonen, dass man sich mit den Techniken der Meditation (und aller potenziellen metapsychologischen Hilfssystemen) auf der einen Seite sowie der kulturellen Immersion auf der anderen Seite jeweils am Ende eines nicht spannungsfreien Kontinuum bewegt. Es ist wichtig, dies im weiteren Verlauf des Buches im Hinterkopf zu behalten – denn streng genommen schließen sich beide Systeme ein ganzes Stück weit aus. Abbildung 13 zeigt die schematische Unterteilung der beiden Hilfssystemarten.

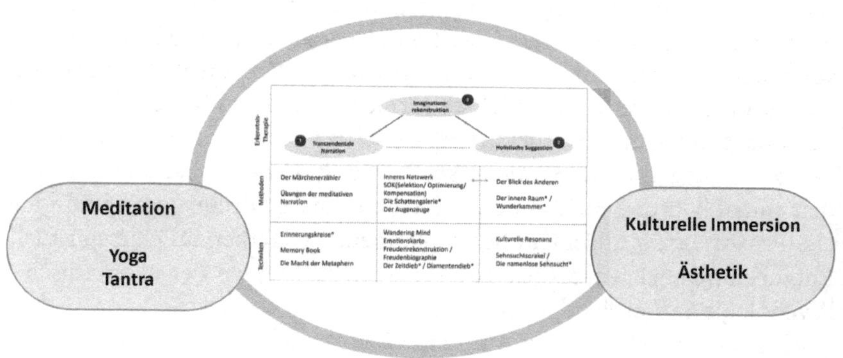

Abbildung 13: Hilfssysteme im Überblick.[569]

Zentral für alle Hilfssysteme ist das **Wissen**, welches durch sie erworben wird – dieses beeinflusst direkt den individualpsychologischen Umgang mit dem Geistsystem und seinen Prozessen.

568 Zur Rolle der Kultur vergleiche auch Kapitel EINS und ZWEI.
569 Eigene Darstellung.

In der wissenschaftlichen Psychologie wird Wissen nicht nur als statisches Reservoir von Informationen betrachtet, sondern eher als dynamischer Prozess, der das Geistsystem formt und rekursiv verändert.[570] Diese Perspektive legt den Schwerpunkt darauf, was der Geist mit den Inhalten macht, und nicht umgekehrt. Dies impliziert, dass Wissen nicht nur passiv aufgenommen wird, sondern aktiv verarbeitet und integriert werden muss, um Wachstum und Entwicklung zu ermöglichen. Deswegen ist es hilfreich, sich den Mechanismen des Wissens bewusst zu sein – diese sind universell für die Auseinandersetzung mit dem eigenen Geistsystem.

Der **Mechanismus des Wissensaufbaus** im menschlichen Geist ist komplex und vielschichtig. Zunächst müssen Inhalte in einer Form präsentiert werden, die für den Lernenden sinnvoll und relevant ist. Psychologisch gesehen spielt dabei die aktive Auseinandersetzung mit dem Lernmaterial eine entscheidende Rolle. Diese Auseinandersetzung kann verschiedene Formen annehmen, wie etwa die Reflexion, Meditation und Kontemplation über das Gelernte.[571]

Grundsätzlich gibt es drei Ebenen des Wissens:

- Der psychologische Prozess des Wissensaufbaus: Die kognitiven Prozesse, die an der Wissensbildung beteiligt sind, umfassen Wahrnehmung, Aufmerksamkeit, Gedächtnis, Denken und Lernen. Diese Prozesse sind interaktiv und beeinflussen sich gegenseitig. Wahrnehmung und Aufmerksamkeit bestimmen, welche Informationen aus der Umwelt aufgenommen werden, während das Gedächtnis diese Informationen speichert und abruft. Denken und Lernen sind Prozesse, durch die neue Informationen integriert und bestehende Wissensstrukturen angepasst werden.[572]
- Die philosophische Integration von Wissen in bestehende Wissensstrukturen: Die Philosophie des Wissens (Epistemologie) untersucht die Natur, Quellen und Grenzen des Wissens. Philosophische Ansätze betonen die Bedeutung der kritischen Reflexion und des Diskurses. Durch die Auseinandersetzung mit philosophischen Fragen wird das Wissen nicht

570 Vgl. dazu Hutchins (1995), S. 8–35 sowie Varela / Thompson / Rosch (1991), S. 239–278.

571 Ebd.

572 Vgl. Thompson (2007), S. 389–428.

nur erweitert, sondern auch vertieft und hinterfragt. Dies führt zu einem tieferen Verständnis und zur Entwicklung von Weisheit.[573]

- Die Ästhetik und das imaginatives Erschaffen von Anwendungswissen: Ästhetik und Kreativität spielen eine wichtige Rolle im Prozess der Wissensbildung. Ästhetische Umsetzung ermöglicht es, abstrakte und komplexe Ideen in visuelle, auditive oder andere sinnliche, anwendungsorientierte Formen zu überführen. Dies fördert das imaginative Denken und eröffnet neue Perspektiven und Einsichten. Das kreative Schaffen ist somit ein wichtiger Mechanismus, durch den Wissen nicht nur gespeichert, sondern auch transformiert und erweitert wird.[574]

Dies bedeutet auch, dass Wissen immer eben auch neben der objektiven, faktenbasierten Domäne einen immanenten individuellen Anteil, nämlich den der Integration in ein spezifisches Geistsystem hat. Diese Individualität des Wissens bedeutet, dass jeder Mensch Wissen auf einzigartige Weise verarbeitet und anwendet. Dies hängt eben auch von persönlichen Erfahrungen, Vorwissen, kognitiven Fähigkeiten und emotionalen Zuständen ab. Der Wissensprozess wird durch drei mentale Prozesse unterstützt, die der Reflexion, Meditation[575] und Kontemplation.

Reflexion ist der bewusste Akt des Nachdenkens über Erfahrungen und Informationen. Sie geht über das bloße Aufnehmen von Informationen hinaus und beinhaltet eine kritische Bewertung und Integration in den persönlichen Kontext. Durch Reflexion können Verbindungen zwischen neuen und bestehenden Wissensstrukturen hergestellt werden, was zu einem tieferen Verständnis und einer besseren Anwendung des Wissens führt. Reflexive Praktiken fördern das Lernen und die kognitive Flexibilität, indem sie die Fähigkeit zur Problemlösung und zur Anpassung an neue Situationen verbessern.[576]

Meditation ist eine Technik, die oft zur Beruhigung des Geistes und zur Fokussierung der Aufmerksamkeit genutzt wird. Im Kontext des Wissens kann Meditation dazu beitragen, kognitive und emotionale Blockaden zu lösen, die die Aufnahme und Verarbeitung von Informationen behindern. Meditation fördert auch die Selbstwahrnehmung und das Bewusstsein für innere Prozesse, was die Integration und Verankerung von Wissen unter-

---

573 Vgl. Audi (2011), S. 286ff.
574 Vgl. Sawyer (2012), S. 150–178.
575 Insbesondere die die analytischen Meditation, siehe den Exkurs in diesem Kapitel.
576 Vgl. Moon (2004), S. 37ff. sowie S. 75ff.

stützt. Meditation verbessert die Konzentrationsfähigkeit und das Arbeitsgedächtnis, was wiederum das Lernen erleichtert.[577]

Kontemplation geht über die bloße Reflexion hinaus und beinhaltet eine intensive und anhaltende Auseinandersetzung mit einem Thema oder einer Idee. Sie fördert das tiefere Verständnis und die Transformation von Wissen in Weisheit.[578] Durch kontemplative Praktiken können komplexe und abstrakte Ideen verinnerlicht und in das eigene Weltbild integriert werden. Kontemplation ermöglicht es, Wissen strategisch zu verknüpfen, zu erweitern und eine nachhaltige Verbindung zu den erlernten Inhalten herzustellen.[579]

Wissen ist nicht statisch; es wächst und entwickelt sich gerade durch die intrapersonelle Interaktion mit den Inhalten. Dieser Wachstumsprozess ist somit zyklisch und selbstverstärkend. Neue Informationen erweitern bestehende Wissensstrukturen, während bestehendes Wissen die Aufnahme und Integration neuer Inhalte erleichtert. Dieser Prozess des Wachstums an den Inhalten wird durch ständige Reflexion, Meditation und Kontemplation unterstützt und gefördert. Indem diese Praktiken begleitend angewendet werden, können sie die Tiefe und Breite des individuellen Wissens kontinuierlich erweitern und verbessern.[580]Insgesamt zeigt sich bei der Betrachtung des Wissensprozesses, der den individuellen Umgang mit den Hilfssystemen des Geistsystems begleitet, dass Wissen eben nicht nur aus den faktischen Inhalten besteht, die ein Individuum aufnimmt, sondern vor allem aus den Prozessen, durch die es diese Inhalte verarbeitet und integriert. Der menschliche Geist wächst an den Inhalten durch aktive Auseinandersetzung und kreative Verarbeitung; Reflexion, Meditation und Kontemplation sind wesentliche Praktiken, die diesen Wachstumsprozess unterstützen und vertiefen.[581]

---

577 Vgl. Lutz / Slagter / Dunne / Davidson (2008), S. 163ff. und Zeidan / Johnson / Diamond / David / Goolkasian (2010), S. 600f.

578 Vgl. Baltes / Staudinger (2000), S. 128f. und Glück (et. al.) (2013).

579 Vgl. Hadot (2002), S. 111ff. und Walsh / Shapiro (2006), S. 229–234.

580 Vgl. Mezirow (1991).

581 Ebd.

Ein erster Überblick:

- Sowohl externe Hilfssysteme, insbesondere kulturelle Immersion, als auch interne Hilfssysteme wie interne Geistestechniken wie Meditation und Yoga können wesentliche Beiträge zur Unterstützung im ökonomischen Umgang mit dem eigenen Geistsystem leisten. Während Immersion mentale Transaktionsprozesse sowie Imagination, Narration und Suggestion von außen stimuliert, bieten Meditation, Yoga und Tantra eine innere Grundlage zur Stärkung der Konzentration und Achtsamkeit, die insgesamt zu einer belastbareren Struktur des Geistsystem und einem besseren Tiefenverständnis desselben führen können.
- Meditation spielt dabei eine besondere Doppelfunktion – sie ist sowohl Methode als auch Technik – und wird im Umgang mit der inneren Welt ein besonders effektives Werkzeug darstellen.
- Alle Hilfssysteme haben es gemein, dass sie den Umgang mit mentalen Ressourcen effizienter gestalten und neue Umgangsformen mit dem eigenen Geistsystem aufzeigen können, was auch der Prozess des Wissensaufbaus unterstreicht.

Immersion durch soziokulturell modulierte Ästhetik

> *„Wille gehört nicht zur Moral, sondern zur Ästhetik, den unbegründeten Erscheinungen.“*[582]

Kultur, dieser bunte Sammelbegriff von sozial modulierter Ästhetik[583], spielt eine zentrale Rolle bei der Bereitstellung externer Impulse für das

582 Musil (2000), S. 1520.

583 Kultur kann als sozial modulierte Ästhetik verstanden werden, weil sie die Art und Weise widerspiegelt, wie ästhetische Präferenzen und Werturteile durch soziale Interaktionen und gemeinschaftliche Normen geformt und modifiziert werden. Ästhetik bezieht sich auf die Wahrnehmung und Bewertung von Schönheit und Kunst, während Kultur die Gesamtheit der sozialen Praktiken, Überzeugungen, Werte und materiellen Ausdrucksformen einer Gruppe umfasst. In diesem Kontext beeinflussen kulturelle Normen und Traditionen die ästhetischen Standards einer Gesellschaft, indem sie bestimmte Formen der Kunst, Architektur, Musik und Mode bevorzugen und fördern. Diese ästhetischen Präferenzen werden innerhalb der Gesellschaft erlernt und weitergegeben, wodurch sie ein integraler Bestandteil der kollektiven Identität und des sozialen Zusammenhalts werden. Die ästhetischen Vorlieben einer Kultur sind somit nicht statisch, sondern unterliegen einem stän-

Geistsystem; Kunst, Literatur, Musik, Filme und andere kulturelle Ausdrucksformen bieten reichhaltige Quellen der individuellen Imagination und Narration. Sie liefern Geschichten, Bilder und Ideen, die unsere innere Welt beeinflussen können. Diese kulturellen Artefakte wirken als permanente und kontextuell angepasste Impulse, die auf die individuellen Bedürfnisse und Interessen zugeschnitten sind. Durch die Rezeption und Reflexion kultureller Inhalte werden unsere mentalen Transaktionsprozesse im Geistsystem angeregt und unterstützt, was zu einer tieferen und reicheren inneren Welt führen kann.

Die Einbindung von Kultur als Hilfssystem zeigt, wie externe Ressourcen unsere kognitiven und emotionalen Fähigkeiten erweitern können. Kultur bietet nicht nur Unterhaltung, sondern auch tatsächlich bedeutungsvolle Erfahrungen, die unser Denken und Fühlen prägen. Diese externen Impulse fördern die Fähigkeit zur Imagination, indem sie neue Perspektiven und Möglichkeiten eröffnen. Sie unterstützen die Narration, indem sie vielfältige Geschichten und Erzählstrukturen bereitstellen, die ein Individuum in seine eigene Lebensgeschichte integrieren kann. Schließlich verstärken sie die Suggestion, indem sie durch symbolische und metaphorische Inhalte tiefere Ebenen individuellen Bewusstseins stimuliert beziehungsweise eine weiterreichende Integration des kollektiven Unbewussten.[584]

Das Konzept der Immersion ist ein Konzept des Szientismus. Dieser bezieht sich (im weitesten Sinne) auf die Überzeugung, dass wissenschaftliches Wissen und methodische Ansätze die einzigen oder die vorrangigen Mittel sind, um gültige Erkenntnisse über die Welt zu gewinnen. Innerhalb der psychologischen Forschung ist Szientismus eine philosophische Basis, da er die Bedeutung von Wissen bei der Entdeckung der inneren Welt unterstreicht. Wissen, verstanden als systematisch erlangte und überprüfbare Information, ist der Schlüssel zur Erkenntnis innerer psychologischer Mechanismen und den Dynamiken des Geistsystems.[585]

---

digen Wandel, der durch soziale Interaktionen, historische Ereignisse und den Austausch mit anderen Kulturen beeinflusst wird.
Vgl. Carroll (1998), S. 181–189.

584 Vgl. Vygotsky (1978), S. 52–57 sowie S. 79–91 und Bruner (1991), S. 4–15.

585 Viele psychologische Einsichten scheitern an mangelndem Wissen über grundlegende psychologische Prozesse und Prinzipien. Ohne ein tiefes Verständnis der zugrunde liegenden Mechanismen bleiben viele innerpsychische Phänomene unentdeckt oder missverstanden. In diesem Kontext fungiert Wissen als Katalysator der Erkenntnis und ist somit die wichtigste psychoökonomische Ressource. Wissen

Die Immersion durch Ästhetik baut auf diesem Verständnis auf; Ästhetik spielt eine zentrale Rolle in der Erzeugung von Immersion. Ästhetisch ansprechende oder kontrastreiche Umgebungen, sei es durch visuelle Kunstwerke, Musik oder Architektur, können starke emotionale Reaktionen hervorrufen und die Betrachter in eine tiefe, konzentrierte Aufmerksamkeit versetzen. Es gibt verschiedene Arten und Umfänge der Immersion, die von einfachen fokussierten Übungen bis hin zu komplexen visuellen Umgebungen reichen. Der Grad der Immersion beeinflusst die Tiefe der Erfahrung und die Möglichkeit, tiefere psychologische und emotionale Ebenen zu erreichen. Durch Immersion können Individuen neue Perspektiven gewinnen und bislang unerkannte Aspekte ihrer inneren Welt entdecken.

Die Kombination von szientistischer und kultureller Immersion eröffnet insgesamt ein breiteres Interpretationsspektrum und erweitert die individuellen (inneren wie äußeren) Transaktionsmöglichkeiten des ICH. Kulturelle Elemente, die in immersive Erfahrungen integriert werden, ermöglichen es Individuen, ihre inneren Welten durch die Linse kultureller Symbole und Narrative zu erkunden. Dies führt zu einem reicheren und vielfältigeren Verständnis der eigenen Identität und der zugrunde liegenden psychologischen Prozesse.[586]

Wissen allein kann viele innere Entwicklungs- und Erkenntnispotentiale erschließen, doch ohne die Einbettung in kulturelle Kontexte bleibt es oft abstrakt und unvollständig. Kulturelle Immersion ermöglicht es, das Wissen in einen lebendigen und bedeutungsvollen Kontext zu stellen, wodurch die innere Welt in ihrer ganzen Komplexität und Vielfalt erfahren werden kann. Oftmals sind andere Hilfssysteme, wie z.B. rein traditionelle oder spirituelle Ansätze, sehr wissensfeindlich geprägt. Sie lehnen wissenschaftliche Erkenntnisse ab oder betrachten sie als irrelevant.[587] Dies führt zu einer Einschränkung der Entwicklungsmöglichkeiten und der Erkenntnisgewinnung. Um diesem Problem entgegenzuwirken, sind Kombinationsverfahren notwendig, die wissenschaftliches Wissen und kulturelle Immersion integrieren.

---

ermöglicht nicht nur das Erkennen und Verstehen psychischer Prozesse, sondern auch deren gezielte Beeinflussung und Veränderung.

586 In diesem Zusammenhang sind auch grenzüberschreitende Erfahrungen, wie beispielsweise Trance- oder Rauscherfahrungen von Bedeutung und können Teil eines immersiven Erlebens sein. Vgl. auch Saldanha (2008), S. 174ff. sowie Csikszentmihalyi (2002).

587 Vgl. Shweder (1991), S. 96ff. und Brooke (1991), S. 82–112 sowie S. 321ff.

Die eigene individuelle Interpretation des Wissens in Bezug auf die innere Welt ist entscheidend. Die innere Welt eines Menschen ist voller kultureller Eigenheiten und symbolischer Ordnungen. Nur in einem weiten kulturellen und wissenschaftlichen Kontext kann sie sich selbst vollständig erschließen. Diese Perspektive steht im Einklang mit der Theorie, dass die Welt in einem wohnt, d.h. dass das Individuum in sich selbst eine Vielzahl von Welten und Erfahrungen trägt, die durch Wissen und kulturelle Immersion zugänglich gemacht werden können.[588]

- Die Verbindung von szientistischer und kultureller Immersion stellt einen mächtigen Ansatz zur Erforschung der inneren Welt dar. Wissen, als mitunter wichtigste psychoökonomische Ressource, ermöglicht grundsätzlich umfassendere Erkenntnisse und fördert die persönliche Entwicklung.
- Die Einbettung dieses Wissens in kulturelle Kontexte bereichert das Erleben und die Interpretation der eigenen inneren Welt. Kombinationsverfahren, die diese Ansätze integrieren, bieten daher ein umfassendes und effektives Mittel zur Selbstentdeckung und psychischen Heilung.

Die Rolle der Ästhetik in einer mentalen Ökonomie der Psyche ist von zentraler Bedeutung, insbesondere vor dem Hintergrund kultureller und szientistischer Immersion. Ästhetik beeinflusst nicht nur unsere Wahrnehmung und unser emotionales Wohlbefinden, sondern auch unsere kognitiven

588 Die Vorstellung, dass die Welt in einem wohnt, findet sich in verschiedenen philosophischen und spirituellen Traditionen. Eine bekannte Theorie, die diese Idee aufgreift, ist die Theorie des Holismus, besonders in der Form des psychologischen oder metaphysischen Holismus. Diese besagt, dass Teile eines Systems nur in Bezug auf das Ganze vollständig verstanden werden können und dass das Ganze mehr ist als die Summe seiner Teile. In diesem Kontext könnte man sagen, dass die Welt in einem wohnt, insofern als dass das Individuum und das Universum untrennbar miteinander verbunden sind. Eine weitere verwandte Theorie ist der Pantheismus, insbesondere in seiner Spinozistischen Form. Baruch de Spinoza argumentierte, dass Gott und die Natur identisch sind und dass jeder Mensch einen Teil des göttlichen oder universellen Wesens in sich trägt. In Spinozas Sichtweise ist die Welt, oder Gott, in jedem Individuum präsent, was eine Form der Immanenz darstellt. (Spinozas Pantheismus nimmt Abschied von der christlich geprägten Vorstellung eines Gottes, welcher der Welt als andere Wesenheit gegenübersteht und zu dem der einzelne Mensch eine Beziehung aufbauen kann. Spinoza sieht Gott und die Welt als miteinander identisch an: Alle Dinge sind in Gott.)
Vgl. Spinoza (1677), S. 224–233 und Lloyd (1996), S. 45–58.
Auch in der Psychologie gibt es seit längerem Ansätze, die diese Idee unterstützen, insbesondere in der Gestalttherapie und der transpersonalen Psychologie.
Vgl. Köhler (1947), S. 29–48.

Prozesse und sozialen Interaktionen. Dieser Einfluss wird durch die komplexen Wechselwirkungen zwischen Kultur und Wissenschaft weiter verstärkt.

Die mentale Ökonomie der Psyche bezieht sich primär auf die effiziente Verwaltung kognitiver, emotionaler und energetischer Ressourcen. Ästhetik spielt in diesem Zusammenhang eine wesentliche Rolle, da sie die Art und Weise beeinflusst, wie wir Informationen verarbeiten, Emotionen erleben und Energie einsetzen. Ästhetische Erfahrungen können kognitive Ressourcen schonen, indem sie das Lernen und Erinnern erleichtern. Sie fördern positive Emotionen und tragen zur psychischen Resilienz bei.[589]

Kultur prägt die ästhetischen Normen und Präferenzen eines Individuums und beeinflusst, wie ästhetische Objekte und Erlebnisse wahrgenommen und bewertet werden. In einer kulturellen Immersion werden Individuen ständig mit ästhetischen Elementen konfrontiert, die in den sozialen Kontext eingebettet sind. Diese kontinuierliche Exposition fördert die Anpassung und Integration kultureller Werte und ästhetischer Standards in die eigene mentale Ökonomie.[590]

Ästhetik in kulturellen Kontexten kann als ein Mittel zur Identitätsbildung und sozialen Kohärenz betrachtet werden. Kulturell geprägte ästhetische Präferenzen und Ausdrucksformen ermöglichen es Individuen, sich als Teil einer Gemeinschaft zu fühlen und ihre soziale Identität zu stärken. Dieser Prozess unterstützt die mentale Ökonomie, indem er ein Gefühl von Zugehörigkeit und Sicherheit schafft, was wiederum kognitive und emotionale Ressourcen freisetzt, die andernfalls für die Bewältigung von Unsicherheiten und sozialen Spannungen aufgewendet würden.

Szientistische Immersion bezieht sich auf das tiefe Eintauchen in wissenschaftliche Paradigmen und Denkweisen. Wissenschaftliche Ästhetik, oft gekennzeichnet durch Klarheit, Präzision und Eleganz, beeinflusst ebenfalls die mentale Ökonomie der Psyche. In der wissenschaftlichen Praxis werden ästhetische Kriterien herangezogen, um Hypothesen, Theorien und empirische Befunde zu bewerten. Eine ästhetisch ansprechende Theorie wird oft als intuitiver und überzeugender wahrgenommen, was die kognitive Verarbeitung erleichtert und die Akzeptanz in der wissenschaftlichen Gemeinschaft fördert. Wissenschaftliche Ästhetik kann kognitive Prozesse optimieren, indem sie die Klarheit und Verständlichkeit von Informationen erhöht. Dies reduziert die kognitive Belastung und fördert effizienteres

---

589 Vgl. Vessel / Starr / Rubin (2012), S. 255ff. und Seligman / Csikszentmihalyi (2000), S. 12–14.

590 Vgl. Shweder (1991), S. 174ff.

Lernen und Problemlösen. Darüber hinaus trägt die ästhetische Dimension der Wissenschaft zur emotionalen Motivation und zum Engagement bei, indem sie Neugier und Faszination weckt.

Die Interaktion zwischen kultureller und szientistischer Immersion erzeugt ein komplexes Netzwerk von ästhetischen Erfahrungen, die die mentale Ökonomie der Psyche beeinflussen; kulturelle Kontexte können wissenschaftliche Ästhetik formen und umgekehrt.[591]

Ästhetische Erfahrungen, die sowohl kulturelle als auch wissenschaftliche Elemente integrieren, können besonders kraftvoll sein. Sie bieten reiche, multidimensionale Erlebnisse, die kognitive Flexibilität und Kreativität fördern. Diese Erlebnisse unterstützen die mentale Ökonomie, indem sie eine harmonische Integration verschiedener Wissens- und Erfahrungsbereiche ermöglichen und so eine holistische und kohärente Wahrnehmung der Welt fördern.[592]

Insgesamt spielt Ästhetik eine entscheidende Rolle in der mentalen Ökonomie der Psyche, indem sie die Art und Weise beeinflusst, wie kognitive, emotionale und energetische Ressourcen verwaltet werden. Vor dem Hintergrund kultureller und szientistischer Immersion wird die Bedeutung der Ästhetik noch deutlicher, da sie als Bindeglied zwischen unterschiedlichen Erfahrungswelten dient und zur ganzheitlichen Entwicklung und zum Wohlbefinden des Individuums beiträgt. Die komplexen Wechselwirkungen zwischen kultureller und wissenschaftlicher Ästhetik unterstreichen die Notwendigkeit eines interdisziplinären Ansatzes, um die tiefgreifenden Auswirkungen ästhetischer Erfahrungen auf die menschliche Psyche vollständig zu verstehen.

Die drei Kernaussagen:

1. **Rolle der Kultur und Ästhetik in der mentalen Ökonomie:** Kultur, in Form von Kunst, Literatur, Musik und anderen Ausdrucksformen, bietet reichhaltige Quellen für individuelle Imagination und Narration, die die innere Welt eines Menschen bereichern. Ästhetische Erfahrungen beeinflussen unsere Wahrnehmung, Emotionen und kognitiven Prozesse und sind entscheidend für die Identitätsbildung und soziale Kohärenz.

---

591 Vgl. Sweller / Ayres / Kalyuga (2011), S. 3–14 und S. 17–38.

592 Ebd.

2. **Szientistische und kulturelle Immersion als Katalysator:** Die Verbindung von szientistischer und kultureller Immersion bietet einen umfassenden Ansatz zur Erforschung der inneren Welt. Wissenschaftliche Methoden und kulturelle Kontexte ergänzen sich und ermöglichen tiefere Erkenntnisse und persönliche Entwicklung. Die Kombination dieser Ansätze fördert eine harmonische Integration von Wissen und kulturellen Erlebnissen, was zu einem ganzheitlichen Verständnis der eigenen Identität und psychologischen Prozesse führt.
3. **Unterstützung der mentalen Ökonomie durch Ästhetik:** Ästhetik spielt eine zentrale Rolle in der effizienten Verwaltung kognitiver, emotionaler und energetischer Ressourcen. Ästhetische Erfahrungen erleichtern das Lernen, fördern positive Emotionen und tragen zur psychischen Resilienz bei. Die Interaktion zwischen kulturellen und wissenschaftlichen ästhetischen Erfahrungen unterstützt die mentale Ökonomie, indem sie kognitive Flexibilität und Kreativität fördert und eine kohärente Wahrnehmung der Welt ermöglicht.

Die metapsychologischen Hilfssysteme des Yoga und Tantra und der Meditation

> *«Wissen ist besser als der bloße Vollzug von Ritualen. Meditation ist besser als Wissen. Der Verzicht auf die Früchte der eigenen Taten (Tyaga) ist besser als Meditation. Warum? Weil dem Aufgeben von Erwartungen sofort Frieden folgt.»*[593]

Die Unterstützung innerer kognitiver Prozesse durch Geistestechniken wie Meditation oder Yoga ist ein weiterer wichtiger Aspekt der Förderung der mentaler Ökonomie und deren Leistungsfähigkeit. Diese Techniken bieten systematische Ansätze zur Entwicklung von Konzentration und Achtsamkeit, die als trainierbare Fähigkeiten betrachtet werden können, ähnlich wie Muskeln.[594]

Meditation und Yoga sind Praktiken, die seit Jahrtausenden in verschiedenen Kulturen zur Förderung von geistiger und körperlicher Gesundheit sowie zu übergeordneten spirituellen Zwecken eingesetzt werden. Sie zielen

593 Bhagavadgita (1998), 20.12.
594 Vgl. McKibben / Nan (2017), S. 490f. und Kornfield (2008), S. 140–159.

darauf ab, den Geist zu beruhigen und eine tiefe innere Ruhe zu erreichen, die es ermöglicht, kognitive Prozesse auf individueller Basis zu klären und zu restrukturieren. Durch regelmäßige Praxis können diese Techniken die Fähigkeit zur Konzentration und Achtsamkeit erheblich steigern.[595] Konzentration, verstanden als die Fähigkeit, den Fokus auf eine bestimmte Aufgabe oder Gedankenrichtung zu lenken und zu halten, wird durch meditative Praktiken gestärkt. Achtsamkeit, die bewusste Wahrnehmung des gegenwärtigen Moments ohne Bewertung, wird ebenfalls durch solche Praktiken gefördert.

Die Wirksamkeit dieser Techniken lässt sich durch die metaphorische Vorstellung eines Muskels erklären, der durch regelmäßiges Training stärker und belastbarer wird. Meditation und Yoga trainieren das geistige "Muskelgedächtnis", indem sie regelmäßige Übungen zur Fokussierung und inneren Beobachtung bieten. Diese Praxis führt zu einer verbesserten Selbstregulation und emotionalen Stabilität, die es dem Individuum ermöglicht, die situative Realität besser zu bewältigen und insgesamt ein höheres Maß an geistiger Stabilität (dank fokussierter, belastbarer Transaktionsprozesse im eigenen Geistsystem) zu erreichen.[596]

Zahlreiche empirische Studien belegen die positiven Effekte von Meditation und Yoga auf kognitive Funktionen (insbesondere der exekutiven Funktionen des Geistsystems[597]) und emotionale Gesundheit. Regelmäßige Praxis ist mit Verbesserungen in Bereichen wie Aufmerksamkeit, Gedächtnis und den exekutiven Funktionen des Geistsystems verbunden.[598]

Yoga und Tantra – die Integration von Kontrolle und Akzeptanz im Geistsystem

Yoga ist die Praxis der körperlichen, geistigen und spirituellen Disziplinen zur Förderung von systemischer Einheit des Geistsystems, während Tantra eine spirituelle Tradition ist, die Techniken zur Integration der inneren

---

595 Ebd.

596 Zum Beispiel Goyal (et. al.) (2014), S. 360–362 und Streeter (et. al.) (2012), S. 573–576.

597 Vgl. Gothe (2013), S. 492–494.

598 Zudem zeigen Forschungsergebnisse eindrücklich, dass diese Techniken Stress reduzieren, Angst und Depression lindern und die allgemeine Lebenszufriedenheit erhöhen können. Vgl. Goyal (et. al.) (2014) und Streeter (et. al.) (2012).

Akzeptanz nutzt, um holistische Einheit[599] im Geistsystem zu erzeugen. Die Methoden des Yoga sollen Kontrolle über den Geist durch die Kontrolle des Körper bringen[600], die Methoden des Tantra funktionieren über die Akzeptanz des Seienden und verbinden mentale Kapazitäten und Ressourcen durch das Ausräumen von Widersprüchen und ineffizienten Verzerrungen.[601]

Beide Schulen blicken auf eine lange Geschichte zurück; beide Schulen wurden (und werden) häufig verfremdet, verzerrt und für individuelle Zwecke missbraucht.[602] Besonders die Konzepte des Tantra haben (völlig zu Unrecht) einen diffusen bis verpönten Ruf und sind den meisten Menschen nur in einem westlich-sexualisierten Kontext ein verschwommener Begriff. In der Tat ist Tantra sogar die ältere, konzeptionell komplexere Schule und steht für einem dem Yoga gewissermaßen entgegengesetzten Erkenntnisprinzips. Darauf möchte ich allerdings hier nicht weiter eingehen – das Konzept der inneren Ökonomie der Psyche hat nichts mit New Age

---

599 Der Unterschied zwischen systemischen Einheit und holistischen Einheit liegt in der zugrundeliegenden konzeptionellen Herangehensweise und der Art und Weise, wie sie die Beziehung zwischen den Teilen und dem Ganzen betrachten. Systemische Einheit betrachtet ein System als ein Netzwerk von miteinander verbundenen und interagierenden Teilen, wobei das Hauptaugenmerk auf den Beziehungen und Wechselwirkungen zwischen diesen Teilen liegt. Diese Sichtweise betont, dass das Verhalten des Gesamtsystems aus den Eigenschaften und Dynamiken seiner Komponenten hervorgeht, wobei die Struktur und die Verbindungen innerhalb des Systems zentral sind. Im Gegensatz dazu betrachtet holistische Einheit das Ganze als mehr als die Summe seiner Teile und legt Wert darauf, dass das Ganze eine eigene Identität und Eigenschaften besitzt, die nicht allein durch die Analyse seiner einzelnen Bestandteile erklärt werden können. Diese Perspektive betont, dass das Ganze eigenständige Eigenschaften und Qualitäten hat, die erst durch die Betrachtung des Ganzen in seiner Gesamtheit verständlich werden. Beide Ansätze sind wichtig für das Verständnis komplexer Systeme, unterscheiden sich jedoch in ihrer Betonung der Bedeutung der Beziehungen zwischen den Teilen im Vergleich zur Bedeutung des Ganzen als eine eigenständige Entität.

600 Aus dem Wort „Yoga" leitet sich das Wort „Joch" ab und meint ursprünglich Konzentration und Verbindung. Zur Etymologie siehe Gunturu (2020), S. 7–10.

601 Das Wort „Tantra" stammt aus dem Sanskrit und setzt sich aus den Wurzeln „tan" (ausdehnen, weben) und „tra" (Instrument, Methode) zusammen. Es bedeutet wörtlich „Gewebe" oder „Kontinuum" und verweist auf die Verknüpfung von verschiedenen Aspekten des Lebens und der Existenz durch spirituelle Praktiken.
Tantra betont die Einheit von Körper und Geist und oft auch die Einbeziehung unterschiedlicher Energien als Mittel zur spirituellen Transformation. Vgl. Feuerstein (1998), S. 3–5.

602 Vgl. Mallinson / Singleton (2017), S. 24–40 und S. 447–465 sowie Urban (2003), S. 10–24 und S. 191–214.

zu tun und möchte auch gar nicht auf die (ohne Frage sehr umfangreichen) spirituellen Umfänge von Yoga und Tantra eingehen, das wäre wohl ein eigenes Buch, das noch geschrieben werden muss. An dieser Stelle geht es ausschließlich um die Instrumentalisierung ihrer Methoden und Techniken im Dienste der Ökonomie des Geistsystems.

Ein weiterer wichtiger Punkt ist der Umstand, dass man sich mit den Techniken der Meditation (und des Yoga) im Kontrast zur kulturellen Immersion jeweils am Ende eines nicht spannungsfreien Kontinuums bewegt – dies ist wichtig, im Hinterkopf zu behalten, denn streng genommen schließen sich beide Systeme ein ganzes Stück weit gegenseitig aus. Gerade die Meditation in der Tradition des Tantra genannten Techniksettings schließt die strukturierten Formen von Kultur als etwas Irreales und damit auch Irrelevantes, ja Verwirrendes und Ablenkendes von sich aus aus[603]; während die Formen der Immersion die Realität mentaler Transendenzprozesse im Rahmen eines wissenschaftlich überprüfbaren Kontextes bezweifeln. Mit anderen Worten – beide Welten sprechen unterschiedliche Sprachen.

Für die Zwecke dieses Buches steht dieser Umstand allerdings eher im Hintergrund – ich möchte beide Welten darum nutzen, mentale Denkprozesse zu stärken und zu verfeinern, was letztendlich zu einer höheren Durchdringung von Narrations- und Imaginationsprozessen führen wird. Und auf eben diesen Umstand wird sich dieses Kapitel auch konzentrieren; ich möchte für die Bedeutung der Integration von Kontrolle und Akzeptanz im Geistsystem sensibilisieren, nicht diese umfangreichen Schulen in allem Umfang detailliert erläutern

Es beginnt mit dem Atmen. Besonders in der Tradition des Yoga und Tantra ist das Atmen der Ausgangspunkt für Alles. In diesen spirituellen und philosophischen Systemen wird der Atem als Brücke zwischen Körper und Geist angesehen und dient als universelles Werkzeug.

In der Yogapraxis ist Pranayama, die Kunst der Atemkontrolle, eine der wesentlichen Disziplinen.[604] Pranayama bedeutet wörtlich "Ausdehnung des Lebensprinzips" und zielt darauf ab, die Lebensenergie, bekannt als Prana, zu regulieren. Durch gezielte Atemtechniken wird die Kontrolle über den Atem erlangt, was eine direkte Auswirkung auf den Geist hat. Der Atem wird bewusst verlängert, vertieft und verlangsamt, was zu einer Reduktion

603 Vgl. Mallinson / Singleton (2017), S. 341ff.
604 Vgl. Gunturu (2020), S. 25–28 und S. 97–109.

von Stress und Angst führt. Diese Kontrolle über den Atem ermöglicht es dem Praktizierenden, die physiologischen Reaktionen des Körpers zu beeinflussen und eine tiefere meditative Erfahrung zu erreichen.[605]

Kontrolle durch Atemtechniken bedeutet nicht nur die physische Regulation der Atemfrequenz, sondern auch die Kultivierung eines bewussten Umgangs mit den eigenen Gedanken und Emotionen. Indem man den Atem kontrolliert, wird auch die Aufmerksamkeit geschult und der Geist fokussiert. Diese Praxis fördert eine höhere Achtsamkeit und ermöglicht es, Gedankenmuster zu erkennen und zu durchbrechen, die zu Stress und Unruhe führen.[606]

Gleichzeitig betont die Tradition des Yoga und Tantra die Notwendigkeit der Akzeptanz. Akzeptanz bedeutet auf einem basalen Level, die gegenwärtigen Zustände des Körpers und Geistes ohne Urteil zu beobachten. In der Praxis des Atmens kann ein Individuum lernen, den natürlichen Fluss des Atems zu spüren und anzunehmen, ohne ihn zu erzwingen oder zu unterdrücken. Im Tantra spielt der Atem eine ähnliche, aber noch umfassendere Rolle. Tantra zielt darauf ab, alle Aspekte des Lebens zu integrieren und das Göttliche in jeder Erfahrung zu sehen. Der Atem ist hierbei ein Schlüsselwerkzeug, um die Energiezentren (Chakras) zu aktivieren und die spirituelle Entwicklung zu fördern. Durch spezielle Atemtechniken werden Energien im Körper mobilisiert und kanalisiert, um Blockaden zu lösen und das Bewusstsein zu erweitern. Tantra lehrt, dass durch die bewusste Arbeit mit dem Atem eine tiefere Verbindung zum eigenen Selbst und zur universellen Energie hergestellt werden kann.[607]

Die Integration von Kontrolle und Akzeptanz durch den Atem in Yoga und Tantra fördert nicht nur das körperliche Wohlbefinden, sondern auch die geistige und emotionale Gesundheit. Wissenschaftliche Studien unterstützen diese traditionellen Ansichten, indem sie die positiven Effekte von Atemtechniken auf das Nervensystem und die Stressbewältigung belegen.[608]

Der Atem dient als Brücke aber auch der Abgrenzung zur äußeren Welt; er hat eine Übergangsfunktion.

Die Techniken des Yoga bestehen aus seinen körperlichen Übungen (Asanas), Atemtechniken (Pranayama) und der Meditation (Dhyana). Diese Praktiken zielen darauf ab, den Geist zu beruhigen und den Körper

605 Vgl. Brown / Gerbarg (2005), S. 189f. und Jerath / Edry / Barnes / Jerath (2006), S. 566ff.

606 Ebd.

607 Vgl. White (2000), S. 3–38 und S. 561–588.

608 Vgl. Streeter (et. al.) (2012), S. 580–587.

zu stärken, was zu einer verbesserten Wahrnehmung und einem klareren Übergang zwischen Innen und Außen führt. Durch regelmäßige Yoga-Praxis werden die Sinne geschärft, und die Wahrnehmung der Außenwelt kann sich auf subtile Weise verändern. Man beginnt, die Welt nicht mehr nur oberflächlich wahrzunehmen, sondern nimmt auch die feinen Details und die innere Schönheit der Dinge wahr – was beides mentale Transaktionsprozesse intensiviert und spezifiziert.

Tantra geht noch weiter und integriert vor allem spirituelle Praktiken, die auf der Vereinigung von Gegensätzen basieren. Tantra geht von einer universalen Konnektivität und Konnexion des Seins aus und dass diese universellen Verbindungen tiefgreifende Auswirkungen auf das Verständnis der Welt selbst haben. Durch tantrische Praktiken wie Rituale, Meditation und bewusstes Atmen wird das Bewusstsein erweitert und die Wahrnehmung der Außenwelt transformiert. Die äußeren Erfahrungen werden so zum Spiegel des inneren Selbst; transaktionale Prozesse überwinden so die Abgrenzung zwischen Innen und Außen.

Eine der wichtigsten Lehren, die sowohl Yoga als auch Tantra vermitteln, ist die Bedeutung von Geduld. In der hektischen Welt von heute neigen wir dazu, sofortige Ergebnisse zu erwarten. Doch mentale Transformation (wie sie auch die ökonomische Erkenntnistherapie anstrebt) erfordert Zeit und Hingabe. Geduld ist entscheidend, um durch die verschiedenen Prozessstufen der Praxis zu navigieren und Erkenntnisse und die daraus resultierenden Veränderungen in Bewusstsein und Wahrnehmung zu integrieren. Diese Geduld hilft nicht nur bei der eigenen mentalen Entwicklung, sondern fördert auch grundlegend Austauschprozesse aller Art.[609]

Wissenschaftliche Studien unterstützen viele der spirituellen Aspekte von Yoga und Tantra. Forschungen haben gezeigt, dass regelmäßige Yoga-Praxis das Stressniveau senken, die kognitive Funktion verbessern und die emotionale Stabilität erhöhen kann.[610] Ebenso gibt es Hinweise darauf, dass meditative Praktiken, die im Tantra verwendet werden, die Gehirnstruktur verändern und das Bewusstsein erweitern können.[611]

Das Verständnis und die Erkundung der inneren Welt erforderten ein individuelles Eintauchen in die Regeln und Mechanismen des Dualismus, die das Zusammenspiel von Geist und Körper, Innen und Außen bestimmen. Diese beiden Aspekte sind untrennbar miteinander verbunden und

609 Vgl. Guntutu (2020), S. 53ff.
610 Vgl. Streeter (et. al.) (2012), S. 588f.
611 Vgl. Lazar (et. al.) (2005), S. 1895f.

spiegeln sich gegenseitig wider. Obwohl die Nutzung sowohl des Geistes als auch der Körperfunktionen zunächst trivial erscheinen mag, ist dies in Wirklichkeit eine komplexe Herausforderung. Die Interdependenz von Körper und Geist bedeutet, dass Veränderungen in einem Bereich häufig Auswirkungen auf den anderen haben, was die Notwendigkeit eines ganzheitlichen Ansatzes unterstreicht.

Für das Erlangen von tiefen Erkenntnissen über die innere Welt sind die vorgestellten Hilfssysteme oft notwendig und sinnvoll. Diese Hilfssysteme können vielfältige Formen annehmen, von strukturierten Methoden wie Yoga und Meditation bis hin zu weniger formalen Ansätzen wie Achtsamkeit und Selbstreflexion. Es ist jedoch wichtig, Extreme in jeglicher Form zu vermeiden. Extreme Praktiken und Überzeugungen neigen dazu, einen (pseudo-)religiösen Charakter anzunehmen und können das Gleichgewicht und die Objektivität in der Selbsterforschung stören. Viele extreme Systeme und Lebensweisen präsentieren sich oft aufdringlich und versprechen schnelle Ergebnisse, doch Skepsis ist hier angebracht – das Modell des ökonomisierten Geistsystems grenzt sich hier auch ganz praktisch ab.

Erkenntnis ist letztlich ausschließlich ein Monolog mit sich selbst; nichts kann wirklich ohne eigenes aktives Zutun in die innere Welt integriert werden.

Gurus und Lehrer, die oft als Führer auf dem Weg zur Selbsterkenntnis auftreten, können zwar unterstützend wirken, sind jedoch nicht immer notwendig oder hilfreich.[612] Äußere Verunsicherung und übermäßige Abhängigkeit von externen Autoritäten können hinderlich sein. Tatsächlich sind keine gewaltigen äußeren Impulse notwendig, um die innere Welt mit ihren Prozessen zu erkunden und zu schärfen. Oft können solche externen Einflüsse zusätzliche Barrieren und Hemmnisse aufbauen, die den Fortschritt behindern. Yoga und Meditation sind bewährte Methoden, die den Zugang zur inneren Welt erleichtern können.[613] Die hilfreichen

---

612 Und werden selbst von diesen selbst kritisch gesehen. Vgl. Osho (2009), S. 1101–1105.

613 Obwohl der Buddhismus nicht als Religion betrachtet wird, enthält er viele Glaubenselemente, die sich auf extreme, transzendentale Ziele konzentrieren. Diese Ziele, wie die Erreichung von innerer Leere oder die Auflösung des Egos, sind im psychischen Kontext nicht immer zuträglich und können die eigene innere Welt sogar negieren. Während diese Ziele für einige interessant und erstrebenswert sein mögen, bieten sie oft keine praktische Hilfe für die ökonomische Selbsterkenntnis und die Verbesserung der psychischen Gesundheit. Die Ökonomie der Psyche konzentriert sich daher auf die transaktionale und transformative Sicht des Geistes. Vgl. Fromm (1971), S. 123ff.

Elemente dieser Praktiken müssen jedoch in der Tat selbst herausgefunden werden, der Weg zur Selbsterkenntnis individuell gestaltet sein.[614]

Obwohl der Buddhismus oft als Religion betrachtet wird, enthält er viele Glaubenselemente, die sich auf extreme, transzendentale Ziele konzentrieren. Diese Ziele, wie die Erreichung von innerer Leere oder die Auflösung des Egos, sind im psychischen Kontext nicht immer zuträglich und können die eigene innere Welt sogar negieren. Während diese Ziele für einige interessant und erstrebenswert sein mögen, bieten sie oft keine praktische Hilfe für die Selbsterkenntnis und die Verbesserung der psychischen Gesundheit. Es sind oft die grundlegenden Mechanismen, die den Geist am meisten weiterbringen. Die Anwendung und Iteration von Techniken wie Meditation erhöht die Kontrolle und Tiefe der inneren Welt. Meditation muss selbst erlernt werden, da nur der Praktizierende selbst Einfluss auf den eigenen Geist hat. Diszipliniertes Eigentraining ist daher der Schlüssel zur Erkundung der inneren Welt. Ein wichtiger Effekt dieser Praxis ist ein besserer Zugang zu den eigenen psychischen Prozessen, was die Qualität und Präzision der Imagination und individueller narrativen Fähigkeiten erhöht und somit auch das Geistsystem in seiner Gänze stärkt.

Die drei Kernaussagen:

1. **Integration und Unterschiede von Yoga und Tantra:** Yoga zielt auf die Kontrolle des Geistes durch körperliche Disziplin, während Tantra durch Akzeptanz und Integration innerer Zustände arbeitet. Beide Systeme haben eine lange Geschichte und wurden oft missverstanden und missbraucht.

---

614 Eine problematische Praxis, die sowohl in Yoga als auch in Tantra beobachtet werden kann, ist das „Wegmeditieren" von Problemen und psychischen Komplexen. Dabei nutzen Praktizierende Meditationstechniken, um unangenehme Emotionen und innere Konflikte zu unterdrücken oder zu verdrängen, anstatt sich aktiv mit ihnen auseinanderzusetzen. Dies kann kurzfristig Erleichterung bringen, langfristig jedoch zu einer emotionalen Abstumpfung und einem Verlust der Fähigkeit zur Selbstreflexion führen. Die Vermeidung von inneren Konflikten durch Meditation kann dazu führen, dass tief verwurzelte psychische Probleme ungelöst bleiben, was die persönliche Entwicklung und das psychische Wohlbefinden beeinträchtigten. Vgl. Lomas / Cartwright / Edginton / Ridge (2014), S. 167–170.

2. **Instrumentalisierung und mentale Ökonomie:** Die Techniken beider Systeme werden im Kontext der mentalen Ökonomie genutzt, um die kognitive und emotionale Effizienz zu verbessern. Dies umfasst Atemkontrolle (Pranayama) im Yoga und energetische Techniken im Tantra, die das Bewusstsein erweitern und die Wahrnehmung der Außenwelt verändern.
3. **Geduld und Transformation:** Geduld ist essentiell für die spirituelle und mentale Entwicklung in beiden Systemen. Wissenschaftliche Studien bestätigen die positiven Effekte von Yoga und Tantra auf Stressbewältigung, kognitive Funktionen und emotionale Stabilität.

Meditation als Universalwerkzeug des ökonomisierten Geistsystems

Im Folgenden möchte ich noch auf die Rolle von Meditation zur Arbeit mit dem eigenen Geistsystem im Rahmen der ökonomischen Erkenntnistherapie eingehen; auch hier bleibt die Darstellung fokussiert auf deren Rolle in einem transaktionalen und transformativen Kontext. Ein großes Problem ist in diesem Zusammenhang, dass die Vorstellung von Meditation in der breiten Gesellschaft vollkommen falsch ist.

Man muss sich nur jeden beliebigen Film anschauen, der mit diesem Thema in Berührung kommt: Mediation wird standardmäßig als ein Reservoir übernatürlicher Kraft, als mentaler Rückzugsort und Bastion für den Protagonisten dargestellt.[615] Derweil gehen sämtliche mir bekannte Visualisierungen völlig an der stillen, im Äußeren gar nicht existenten Wahrheit von Meditation vorbei – wie könnte es auch anders sein? Denn Meditation ist in erster Linie die Abwesenheit von etwas (und dies lässt sich nun mal schwer visuell darstellen).

Praktisch alle Meditationsanleitungen und -Techniken gehen meiner persönlichen Erfahrung und meiner theoretischen Forschung nach am Kern der Sache vorbei und arbeiten mit Ablenkungen und Illusionen – eben jenen mentalen Dingen, welche die Meditation tatsächlich auflösen möchte. Sie können beispielsweise mit einem Mantra[616] beginnen, werden es aber schwer wieder loswerden.

---

615 Vgl. Russell (2013), S. 142–165.

616 Ein Mantra ist ein Klang, Wort oder eine Phrase, die in spirituellen und meditativen Praktiken wiederholt wird, um den Geist zu fokussieren, innere Ruhe zu fördern und spirituelle Erkenntnis zu erlangen. Mantras sind oft in alten Sprachen wie Sans-

Das größte Grundproblem ist dabei der Umstand, dass es schon vom konzeptionellen Wesen her keine Anleitung für gute Meditation geben kann; sie ist etwas, das jedes Individuum für sich selbst finden muss – durch Denken und durch Fühlen. Anleitung ist hier störend, da kein Mensch gleich meditieren wird. Meditation ist im Ideal das Ende des inneren Dialogs – es braucht also wirklich keinen zusätzlichen äußeren Dialog zur effektiven Gestaltung.[617]

Im Gegensatz zu klassischen Formen der Narration (die einen äußeren Gegenpol sogar zwingend benötigen) ist Meditation kein aktives Tun im eigentlichen Sinne; es ist die Abwesenheit allen Tuns.[618] Und etwas, das ohne eine gewisse Leichtigkeit und Freude im Selbst kaum erschlossen werden kann.

Wer sich auf Meditation einlassen möchte, kann dies problemlos allein tun. Folgende vier Punkte sind dafür besonders relevant und hilfreich:

- **Erster Zugang durch gedankliche Auseinandersetzung:** Für den initialen Zugang zur Praxis der Meditation ist eine vorausgehende gedankliche Auseinandersetzung von zentraler Bedeutung. Diese Vorbereitung ermöglicht ein tieferes Verständnis der theoretischen Grundlagen und schafft eine bewusste Haltung gegenüber den nachfolgenden meditativen Übungen.[619]
- **Vorausgehendes Denken vor jeder meditativen Handlung:** Jeder meditativen Handlung oder Nichthandlung sollte ein gedanklicher Prozess vorausgehen. Dieses bewusste Nachdenken fördert die Achtsamkeit und hilft, die Ziele und Intentionen der Praxis klar zu definieren, was die Effektivität und Tiefe der Meditation steigern kann.[620]
- **Mehr ins Fühlen gehen während des Tuns:** Im Verlauf der praktischen Anwendung der Meditation ist es ratsam, sich stärker auf das Fühlen zu konzentrieren. Dieses explorative Vorgehen erfordert ein Loslassen des aktiven Nachdenkens und fördert stattdessen ein freudvolles Forschen

---

krit verfasst und dienen als Werkzeuge zur Konzentration und Transzendenz des alltäglichen Bewusstseinszustands. Ihre Wiederholung kann neurophysiologische Effekte hervorrufen, die zur Stressreduktion und verbesserten emotionalen Regulation beitragen.
Vgl. Álvarez-Pérez (et. al.) (2022).

617 Vgl. Nhat Hanh (1999), S. 56f.
618 Vgl. Dalai Lama (2002), S. 110ff.
619 Vgl. Kabat-Zinn (2003), S. 150ff.
620 Vgl. Shapiro (et. al.) (2006), S. 375–380.

im Inneren. Dadurch können tiefere emotionale und intuitive Erkenntnisse gewonnen werden.[621]

- **Individuelle Ziele der Meditation festlegen:** Meditation sollte in ihrer inneren Leere zielgerichtet sein. Meditation sollte, trotz ihrer oft als "innere Leere" beschriebenen Natur, zielgerichtet sein, um ihre volle Wirkung zu entfalten. Die scheinbare Paradoxie zwischen innerer Leere und Zielgerichtetheit löst sich auf, wenn man die verschiedenen Ebenen und Absichten der meditativen Praxis versteht. Die Zielgerichtetheit in der Meditation kann mehrere Dimensionen umfassen[622]:
    - Klar definierte Intentionen: Eine zielgerichtete Meditation beginnt mit klaren Intentionen. Diese Intentionen können auf die Reduktion von Stress, die Verbesserung der emotionalen Regulation, die Förderung von Achtsamkeit oder die Entwicklung von Mitgefühl abzielen. Studien zeigen, dass klar formulierte Ziele die Wirksamkeit der Meditation erhöhen, da sie den Geist fokussieren und die Motivation zur Praxis stärken.
    - Strukturierte Ansätze: Zielgerichtete Meditation nutzt strukturierte Ansätze und Techniken, wie zum Beispiel Achtsamkeitsmeditation, analytische Meditation oder Konzentrationsmeditation. Diese Techniken bieten spezifische Anleitungen und Übungen, die den Praktizierenden durch die meditativen Prozesse führen und somit eine zielgerichtete Erfahrung ermöglichen.
    - Messbare Ergebnisse: Die Zielgerichtetheit in der Meditation ermöglicht es auch, messbare Ergebnisse zu verfolgen. Wissenschaftliche Untersuchungen belegen, dass meditierende Personen, die spezifische Ziele verfolgen, signifikante Verbesserungen in diesen Bereichen erfahren.

Meditation, als eine Praxis der inneren Reflexion und Achtsamkeit, öffnet den Geist grundlegend für intuitive Erkenntnisse über die wechselseitige Verbindung aller Dinge, welche wiederum Basis für die transaktionale Natur unseres Daseins und des Wirtschaftens an sich ist. Diese Praxis hilft dabei, die Illusion des Getrenntseins, die vom Ego geschaffen wurde, aufzulösen.[623]

---

621 Vgl. Vago / Silbersweig (2012).

622 Vgl. Lutz / Slagter / Dunne / Davidson (2008), S. 165–169.

623 In der buddhistischen Praxis wird als Klimaxpunkt der Meditation häufig das Konzept des Erwachens genannt. Das Erwachen, oft auch als Erleuchtung oder Befreiung bezeichnet, ist ein kognitives Ereignis, bei dem jede Form der inneren

Meditation wird auch als die Kunst angesehen, voll bewusst zu leben. Die Schönheit und Bedeutung des Lebens liegen nicht in der Bewertung durch historische Ereignisse oder Werte, sondern in der Qualität der bewussten, im Moment verankerten Erfahrungen, die uns erfüllen, und deren Einfluss auf andere. Um die wahre Natur dieser Erfahrungen zu verstehen, ist es notwendig, das Rohmaterial – unsere Empfindungen, Gedanken und Emotionen – zu kennen und zu verstehen. Diese Erfahrungen formen unsere persönliche Realität. Durch intellektuelles und intuitives Verständnis des Geistsystems können wir unsere persönliche Realität absichtsvoll und zielbewusst gestalten – eines der Hauptfunktionen des ökonomisierten Geistes.[624]

Im menschlichen Leben sind schmerzhafte und angenehme Erfahrungen unvermeidlich, jedoch sind Leiden und Glück optional – das Selbst (beziehungsweise auf übergeordneter Ebene die Prozesse des mentalen Geistsystems) hat die Wahl. Liebe und Mitgefühl ermöglichen es uns, Dinge positiv zu verändern und gleichzeitig die Gelassenheit der Akzeptanz zu bewahren – beides Grundpfeiler einer rationalen, ökonomischen Sichtweise auf die innere und äußere Welt.

Meditation ist eine Praxis, bei der bewusste Absichten gesetzt und aufrechterhalten werden. Alles, was wir leisten und erreichen, basiert auf unseren Absichten. Der Wille, diese Absichten in die Realität umzusetzen, schafft die Grundlage für stabile Aufmerksamkeit und Achtsamkeit, vorausgesetzt, die Absichten sind richtig formuliert und konsequent verfolgt. Diese Absichten führen zu geistigen „Handlungen" und Gewohnheiten des Geistes. Das eigentliche „Tun" in der Meditation besteht daher in der geduldigen und beharrlichen Aufrechterhaltung dieser Absichten.[625]

Im Konzept der Meditation steckt in ihrem ökonomischen Aspekt das **Modell der bewussten Erfahrung**: Die bewusste Erfahrung des Geistes

---

Unwissenheit durch konkrete Erfahrung abgelöst wird. Es beinhaltet ein tiefes und dauerhaftes Freisein von Leiden, unabhängig von äußeren Umständen. Dies geschieht durch die direkte Erkenntnis der wahren Natur der Wirklichkeit und des Geistes. In diesem Zustand wird das Leben – einschließlich Geburt und Tod – als Abenteuer betrachtet, wobei das ultimative Ziel darin besteht, Liebe und Mitgefühl zu entwickeln und zu leben. Für die Ziele der ökonomischen Erkenntnistheorie ist diese Klimax nicht direkt von Belang, vielmehr die Konzepte während dem Prozess dorthin. Die Ziele davon – namentlich Liebe und Mitgefühl – sind jedoch ebenso hoch ökonomische, sprich wertvolle und werthaltige Ziele.

624 Vgl. Dalai Lama / Cutler (1998), S. 295ff. sowie Nhat Hanh (1999), S. 28–36.

625 Ebd. S. 80ff.

kann als eine topografische Karte betrachtet werden, die durch Meditationsmethoden und andere Wege der Erforschung detailliert beschrieben wird. Diese Modelle bieten unterschiedliche Tiefen und Präzision in der Kartierung der mentalen Landschaft. Ein zentrales Ziel der Meditation ist es, eine stabile Aufmerksamkeit und Achtsamkeit zu erlangen. Hierbei geht es darum, den Fokus der Aufmerksamkeit bewusst zu lenken und kontinuierlich aufrechtzuerhalten.[626]

Bewusstsein kann daher auch als ein Prozess des wechselseitigen Informationsaustauschs beschrieben werden, der im individuellen Geistsystem stattfindet. Es umfasst alle Erfahrungen, die das Selbst in einem bestimmten Augenblick wahrnimmt. Dieses Feld des bewussten Gewahrseins ähnelt einem Gesichtsfeld, in dem Sinneseindrücke, Gedanken, Gefühle und Erinnerungen auftauchen und wieder verschwinden. Bewusste Erfahrung manifestiert sich in zwei Formen: **Aufmerksamkeit** und **peripheres Gewahrsein.**[627]

Aufmerksamkeit ist fokussierbar und dominiert die momentane Erfahrung, während peripheres Gewahrsein unbestimmter und allgemeiner im Hintergrund verbleibt. Diese beiden Arten, die Welt wahrzunehmen, entsprechen zwei verschiedenen Netzwerken im Gehirn: Einem intentionsgesteuerten und einem autonomen Netzwerk.[628] Aufmerksamkeit extrahiert spezifische Elemente aus dem Feld des bewussten Gewahrseins, um diese zu analysieren und zu interpretieren. Das periphere Gewahrsein hingegen liefert den Gesamtkontext für die bewusste Erfahrung und zeigt die Beziehungen der Objekte und Phänomene zueinander und zum Ganzen auf.[629]

Das erste Ziel der Meditation ist die Entwicklung einer **stabilen Aufmerksamkeit**, die fokussiert, anhaltend und selektiv ist. Diese Fähigkeit umfasst die bewusste Lenkung und Aufrechterhaltung des Fokus sowie die Kontrolle des Umfangs der Aufmerksamkeit. Es geht darum, genau zu entscheiden, auf welches Objekt die Aufmerksamkeit in welcher Intensität gerichtet wird und dies kontinuierlich zu beibehalten.

Aufmerksamkeit ist das wertvollste Instrument, um das eigene Geistsystem zu erforschen und zu verstehen.

---

626 Vgl. Yates (2015).

627 Ebd., S. 52ff.

628 Aufmerksamkeit und peripheres Gewahrsein werden mit zwei verschiedenen Systemen innerhalb des Geistsystems assoziiert, die Informationen grundsätzlich anders verarbeiten. Vgl. dazu im Detail Austin (2011), S. 29–43 und S. 53–64.

629 Vergleiche dazu auch den Exkurs nach Kapitel ZWEI.

Im Normalzustand bewegt sich die Aufmerksamkeit spontan. Sie scannt die äußere Welt oder die eigenen Geistesinhalte nach Interessantem, wird von plötzlich auftretenden Phänomenen in Beschlag genommen oder wechselt subtil zwischen verschiedenen Wahrnehmungen. Multitasking ist in Wirklichkeit ein extrem schneller Wechsel der Aufmerksamkeit zwischen dem Hauptfokus und peripheren Objekten, was zu einer gewissen Ablenkung führt, wenn dies nicht bewusst gewollt ist.[630]

Während der Meditation ersetzt die beabsichtigte Aufmerksamkeitsbewegung die spontane Bewegung. Bewusst gerichtete Aufmerksamkeit bedeutet, den Fokus auf ein bestimmtes Objekt oder Phänomen zu richten und aufrechtzuerhalten, was einer konzentrierten Anstrengung entspricht. Dieser Prozess ist teilweise unbewusst und nicht direkt durch den Willen zu kontrollieren. Allerdings kann bewusste Absicht den unbewussten Bewertungsprozess beeinflussen und trainieren, wodurch eine kontinuierliche Fokussierung ermöglicht wird.

Die Überwindung der wechselnden Aufmerksamkeit führt zu einer **ausschließlichen, (einspitzige) Aufmerksamkeit**. Bewusste Absicht hat das Potenzial, den Geist zu transformieren und das Selbst vollständig umzustrukturieren. Nach der Lenkung und Aufrechterhaltung der Aufmerksamkeit geht es um die Kontrolle des Umfangs der Aufmerksamkeit. Ein weiter Umfang ähnelt der wechselnden Aufmerksamkeit, da mehrere Dinge gleichzeitig einbezogen werden, was zu einer Form von Multitasking führt. Die Kontrolle durch einen engen Fokus ist entscheidend für stabile Aufmerksamkeit, wobei der bewusste Wechsel zwischen engem und weitem Fokus ebenfalls trainiert wird. Ein Fokus auf das gesamte Feld des bewussten Gewahrseins kann als ausgedehnter "Nicht-Fokus" verstanden werden, der dennoch zur Stabilität der Aufmerksamkeit beiträgt.[631]

Das zweites Ziel der Meditation ist die Generierung von Aufmerksamkeit und den wechselseitigen Funktionen und Interaktionen mit dem peripheren Gewahrsein – dies führt zu **Achtsamkeit** (definiert als effektives bewusstes Gewahrsein), die wiederum ein zentraler Bestandteil vieler meditativer und spiritueller Praktiken ist. Sie bezieht sich auf die bewusste Wahrnehmung und Interaktion mit der äußeren Welt und dem individuel-

630 Vgl. Yates (2015), S. 43ff.

631 Vgl. Lutz / Slagter / Dunne / Davidson (2008), S. 164f. und Tang / Hölzel / Posner (2015), S. 217–222.

len Inneren. Dabei spielen zwei Schlüsselkomponenten eine wesentliche Rolle: Aufmerksamkeit und peripheres Gewahrsein.[632]

Aufmerksamkeit ist der Prozess, durch den das Bewusstsein spezifische Objekte und Phänomene identifiziert, analysiert und interpretiert. Um effektiv zu sein, verwandelt Aufmerksamkeit diese Objekte und Phänomene in Konzepte oder abstrakte Vorstellungen, die besser verarbeitet werden können. Dies geschieht durch einen mentalen Prozess, der zwischen Intellekt und Intuition oszilliert und oft semi-bewusst abläuft.[633]

Peripheres Gewahrsein hingegen umfasst alles, was die Sinne wahrnehmen, und arbeitet nur geringfügig konzeptuell. Neue Phänomene treten zunächst im peripheren Gewahrsein in Erscheinung und werden dann durch die Aufmerksamkeit selektiert. Peripheres Gewahrsein ist inklusiv und holistisch, ordnet die Beziehungen zwischen Objekten, Phänomenen und dem Selbst und erzeugt den situativen Kontext durch den Abgleich mit unseren Erfahrungen.[634] Die Interaktion zwischen Aufmerksamkeit und peripherem Gewahrsein ist entscheidend für eine effektive Reaktion auf gegenwärtige Situationen.[635] Während Aufmerksamkeit Objekte analysiert, liefert das periphere Gewahrsein den notwendigen Kontext. Diese Zusammenarbeit ermöglicht es uns, präzise und objektive Entscheidungen zu treffen und auf die Umgebung zu reagieren.

Durch die Praxis der Achtsamkeit wird ein korrektes Gesamtbild im Feld des bewussten Gewahrseins geschaffen. Dies umfasst die Fähigkeit, Optionen zu erkennen und die Kontrolle über diese zu übernehmen sowie die Kraft, konditionierte Reaktionen, die aus der Vergangenheit stammen, zu verändern. Ein waches Achten auf die richtigen, wichtigen Objekte und Phänomene ist dabei essentiell. Achtsamkeit bedeutet, die Aufmerksamkeit präzise, ökonomisch und objektiv einzusetzen und gleichzeitig ein starkes peripheres Gewahrsein zu entwickeln. Dadurch wird sichergestellt, dass alle relevanten Informationen erfasst und verarbeitet werden.[636]

---

632 Vgl. Yates (2015), S. 53ff.

633 Ebd.

634 Ebd.

635 Peripheres Gewahrsein bearbeitet weniger wichtige Dinge eigenständig und ist für Reflexe verantwortlich, was es schneller macht als die Aufmerksamkeit, da es Dinge weniger genau verarbeitet (parallele Verarbeitung vs. serielle Verarbeitung). Wenn das periphere Gewahrsein schwach ist, kann die Aufmerksamkeit nicht schnell genug auf alle Objekte und Phänomene reagieren, was zu unangemessenen oder automatischen (also gedankenlosen) Reaktionen führt.

636 Vgl. Bishop, Scott R. (et. al) (2004), S. 232 und 234f.

Die Zusammenarbeit von Aufmerksamkeit und peripherem Gewahrsein ermöglicht eine objektivere Bewertung von Objekten und Phänomenen: Aufmerksamkeit allein neigt zu egozentrischen Tendenzen und bewertet Objekten und Phänomenen im Hinblick auf persönliches Wohlbefinden, was durch Verlangen, Angst, Abneigung und Emotionen verzerrt wird. Peripheres Gewahrsein hingegen nimmt Objekten und Phänomenen weniger egozentrisch wahr und integriert sie als Teil des Gesamtbildes, was die egozentrischen Tendenzen mildert und das bewusste Gewahrsein objektiviert.

Sowohl Aufmerksamkeit als auch peripheres Gewahrsein können extrospektiv (auf äußere Objekte gerichtet) oder introspektiv (auf innere Prozesse gerichtet) sein. Peripheres Gewahrsein hat das Gesamtbild des Geistes im Blick und kann dessen Aktivitäten gleichzeitig beobachten, was als metakognitives introspektives Gewahrsein bezeichnet wird. Aufmerksamkeit hingegen kann ihre eigene Aktivität nicht beobachten; diese Metaaktivität kann nur durch peripheres Gewahrsein erfolgen.[637]

Die Qualität der Reaktionen, sei es durch Worte, Handlungen, Emotionen oder Gedanken, hängt stark von der Qualität der Informationen ab, die durch Aufmerksamkeit und peripheres Gewahrsein bereitgestellt werden. Achtsamkeit ist die bestmögliche Interaktion zwischen beiden, die die bestmöglichen Informationen erzeugt und somit die Qualität der Reaktionen verbessert.

Die Integration von Aufmerksamkeit und peripherem Gewahrsein durch Achtsamkeit fördert eine tiefere und genauere Wahrnehmung und Reaktion auf die Umwelt und das eigene Innere. Dies führt zu einem höheren Maß an Einsicht, Selbstkontrolle und mentaler Klarheit, was durch zahlreiche wissenschaftliche Studien unterstützt wird.

Die aufrechterhaltene Achtsamkeit und das bewusste Gewahrsein ziehen ihre Energie aus derselben Quelle, was eine Austauschbeziehung mit gegenläufiger Abhängigkeit schafft. Diese Beziehung zeigt sich deutlich in der Art und Weise, wie Aufmerksamkeit und Gewahrsein interagieren und sich gegenseitig beeinflussen: Bei intensiver Fokussierung der Aufmerksamkeit schrumpft das Feld des bewussten Gewahrseins. Dies führt dazu, dass das

637 Vgl. Brown, K. W. / Ryan, R. M. (2003), S. 824ff. und Goyal, Madhav (et. al.) (2014), S. 359ff.

periphere Gewahrsein, welches normalerweise als Orientierungshilfe und Einordnungshilfe dient, schwindet. Das Ergebnis ist ein Verlust der Fähigkeit des Gewahrseins, die Aufmerksamkeit auf die wichtigsten Objekte oder Prozesse zu richten, was zu einer unzureichenden Bewusstseinskraft führt.

Ein weiterer Aspekt ist die Aufzehrung der Bewusstseinskraft durch Multitasking. Wenn die Aufmerksamkeit auf viele verschiedene Objekte oder Prozesse verteilt wird, verringert sich die Achtsamkeit entsprechend. Dies führt zu einem Zustand, in dem keine Interaktion mit dem peripheren Gewahrsein mehr möglich ist, ein Phänomen, das als "Tunnelblick" bekannt ist.

Das gegenläufige Phänomen tritt im entspannten Zustand auf, wenn die Aufmerksamkeit schwindet und das Gewahrsein die Kontrolle übernimmt. Dies kann zu Dumpfheit, Verlust der Achtsamkeit und Schläfrigkeit führen. Hier zeigt sich, dass eine gesamthafte Steigerung der Bewusstseinskraft notwendig ist, um starke Achtsamkeit zu erreichen. Nur so kann die Aufmerksamkeit zielgerichtet und ohne subjektive Urteile und Projektionen eingesetzt werden.

Um dies zu trainieren, sollten Situationen geschaffen werden, in denen sowohl geschärfte Aufmerksamkeit als auch peripheres Gewahrsein erforderlich sind. Ziel ist es, einen hyperbewussten Zustand zu erreichen, in dem alle wichtigen Details aus dem Feld des bewussten Gewahrseins wahrgenommen werden.[638] Dies führt zu einer verbesserten Qualität von Achtsamkeit und Aufmerksamkeit.[639] Gerade in Belastungssituationen ermöglicht dies ein stärkeres Objektivieren und Kontextualisieren durch das Gewahrsein, was Gelassenheit und Präsenz fördert.

1. **Missverständnisse über Meditation:** Die allgemeine Wahrnehmung von Meditation ist oft fehlerhaft, da sie fälschlicherweise als übernatürliche Kraft oder mentaler Rückzugsort dargestellt wird, während sie in Wirklichkeit die Abwesenheit von Aktivität betont.

638 Vgl. Yates (2015), S. 59–61.
639 Vgl. ebd., S. 61f.

2. **Individuelle Praxis und innere Erfahrung:** Gute Meditation kann nicht standardisiert oder angeleitet werden; sie ist eine individuelle Erfahrung, die durch persönliches Denken und Fühlen entdeckt werden muss. Sie zielt darauf ab, den inneren Dialog zu beenden und eine bewusste, freudvolle Auseinandersetzung mit sich selbst zu fördern.
3. **Wesentliche Aspekte der Meditation:** Meditation umfasst die gedankliche Vorbereitung, achtsames Nachdenken vor jeder Handlung, das Eintauchen ins Fühlen und das Setzen individueller Ziele. Dies führt zu einer stabilen Aufmerksamkeit und einem effektiven bewussten Gewahrsein, welches die Qualität der Reaktionen und das Verständnis der eigenen mentalen Prozesse verbessert.

Exkurs: Analytische Meditation

Die analytische Meditation ist eine stark strukturierte Art des intensiven Nachdenkens, die das systematische Untersuchen eines Themas mit stabiler, klarer und fokussierter Aufmerksamkeit sowie einem hohen Ausmaß an kontinuierlichem Gewahrsam umfasst. Sie kann vor allem für drei Kategorien angewendet werden: Der Vertiefung des Verständnisses eines Themenkomplexes, der Lösung von Problemen und der Entscheidungsfindung, sowie der Erlangung von Einsichten durch persönliche Erfahrungen.[640]

Der Prozess der Problemlösung und Einsicht in der analytischen Meditation folgt bestimmten mentalen Prinzipien in vier Phasen.[641]

Die erste Phase, die **Vorbereitung**, konzentriert die Aufmerksamkeit auf relevante Ideen und Informationen und stellt alles Irrelevante zurück. Dies ist ein bewusster Vorgang des Sammelns und Unterscheidens zwischen Wichtigem und Unwichtigem, der als selektive Enkodierung bezeichnet wird.

In der zweiten Phase, der **Inkubation**, findet eine permanente Neukombination aller verfügbaren Ideen und Informationen zur Problemlösung statt, was als selektives Kombinieren[642] beschrieben wird. Gleichzeitig wird das aktuelle Problem mit potenziellen Lösungsmöglichkeiten und ähnlichen Problemen aus der Vergangenheit verglichen, ein Prozess, der als selektives Vergleichen bekannt ist.

640 Vgl. Yates (2015), S. 427f.
641 Ebd.
642 Auch bekannt als Trial-and-Error-Prinzip.

Diese beiden Prozesse, selektives Kombinieren und Vergleichen, finden sowohl bewusst als auch unbewusst statt. Der bewusste Teil umfasst logisch-analytische Gedankenprozesse und das intellektuelle Problemlösen durch Logik (also durch Nicht-Einsicht)[643], während der unbewusste Teil durch Intuition zur Problemlösung durch Einsicht führt.

Der bewusste Geist ist besonders effektiv bei der Lösung einfacher Probleme durch logische Anwendungen auf Informationen. Der unbewusste Geist hingegen, der simultan viele geistige Prozesse bearbeitet, löst primär komplexe Probleme mit ungewöhnlichen Bestandteilen. Da das Bewusstsein sequenziell arbeitet, ist es bei komplexen Problemen weniger effektiv als das Unbewusste, das eine parallele Verarbeitung ermöglicht und freier von Begrenzungen ist.[644]

Die dritte Phase, die **Lösung** eines Problems kann durch logisches Denken oder durch spontane intuitive Einsicht erfolgen, meist jedoch durch eine Kombination beider Prozesse. Dieser rekursive Prozess, bei dem die Lösung kleinerer Probleme zur Lösung übergeordneter Probleme führt, endet mit der vierten Phase, der **Verifizierung**. Hierbei wird überprüft, ob die Lösung praktisch anwendbar ist. Lösungen durch Einsicht müssen von der Logik überprüft und bewertet werden, um ihre Effektivität sicherzustellen. Diese Verifizierung erfolgt immer im Bewusstsein und sollte situative und soziale Hintergründe wie gesellschaftliche, juristische und moralische Aspekte berücksichtigen.

Die formale Methode der analytischen Meditation maximiert den Nutzen aus bewussten, logischen und unbewussten intuitiven mentalen Prozessen. Die erste Phase der Vorbereitung und das erste Herangehen beginnen mit einer normalen Meditationseinführung, die fokussierte Aufmerksamkeit miteinschließt. Das Thema der analytischen Meditation wird ins Bewusstsein gerufen, wobei Atemempfindungen in den Hintergrund treten und im peripheren Gewahrsein präsent bleiben. Das Thema wird im Be-

---

643 Die Unterscheidung zwischen Logik und Einsicht in der Problemlösung und Erkenntnisbildung kann als ein Gegensatz zwischen zwei Arten des Denkens und Verstehens gesehen werden. Logik wird in diesem Kontext als Nicht-Einsicht beschrieben, weil sie auf einem systematischen, regelbasierten und sequenziellen Prozess beruht, der durch bewusste, analytische Gedanken erfolgt. Einsicht hingegen bezieht sich auf eine intuitive, oft plötzliche und nicht sequenzielle Erkenntnis (Intuition), die aus dem unbewussten Geist entspringt. Beide Ansätze spielen eine wichtige Rolle in der kognitiven Verarbeitung und können sich gegenseitig ergänzen, um ein umfassenderes Verständnis und effektive Problemlösungen zu ermöglichen.

644 Vgl. Dijksterhuis / Bos / Nordgren / van Baaren (2006), S. 1005f. und Kahneman (2011), S. 133ff.

wusstsein gehalten und ihm zugehört, ohne es aktiv zu analysieren, um das Ergebnis unbewusster mentaler Prozesse abzuwarten.

In der Phase der Inkubation und Analyse (auch als Kontemplation bezeichnet) dienen die Gedanken und Ideen aus der ersten Phase als Ausgangspunkt für weiteres Nachdenken und Analysieren aus verschiedenen Blickwinkeln. Dabei wird die Logik und Relevanz der Gedanken getestet und Offenheit für neue intuitive Einsichten bewahrt. Ziel ist es, ein Verständnis zu erreichen, das über reine Abstraktion hinausgeht und die Erfahrungsebene mit einbezieht.

Das Ergebnis der analytischen Meditation umfasst das Verstehen, die Lösung und Entscheidungsfindung oder die Vertiefung der Einsicht. Ein natürlicher Abschluss der ersten beiden Phasen führt zu einem Gefühl der Vollendung, auch wenn Einzelheiten oft vertiefte Untersuchungen erfordern. Komplexere Themen setzen sich aus einer Reihe unvollständiger Ergebnisse zusammen, und manchmal wird erkannt, dass mehr Informationen benötigt werden, um zu einem endgültigen Ergebnis zu gelangen. Der unbewusste Geist arbeitet auch nach Abschluss der analytischen Meditation weiter.

Die Verifikation und Ergebnisüberprüfung folgen dem Pfad der Analyse, wobei auf logische und intuitive Fehler geprüft wird. Neue Erkenntnisse werden gefestigt und in das geistige System integriert, wobei Anhaltspunkte geschaffen werden, die wieder zum Zustand der Erkenntnis und Einsicht zurückführen können. Das Ergebnis der analytischen Meditation kann auch als Objekt nicht-analytischer Meditation genutzt werden, um Gedanken und Einsichten besser im Geist zu verankern und leicht in den Fokus der Aufmerksamkeit zurückzuholen.[645]

Exkurs: Die drei Kernaussagen der analytischen Meditation in Kurzform:

1. **Strukturierte Problemlösung:** Die analytische Meditation ist eine methodische Praxis, die systematische Analyse, fokussierte Aufmerksamkeit und kontinuierliches Bewusstsein kombiniert, um das Verständnis von Themen zu vertiefen, Probleme zu lösen und Einsichten zu gewinnen.

645 Für eine detailliertere Darstellung siehe Yates (2015), S. 427–436.

2. **Vier-Phasen-Prozess:** Sie umfasst vier Phasen – Vorbereitung (selektive Enkodierung von relevanten Informationen), Inkubation (selektives Kombinieren und Vergleichen), Lösung (durch logisches Denken oder intuitive Einsicht) und Verifizierung (Überprüfung und Validierung der Lösungen).
3. **Integration von Ergebnissen:** Der Prozess maximiert die Nutzung sowohl bewusster als auch unbewusster mentaler Prozesse, wobei neue Erkenntnisse überprüft, gefestigt und in das geistige System integriert werden, um sie in zukünftigen Meditationen und praktischen Anwendungen zu nutzen.

SECHS: Erinnern ist der Wert des Lebens – oder der Kapitalismus in uns selbst

«Die Existenz der Seele ist ferner deshalb notwendig, weil es einen Regierer (adhiṣṭhâtṛ) geben muß. Wie der ungeistige Wagen von dem mit Intelligenz begabten Lenker geleitet wird, so muß die gesamte ungeistige Materie von einem geistigen Prinzip regiert werden.»[646]

Dieses abschließende Kapitel soll als große Klammer um die Bedeutung der inneren Ökonomie und die der individuellen mentalen Ressourcen dienen – und zugleich auf übergeordnete Themen hinweisen, welche mit dem vorgestellten psychosozialen Blickwinkel auf Erinnerung und Psyche verbunden sind.

Zur Einordnung und zum Rückblick:

Das Konzept der inneren Ökonomie bezieht sich (wie ausführlich ausgeführt) auf die Art und Weise, wie Individuen ihre kognitiven, emotionalen und energetischen Ressourcen innerhalb ihres Geistsystems verwalten. Diese Verwaltung ist entscheidend für das psychische Wohlbefinden und die Effektivität im Umgang mit den Herausforderungen des täglichen Lebens. Ähnlich wie in einer äußeren Ökonomie, in der Ressourcen wie Zeit und Geld sinnvoll verteilt werden müssen, erfordert auch die innere Ökonomie eine bewusste und ausgewogene Nutzung der eigenen mentalen Kapazitäten.

Mentale Ressourcen umfassen Aspekte wie Erinnerung (als primäre Ressource)[647] Aufmerksamkeit und Achtsamkeit, Gedächtnis, emotionale Resilienz und kognitive Flexibilität beziehungsweise Geschmeidigkeit. Diese Ressourcen sind nicht unbegrenzt und müssen daher in einem ökonomischen Kontext genutzt werden. Erinnerungen spielen dabei eine zentrale Rolle in der inneren Ökonomie. Sie sind nicht nur passive Aufzeichnungen

646 Garbe (1894), S.292.
647 Vergleiche auch Kapitel EINS.

vergangener Ereignisse, sondern aktive Konstruktionen, die das Selbstbild und die Wahrnehmung der Gegenwart beeinflussen. Der psychosoziale Blickwinkel auf Erinnerung betont, wie soziale Interaktionen und kulturelle Kontexte die Art und Weise formen, wie Erinnerungen konstruiert und situativ erinnert werden.

Der Ansatz der inneren Ökonomie erkennt an, dass Erinnerungen nicht isoliert existieren, sondern in einem Netz von interkonnektiven Beziehungen und inter- und intrasubjektiven Bedeutungen eingebettet sind. Sie tragen zur Identitätsbildung bei und beeinflussen, wie Individuen sich selbst und ihre Umwelt wahrnehmen. Zudem können Erinnerungen zusätzliche mentale Ressourcen oder Transaktionsprozesse freisetzen oder blockieren, je nachdem, ob sie als positive oder belastende Erfahrungen erlebt werden.[648]

Schließlich ist die Integration von Wissen und momentaner Erfahrung in das Geistsystem ein wichtiges Thema. Dies bezieht sich auf die Fähigkeit, neue Informationen und Erfahrungen in bestehende Wissens- und Erinnerungsstrukturen und mentale Abbildungsprozesse zu integrieren. Diese Integration ist entscheidend für das persönliche Wachstum des ICH und die kontinuierliche Anpassung an sich verändernde situative Umstände.

Ein erster Überblick:

- **Bedeutung der inneren Ökonomie und mentaler Ressourcen:** Das Konzept der inneren Ökonomie betont die Verwaltung kognitiver, emotionaler und energetischer Ressourcen, die für das psychische Wohlbefinden und die Bewältigung täglicher Herausforderungen entscheidend sind.
- **Rolle der Erinnerungen:** Erinnerungen sind zentrale, aktive Konstruktionen in der inneren Ökonomie, die durch soziale Interaktionen und kulturelle Kontexte geformt werden und das Selbstbild sowie die Wahrnehmung der Gegenwart beeinflussen.
- **Integration von Wissen und Erfahrung:** Die Fähigkeit, neue Informationen und Erfahrungen in bestehende Wissens- und Erinnerungsstrukturen zu integrieren, ist für das persönliche Wachstum und die Anpassung an veränderte Umstände wesentlich.

648 Vergleiche ebd.

Die Integration des Geistsystems oder eine neue Perspektive auf die Ökonomie der Psyche

> *«Wir möchten die Welt verändern – in ökonomischer, sozialer Hinsicht, aber es scheint mir, dass eine wesentliche äußere Veränderung nicht möglich sein wird, wenn es keine radikale psychologische Revolution, eine Transformation gibt.»*[649]

Die wirtschaftswissenschaftliche Forschung hat in den vergangenen Jahrzehnten erhebliche Fortschritte bei der Analyse der Interaktionen zwischen Individuen und Ressourcen erzielt.[650] Dennoch bleibt die psychologische Dimension menschlichen Verhaltens und Entscheidungsfindungsprozessen in vielen traditionellen wirtschaftlichen Betrachtungen oft unterrepräsentiert.

Besonders in dieser Hinsicht gewinnt die Konzeption einer "Ökonomie der Psyche" zunehmend an Bedeutung, die darauf abzielt, die intraindividuellen Faktoren, die das wirtschaftliche Handeln beeinflussen, ins Zentrum wirtschaftswissenschaftlicher Betrachtungen zu rücken. Diese wissenschaftliche Arbeit hat sich zunächst eben jener "Ökonomie der Psyche" (also des Geistsystems selbst) gewidmet, um aufzuzeigen, dass ökonomische Betrachtungsweisen ubiquitär sind und mental neue Ansätze zum Umgang mit mentalen Ressourcen bieten können. Gleichzeitig stellt sich aber natürlich auch die Frage, inwiefern jene neuen Aspekte und Perspektiven zu einem erweiterten Verständnis äußerer Wirtschaftsaktivitäten beitragen können.

Im Wesentlichen betrifft dies folgende vier Punkte, die extrapsychische Auswirkungen einer ökonomischen Betrachtung des Geistsystems nach sich ziehen können:

1. **Verhaltensökonomie und (mikro- sowie makroökonomische) Entscheidungsfindung:** Die Verhaltensökonomie als Teilgebiet der Wirtschaftswissenschaften beschäftigt sich im Kern mit der Erforschung der psychologischen Faktoren, die individuelle Entscheidungsprozesse beeinflussen.[651] Viele Forschungsergebnisse zeigen, dass menschliches

649 Jiddu Krishnamurti, zitiert nach: Blau (1995), S. 155.
650 Vgl. auch Aghion (et al.) (1998), S. 11ff. sowie Becker (2013), S. 253ff.
651 Vgl. Camerer / Loewenstein (2004), S. 3–53.

Verhalten oft nicht rein rational ist, wie von herkömmlichen wirtschaftlichen Modellen angenommen wird.[652] Stattdessen spielen Emotionen, Heuristiken und kognitive Verzerrungen eine entscheidende Rolle bei der Entscheidungsfindung.[653] Die Ökonomie der Psyche strebt danach, diese nicht-rationalen Elemente in wirtschaftliche Modelle zu integrieren, um ein realistischeres Bild des menschlichen Verhaltens zu zeichnen.

2. **Wohlbefinden und Lebenszufriedenheit:** Ein weiterer neuartiger Ansatz einer ökonomischen Integration des Geistsystems ist die Berücksichtigung von Wohlbefinden und Lebenszufriedenheit als zentrale Indikatoren für wirtschaftlichen Erfolg. Traditionelle Wirtschaftsmaße wie das Bruttoinlandsprodukt (BIP) fokussieren primär auf materielle Produktion und Konsum, vernachlässigen jedoch immaterielle Faktoren wie psychisches Wohlbefinden und Lebensqualität. Durch die Integration von Messgrößen für Lebenszufriedenheit und psychisches Wohlbefinden könnte die Ökonomie der Psyche ein ausgewogeneres Bild des wirtschaftlichen Fortschritts liefern und politische Entscheidungsfindungen effektiver gestalten.[654]
3. **Psychologische Kosten und psychologischer Nutzen:** In konventionellen ökonomischen Analysen werden Kosten und Nutzen oftmals ausschließlich in monetären Begriffen gemessen. Die Ökonomie der Psyche setzt sich jedoch dafür ein, die Auswirkungen von externen Einflussfaktoren auf mentale Ressourcen verstärkt zu berücksichtigen. Durch die Einbeziehung dieser psychologischen Dimensionen können mentale Transaktionsprozesse des Bewusstseins zu einer präziseren Bewertung der tatsächlichen Kosten- und Nutzenabwägungen wirtschaftlicher Aktivitäten beitragen.[655]
4. **Psychologische Resilienz und Anpassungsfähigkeit:** In Zeiten zunehmender wirtschaftlicher Unsicherheit und Veränderung gewinnt die psychologische Resilienz und Anpassungsfähigkeit als bedeutende Faktoren für individuelle und gesellschaftliche Wohlfahrt an Bedeutung.[656] Die Ökonomie der Psyche fokussiert sich u.a. auf den effektiven Umgang mit mentalen Ressourcen, was (intraindividuell sowie in deren äußeren

652 Vgl. auch Kahnemann (2011), S. 44ff. und S. 187ff. (u.a.) sowie Thaler (2015), S. 32ff. (u.a.) und Thaler, / Sunstein (2008), S. 83ff.

653 Ebd.

654 Ebd., S. 231ff.

655 Vgl. auch Moser / Soucek (2007), S. 404–414.

656 Ebd.

System) zum umfassenden ökonomischen Faktor wird. Durch ein verbessertes Verständnis dieser Prozesse können Methoden entwickelt werden, um die psychische Gesundheit und Resilienz eines Individuums zu stärken.[657]

Die Ökonomisierung des Geistsystems bietet eine vielversprechende Perspektive, herkömmliche psychologische und wirtschaftswissenschaftliche Analysen zu erweitern und zu vertiefen, indem sie die intrapsychischen Transaktionsprozesse, die Funktionsweisen des Geistsystems und mentale Ressourcen stärker berücksichtigt. Durch die Integration dieser Konzepte besteht das Potenzial, externe ökonomische Mechanismen gezielt zu verschieben oder weiterzuentwickeln, um eine bessere Entsprechung zur inneren Ökonomie herzustellen, was eine ganze Reihe von positiven internalen und externalen Effekten erwarten lassen würde.

Die Ökonomisierung des Geistsystems hat aber auch weitreichende Auswirkungen auf die individuelle Wahrnehmung von Bewusstsein und mentalen Erkenntnisprozessen; die Ökonomie der Psyche führt weiter gedacht zu einem inneren ökonomischen Transzendenzansatz.[658]

Transzendenz wird oft falsch verstanden und mit einem mystischen Kontext assoziiert, obwohl sie tatsächlich eine wesentliche Komponente jedes Erkenntnisprozesses ist.[659] Doch im Kern bezieht sich Transzendenz einfach auf das Überschreiten einer Grenze oder dem Überwinden einer bestehenden (inneren) Realität. In der Erkenntnispsychologie ist Transzendenz unerlässlich, da jede Form von Erkenntnis das Überschreiten vorhandener mentaler Grenzen erfordert.

Die Mechanismen, die dem Konzept der Transzendenz zugrunde liegen, spiegeln sich im individuellen Erkenntnisprozess. Einer der zentralen Mechanismen ist die kognitive Flexibilität (auch Geschmeidigkeit genannt; als eine mentale Metaressource zu bewerten)[660], die es einem Individuum ermöglicht, neue Perspektiven einzunehmen und über bisherige Denkmuster hinauszugehen. Dieser Prozess der kognitiven Flexibilität erfordert oft eine Reflexion über vorhandene Überzeugungen und eine Offenheit für neue Ideen und Informationen – beides Teil mentaler Transaktionsprozesse des

657 Vgl. Cyrulnik (2009), S. 25f.

658 Zum Zusammenhang von Ökonomie und Transzendenz vergleiche u.a. Renesch (2008) sowie Sugden (2008), S. 483ff.

659 Vgl. die grundsätzlich unterschiedlichen Ansätze bei Satre (1964) sowie Yates (2015), S. 399ff.

660 Ebd., S. 355ff.

Geistsystems und klar ressourcenbasiert. Hinzu kommen Mechanismus wie kreative Problemlösung oder die Emotionsregulation. Indem Menschen lernen, ihre mentalen Ressourcen zu regulieren, die Prozesse des Geistsystems zu beeinflussen und ihre eigene Narratik bewusst zu gestalten entwickelt sich die Ökonomisierung des Geistsystems eben auch zu einem Transzendenzfaktor, der viele Erkenntnisse über das Selbst zur Folge haben kann.

An dieser Stelle möchte ich als Abschluss noch auf das ökonomische System des Geistes und den beiden Basen für dessen Entwicklung (bis hin zur Erleuchtung, welche durchaus als transidealistisches Konzept[661] verstanden werden kann) zurückkommen.

Wichtig ist dabei, zwischen einer individuellen und einer systemischen Ebene transzendentaler Erkenntnisprozesse zu unterscheiden: Auf einer in persönlichen Ebene ist Erkenntnis (und in extremer Form Erleuchtung) ohne Frage kein gradueller Prozess, sondern binär – gerade im bewussten Erleben und Erfahren; der Übergang ist unbewusst.[662] Auf systemischer Ebene (welche faktisch instrumentalisiert werden kann) jedoch ist sie ein langsamer[663], relativ klar strukturierter Prozess in einem graduellen Überlaufschema (Abbildung 14 verdeutlicht dieses).

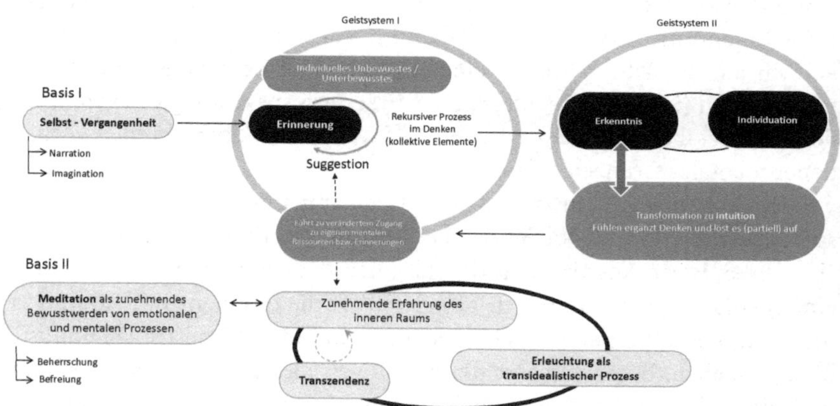

Abbildung 14: Die beiden Stränge des Erkenntnisprozesses.[664]

661 Auch im Sinne von Hommes (1953), S. 130ff.

662 Was auch an der grundsätzlichen Arbeitsweise des Geistsystems liegt, vgl. den Exkurs in Kapitel ZWEI.

663 Im Sinne von Zeit benötigend.

664 Eigene Darstellung.

Die erste Basis (Basis I) ist dabei stets die vergangenheitsbasierten Narrations- und Imaginationsprozesse im Selbst und deren Arbeit mit der Ressource Erinnerung. In einem rekursiven Prozess transformiert das Geistsystem sich auf der Basis seiner summarischen Erinnerung selbst, was zu zunehmender Erkenntnis, Intuition und Individuation führt.[665] Intuition ist in diesem Zusammenhang eine Weiterentwicklung des Denkens, wobei dessen innere Prozesse durch Fühlen ergänzt und dadurch oft abgekürzt werden. Diese Basis ist der Vorgang der Selbstwerdung.

Die zweite Basis (Basis II) der Erkenntnis ist die Metaebene des Individuationsprozesses selbst; hierbei fungieren die Methoden der Achtsamkeit als Vermittler zur Bewusstwerdung innerer Prozesse (was per definitionem als Meditation anzusehen ist). Dies ermöglicht eine iterative Erforschung und Erweiterung des inneren Raumes, was an sich schon Transzendenz ist und immer auch den spirituellen Anspruch an Erleuchtung als transidealistischen Ansatz in sich mitträgt.

Erkenntnis hat damit für jedes Individuum eine zentrale Bedeutung im Rahmen der inneren Ökonomie; sie ist der entscheidende Transaktionsprozess in der Nutzung und Verarbeitung mentaler Ressourcen.

Über die Verknüpfung von Ökonomie und Transzendenz ist noch viel zu theoretisieren; die Ansätze sind aber unverkennbar – über vorhandene mentale Grenzen hinauszugehen und das Verständnis der (inneren als äußeren) Welt zu erweitern ist jedoch eindeutig Teil jedes ökonomischen Wachstums. Die Untersuchung der Mechanismen der ökonomischen Transzendenz sind weiterführende Themenfelder, welche sich aus den dargelegten mentalen Mechanismen, Prozessen und Systemen abgeleitet werden können.

Die Auswirkungen aus der Anwendung der Ökonomie auf diese mentalen Mechanismen, Prozesse und Systeme sind umfangreich – sei es individualpsychologischer Natur (wie durch die Anwendung im Rahmen einer ökonomischen Erkenntnistherapie)[666], sei es theoretisch-psychologischer Natur.

665 Ohne, dass hier ein Automatismus zugrunde liegt; die Weiterentwicklung des Geistsystems selbst ist ebenfalls ein ökonomischer Prozess und bedarf daher der aktiven, bewussten Schaffung von günstigen Rahmenbedingungen.

666 Siehe Kapitel 4.2.

Die drei Kernaussagen:

1. **Interdisziplinäre Integration der Ökonomie der Psyche:** Die ökonomische Betrachtung des Geistsystems betont die Bedeutung intraindividueller Faktoren für wirtschaftliches Handeln und Entscheidungsprozesse, indem sie psychologische Dimensionen in traditionelle wirtschaftliche Modelle integriert.
2. **Erweiterung des wirtschaftlichen Verständnisses: Die** Berücksichtigung von Wohlbefinden, Lebenszufriedenheit, psychologischen Kosten und Nutzen sowie Resilienz und Anpassungsfähigkeit führt zu einem umfassenderen und realistischeren Bild wirtschaftlicher Aktivitäten und deren Auswirkungen auf individuelle und gesellschaftliche Wohlfahrt.
3. **Transzendenz und kognitive Flexibilität:** Die Ökonomisierung des Geistsystems fördert die kognitive Flexibilität und Transzendenz, indem sie mentale Ressourcen und Erkenntnisprozesse reguliert und verbessert, was zu einer erweiterten individuellen und kollektiven Wahrnehmung und Erkenntnis führt.

Warum der Kapitalismus in uns allen wohnt – und warum das eine gute Nachricht ist

> *«Auch ein glückliches Leben kann nicht ohne ein gewisses Maß an Dunkelheit sein, und das Wort glücklich würde seine Bedeutung verlieren, wenn es nicht durch Traurigkeit ausgeglichen würde.»*[667]

Das Regelset der inneren Welt und die (inneren wie externen) Kosten der Erinnerung bilden ein komplexes und nicht triviales Thema, das die individuelle mentale Ökonomie stark beeinflusst. Erinnerungen sind nicht einfach passive Aufzeichnungen, sondern entstehen durch bewusstes Erleben und Erfahren. Eben dieser Prozess des Erinnerungsaufbaus ist ein ökonomischer, wertschöpfender Vorgang, der bewusst gestaltet werden muss, um für ein Individuum effektiv und nachhaltig zu sein und so auch robuster gegen psychische Erkrankungen aufgestellt sein kann.

667 Jung (1975), S. 81.

Erinnern ist kein ungewichteter oder ungelenkter Vorgang. Vielmehr ist es eng mit der Lebensführung und dem eigentlichen bewussten Erleben verknüpft. Erinnerungen entstehen durch gezielte Erfahrungen und deren bewusste Verarbeitung, was einen aktiven und strukturierten Ansatz erfordert. Dieser Prozess kann mit Marktprozessen verglichen werden, in denen nicht alle Erinnerungen überleben; es gibt einen Marktmechanismus mit Angebot und Nachfrage innerhalb unseres Geistsystems.[668] Nur die bedeutsamsten und relevantesten Erinnerungen werden langfristig bestehen bleiben. Der Aufbau von Erinnerungen erfordert den gezielten Einsatz von Ressourcen. Dazu gehören Zeit, kognitive Aufmerksamkeit und externe (monetäre) Ressourcen.[669] Auch da diese Ressourcen begrenzt sind, unterliegen alle Erinnerungen multiplen, mehrstufigen Selektionsprozessen. Es ist nicht möglich, unbegrenzt viele oder beliebig differenzierte Erinnerungen zu bewahren. Deshalb ist eine Entscheidungsnotwendigkeit gegeben, die auf einem inneren Kriterienkatalog basiert, der bereits getroffene Lebensentscheidungen und Prioritäten reflektiert.

Das bewusste Erleben und Erfahren sollte daher bereits in seiner momentanen Essenz auf das Erinnern ausgerichtet sein, um den Prozess des Erinnerns aktiv zu gestalten und bewusst zu strukturieren. Dieser Ansatz ermöglicht es, wertvolle und bedeutungsvolle Erinnerungen aufzubauen, die als reale Güter betrachtet werden können. Reale Güter entstehen aus der Realität des Erlebens und sind nicht durch eine digitale Ökonomie von Erinnerungen ersetzbar.[670]

Parallel dazu sind hybride Strategien für Erinnerungen darstellbar; sie können dabei helfen, eine Balance zwischen der Bewahrung wichtiger Erinnerungen und der effizienten Nutzung mentaler Ressourcen zu finden. Diese Strategien könnten die Integration von bewussten Erlebnissen mit kreativen und reflexiven Prozessen umfassen, um die Qualität und Nachhaltigkeit der gespeicherten Erinnerungen zu optimieren.

Hybride Strategien kombinieren Integrationsprozesse des bewussten Erlebens mit kreativen und reflexiven Prozessen, um die Qualität und Nachhaltigkeit der erfahrenen Erinnerungen zu optimieren:

- **Integration bewusster Erlebnisse:** Ein zentraler Aspekt hybrider Strategien ist die Integration bewusster Erlebnisse in das Gedächtnis. Dies

---

668 Vgl. Spitzer (1999), S. 22–46. und Kahneman (2011), S. 269ff.
669 Vgl. Craik, Fergus / Lockhart (1972), S. 671ff. und Baddeley (1992), S. 557.
670 Ebd.

bedeutet, dass Erinnerungen nicht nur passiv aufgenommen, sondern aktiv durchlebt und verarbeitet werden. Bewusste Erlebnisse können durch Achtsamkeitstechniken intensiviert werden, bei denen Individuen angeleitet werden, im Moment präsent zu sein und ihre Wahrnehmungen und Gefühle bewusst zu registrieren. Solche Techniken fördern nicht nur die Tiefe und Detailtreue der Erinnerungen, sondern stärken auch die emotionale Verbindung zu den Erlebnissen, was deren langfristige Speicherung unterstützt.[671]

- **Kreative Prozesse:** Auch kreative Prozesse spielen eine wichtige Rolle in hybriden Strategien zur Gedächtnisverwaltung. Kreative Tätigkeiten wie das Schreiben, Malen oder Musizieren können dabei als Werkzeuge dienen, um Erinnerungen zu verarbeiten und zu konsolidieren. Durch die kreative Transformation von Erinnerungen werden diese nicht nur tiefer im Gedächtnis verankert, sondern auch aus verschiedenen Perspektiven betrachtet und neu interpretiert.[672] Diese kreative Re-Konstruktion ermöglicht es, Erinnerungen flexibler und widerstandsfähiger gegenüber dem Verfall oder der Verfälschung zu machen. Zudem fördern kreative Prozesse die Verknüpfung von Erinnerungen mit positiven Emotionen und Sinnstiftungen, was deren langfristige Bewahrung unterstützt.
- **Reflexive Prozesse:** Reflexive Prozesse sind ein weiterer Bestandteil hybrider Strategien. Reflexion bedeutet, dass Individuen ihre Erinnerungen bewusst analysieren, hinterfragen und in einen größeren Kontext einordnen. Durch Tagebuchschreiben, Gespräche oder therapeutische Sitzungen können Menschen ihre Erfahrungen systematisch durchdenken und die zugrundeliegenden Bedeutungen und Muster erkennen. Reflexion fördert das Verständnis der eigenen Lebensgeschichte und stärkt die Kohärenz des Selbstbildes. Sie ermöglicht es auch, belastende Erinnerungen zu verarbeiten und in eine narrative Struktur zu integrieren, die das psychische Wohlbefinden unterstützt.[673]

In ihrer Kombination zielen jene hybriden Strategien darauf ab, die Qualität und Fluidität der gespeicherten Erinnerungen zu optimieren. Qualität bedeutet in diesem Zusammenhang nicht nur die Genauigkeit und Detailtreue der Erinnerungen, sondern auch deren emotionale Bedeutung und transformative Nutzbarkeit im Alltag. Durch die bewusste Integration, krea-

671 Vgl. Kabat-Zinn (1990), S. 24f. und Shapiro (2006), S. 380f.
672 Vgl. Anderson / Levy (2009), S. 189ff.
673 Vgl. White / Epston (1990), S. 20–26.

tive Transformation und reflexive Analyse von Erinnerungen werden diese nicht nur präziser und lebendiger, sondern auch bedeutungsvoller und nützlicher. Eine hohe Gedächtnisqualität trägt dazu bei, dass Individuen aus ihren Erfahrungen lernen, sich selbst besser verstehen und ihre Ziele und Handlungen gezielter ausrichten können. Die effiziente Nutzung mentaler Ressourcen ist schließlich auch der wesentlichste Vorteil hybrider Strategien. Indem Erinnerungen bewusst und systematisch verarbeitet werden, wird verhindert, dass das Gedächtnis mit irrelevanten oder belastenden Erinnerungen überflutet wird und Ressourcen des Geistsystems ineffektiv verwendet werden beziehungsweise dessen Transaktionsprozesse gestört werden. Kreative und reflexive Prozesse fördern eine selektive und adaptive Gedächtnisverwaltung[674], bei der zentrale Erinnerungen gestärkt und unwichtige oder belastende Erinnerungen abgeschwächt werden. Dies trägt zu einer besseren kognitiven und emotionalen Balance bei und verhindert eine Überlastung der mentalen Ressourcen.

Somit bieten hybride Strategien für die Organisation der Erinnerungsprozesse eine umfassende und flexible Methode, um die Qualität und Nachhaltigkeit der gespeicherten Erlebnisse zu optimieren und gleichzeitig die mentalen Ressourcen effizient zu nutzen. Durch die Kombination von bewussten Erlebnissen, kreativen Prozessen und reflexiven Praktiken können Individuen ihre Erinnerungen nicht nur bewahren, sondern auch aktiv gestalten und in ihr tägliches Leben integrieren. Diese Strategien tragen zu einem tieferen Verständnis des Selbst, einer besseren emotionalen Balance und einer effektiveren Nutzung der eigenen kognitiven und emotionalen Ressourcen bei.

Der ökonomisch effektive Umgang mit Erinnerungen erfordert eine bewusste, strategische Herangehensweise, die die eigene mentale Ökonomie berücksichtigt und darauf abzielt, bedeutsame und nachhaltige Erinnerungen zu schaffen und zu bewahren.

Eine wesentliche Herausforderung bei der Integration der inneren Ökonomie ist die Vorstellung von mentaler Kontinuität – ja von Kontinuität ganz allgemein.[675] Der Kapitalismus der äußeren Welt liebt und braucht Kontinuität – denn Kontinuität ist die Grundlage von Wachstum in der äußeren Welt. Und sie ist berechenbar, was sie gut für Investoren und Aktionärsversammlungen macht. Was in der äußeren Ökonomie funktionieren mag (wobei auch hier die Grenzen des Wachstums und dessen

674 Vgl. LeDoux (1996), S. 200–225.
675 Darauf wurde in Kapitel ZWEI schon in ähnlichem Kontext eingegangen.

Notwendigkeit beziehungsweise Sinnhaftigkeit ein stetiges Feld des lebendigen Diskurses sind), ist in der inneren Welt ein potenziell gefährlicher Trugschluss.

Denn die Vorstellung von der Kontinuität der Persönlichkeit, die oft als unveränderlich und konstant dargestellt wird, ist eine Illusion, die sowohl in der Selbstwahrnehmung als auch in der Nutzung eigener Erinnerungen zu Fehlwahrnehmungen und Fehleinschätzungen führen kann – was sich wiederum negativ auf die transaktionalen Prozesse des Geistsystems auswirken wird. Es ist ebenfalls problematisch, Persönlichkeit und Wesenskern gleichzusetzen, da beides keineswegs dasselbe ist:

- Persönlichkeit kann als die Summe der kontinuierlichen Eigenwahrnehmung und Eigenbewertung von Erinnerungen verstanden werden. Sie umfasst die Art und Weise, wie ein Individuum seine Erfahrungen interpretiert und bewertet, sowie die Muster, die sich daraus im Laufe der Zeit entwickeln. Diese Muster sind jedoch keineswegs statisch; sie unterliegen einem ständigen Wandel, beeinflusst durch neue Erlebnisse und Erkenntnisse. Persönlichkeit ist also ein selbstreflexives, hochgradig transitives System der Erfahrungs- und Erinnerungsorganisation.
- Der Wesenskern hingegen liegt an der Grenzregion zur transzendenten Selbstauflösung und ist normalerweise unbewusst und nicht direkt zugänglich. Während die Persönlichkeit als eine sichtbare, veränderliche Hülle wahrgenommen werden kann, bleibt der Wesenskern meist im Verborgenen und bildet eine tiefere, stabilere Basis des Selbst, die jedoch ebenfalls nicht unveränderlich ist.[676]

Die Funktionalität und Struktur des Persönlichkeitskonzepts haben nun zur Folge, dass die objektive, beobachtbare Wirklichkeit im Moment ihrer Entstehung in multiple subjektive, veränderliche Wirklichkeiten zersplittert. Diese Teilwirklichkeiten sind einem permanenten Bewertungswandel unterworfen; der Geist bewertet Erinnerungen je nach aktuellem Erleben und den daraus folgenden Erkenntnissen neu und verändert diese sogar in ihrer Komposition. Einzelne Elemente werden hervorgehoben oder in den Hintergrund geschoben, je nachdem, welche Bedeutung sie im aktuellen Kontext haben.

Durch diese mentalen Prozesse, die ausschließlich teilbewusst ablaufen, verändert sich auch kontinuierlich die Persönlichkeit eines Menschen und

676 Vgl. auch den Ansatz der transpersonalen Psychologie in Wilber (1977), S. 135–169.

entwickelt sich weiter. Ähnlich wie sich der Körper kontinuierlich erneuert und selbst austauscht, ändert sich auch die Persönlichkeit. Es gibt dabei keinen unveränderlichen Teil, der als konstanter Wesenskern betrachtet werden könnte.[677] Diese Veränderungen sind Teil der natürlichen Entwicklung und Anpassung an neue Lebensumstände und Erfahrungen.

Es gibt allerdings Techniken, durch die der Anteil der bewussten Prozessebene erlebbar gemacht werden und ausgebaut werden kann. Genauso wie der Körper sich kontinuierlich erneuert, lässt sich auch die Veränderlichkeit der Persönlichkeit durch bewusste Reflexion und Selbstbeobachtung nachvollziehen. Durch transzendentale Narration und Imaginationsrekonstruktion wird es möglich, Erinnerungen aus der Vergangenheit neu zu beurteilen und komplexe innere Strukturen aufzuzeigen und zu verändern.[678]

An dieser Stelle sei angemerkt, dass die Kontinuität der Persönlichkeit zwar oft als spirituelles Vehikel benutzt wird, wie beispielsweise im Konzept der Seele. Neurowissenschaftliche und transformationspsychologische Erkenntnisse zeigen jedoch, dass es keinen festen, unveränderlichen Kern gibt. Der spirituelle Aspekt ist vielmehr im Wesenskern der Veränderlichkeit selbst begründet.[679]

Die Rolle der Veränderlichkeit ist zentral für das Selbst und die Psyche. Das Konzept des Weltbewusstseins betont die permanente situative Auflösung und Neukonzeptionierung von Persönlichkeitsstrukturen als Ausgangspunkt von transformationaler Narration und Imaginationsrekonstruktion. Durch diese kontinuierlichen transaktionalen Prozesse der Auflösung und Neugestaltung wird das Selbst ständig neu definiert und entwickelt sich weiter, wobei auch Komplexe aufgezeigt werden und der Veränderung unterworfen werden können – dies ist die transzendentale Funktion von Erinnerung.

Der Wegfall der inneren Kontinuität hat eine zentrale Auswirkung auf die Ökonomie der Psyche: Deren Wachstum ist nicht mehr durch das traditionelle «mehr» zu definieren; es ist vielmehr ein Wachstum nach in-

---

677 Vgl. Dalai Lama (2002), S. 103ff.

678 Der Prozess der Realitätszersplitterung im Geistsystem kann selbst beobachtet werden. Durch bewusste, umfassende Beobachtungsfähigkeiten können Erinnerungen bewusster ausgelegt und entwickelt werden. Diese bewusste Auseinandersetzung ermöglicht es, die kontinuierliche Entwicklung und Veränderung der Persönlichkeit besser zu verstehen und zu steuern.
Vergleiche dazu auch Kapitel DREI und VIER.

679 Vgl. Johnstone, Brick (et al.) (2016), S. 289ff. und Beauregard / O'Leary (2008).

nen, ein scheibchenweises Transzendieren des ICH. Und hier sind keine Grenzen des Wachstums erkennbar definiert, die Veränderungen des Selbst sind per se zunächst wertvoll an sich – Wachstum als Selbstzweck des ICH.

Aus dieser Umkehrung der Vorzeichen ergeben sich noch fünf weitere relevante Konsequenzen für die innere Ökonomie und deren kapitalistische Logik:

1. **Die Flexibilität und Anpassungsfähigkeit des Geistsystems gewinnen an externen ökonomischen Wert und sind eine bewertbare Ressource.**
   - Kognitive Flexibilität: Die Einsicht in die nicht-lineare Natur der Persönlichkeit fördert die kognitive Flexibilität, da Individuen eher bereit sind, neue Perspektiven einzunehmen und bestehende Überzeugungen zu hinterfragen. Dies ermöglicht eine effektivere Anpassung an wechselnde Umstände und Herausforderungen, was bewertbare Vorteile zur Folge hat.
   - Emotionale Resilienz: Das Bewusstsein für die Veränderlichkeit des Selbst stärkt die emotionale Resilienz, da Individuen lernen, sich besser auf Veränderungen einzustellen und psychische Belastungen flexibler zu bewältigen.
2. **Die Erweiterung der Selbstwahrnehmung katalysiert und intensiviert mentale Transaktionsprozesse.**
   - Bewusste Selbstreflexion: Der Wegfall der Illusion einer konstanten Persönlichkeit ermutigt zur bewussteren Selbstreflexion und zur kontinuierlichen Neubewertung des eigenen Verhaltens und Denkens, indem es kulturelle wie soziale innere Hemmschwellen abbaut. Dies trägt zur persönlichen Weiterentwicklung bei und fördert ein tieferes Verständnis der eigenen psychischen Transaktionsprozesse.
   - Dynamische Identitätsbildung: Die Anerkennung der inneren Dynamik ermöglicht eine dynamischere Identitätsbildung, bei der Individuen offen für neue Erfahrungen und Veränderungen sind und ihre Identität als wachsendes und sich entwickelndes Konstrukt begreifen.
3. **Alle mentalen Ressourcen unterliegen einer effizienteren Nutzung und Bewirtschaftung.**
   - Bewusste Ressourcenverwaltung: Die Einsicht in die Veränderlichkeit der Psyche führt zu einer bewussteren Verwaltung mentaler Ressourcen, da deren Rolle bei den dieser Veränderung zugrunde liegenden Transaktionsprozessen besser zugeordnet werden kann.
   - Transformation und Neubewertung von Erinnerungen: Die Fähigkeit, Erinnerungen aus der Vergangenheit neu zu beurteilen und zu trans-

formieren, ermöglicht es, psychische Blockaden oder Komplexe zu überwinden und neue Perspektiven zu entwickeln.

4. **Das mentale Geistsystem wird in die Lage versetzt, bessere und präzisere Entscheidungen zu treffen.**
   - Integration nicht-rationaler Elemente: Die Einsicht in die dynamische Natur des Selbst führt zu einer realistischeren Darstellung individueller Entscheidungsprozesse, die nicht nur auf bewussten Überlegungen, sondern auch auf den emotionalen und kognitiven Faktoren des Unbewussten basieren. Die unbewussten Prozesselemente werden besser angenommen.
   - Psychischer Holismus: Ein ganzheitlicher Ansatz, der die komplexe mentale Dynamik in individuelle Entscheidungen des Geistsystems einbezieht, kann zu besseren und nachhaltigeren Ergebnissen führen.[680]
5. **Der Wert von Kreativität und psychodynamischer Innovation wird gesteigert.**
   - Kreative Problemlösung: Die Auflösung der Vorstellung einer festen Persönlichkeit fördert kreative Problemlösungsansätze, da Individuen durch diese innere Erkenntnis offener für neue Ideen und unkonventionelle Lösungswege sind.
   - Innovationspotenzial: Die erhöhte Bereitschaft zur Veränderung und Anpassung kann das Innovationspotenzial sowohl in persönlichen als auch in beruflichen Kontexten steigern, da Individuen mutiger neue Wege beschreiten und Risiken eingehen, wenn das Konzept des monolithischen Selbst fällt.

Somit führt der Wegfall der inneren Kontinuität in letzter Konsequenz zu einer flexibleren, anpassungsfähigeren und kreativeren Psyche, die besser in der Lage ist, die Herausforderungen und Veränderungen des Lebens zu meistern. Dies trägt zu einer effizienteren Nutzung mentaler Ressourcen und einer verbesserten Entscheidungsfindung bei, was letztlich das psychische Wohlbefinden und die individuelle sowie kollektive Leistungsfähigkeit steigert.

Dieser innere Kapitalismus ist kein Spiegelbild der äußeren Welt; vielmehr sind die äußere Welt und der liberale Kapitalismus die Konsequenz des inneren Kapitalismus. Marktorientiertes, transaktionsbasiertes Handeln

---

680 Vgl. Müller, Ralph-Axel (1991), S. 54ff. (u.a.)

gehört zum menschlichen Dasein dazu, es ist Basis unseres Denkens – ja im Geistsystem selbst verankert.

Ähnlich wie im wirtschaftlichen Kapitalismus, wo (unter anderem) Kapital effizient eingesetzt wird, um optimalen Gewinn zu erzielen[681], strebt der innere Kapitalismus des Geistsystems danach, die vorhandenen mentalen Ressourcen so zu nutzen, dass sie das Geistsystem möglichst effizient unterstützen. Diese ungewohnte Perspektive fördert die bewusste und strategische Nutzung von mentalen Ressourcen – und entlastet gleichzeitig das Verhältnis zum eigenen Geistsystem, das oft als das ICH angesehen wird, tatsächlich aber ein komplexes System ist, in dem das bewusste ICH nur einen kleinen Anteil hat.[682] Dieser grundlegende Perspektivenwechsel hat auch noch eine ganze Reihe von weiteren positiven Auswirkungen auf die psychische Transaktionsstruktur:

---

681 Das Minimalprinzip und das Maximalprinzip sind zentrale Konzepte in der Wirtschaftswissenschaft und insbesondere in der Theorie des Kapitalismus – und werden oft missverstanden oder missinterpretiert. Jene Prinzipien beschreiben primär unterschiedliche Ansätze zur effizienten Nutzung von Ressourcen und zur Maximierung von Ergebnissen. Beide Prinzipien sind von entscheidender Bedeutung für das Verständnis wirtschaftlicher Entscheidungsprozesse und deren Anwendung in verschiedenen Kontexten.

Das Minimalprinzip zielt darauf ab, ein bestimmtes Ziel mit dem geringstmöglichen Einsatz von Ressourcen zu erreichen. Es geht darum, die eingesetzten Mittel zu minimieren, während das angestrebte Ergebnis konstant bleibt. Das Minimalprinzip wird oft in Zusammenhang mit der Ressourcenschonung und Kostenreduktion betrachtet. Es spielt eine wichtige Rolle in der nachhaltigen Wirtschaft, wo es darum geht, den Verbrauch von Ressourcen zu minimieren und gleichzeitig die Umweltbelastung zu reduzieren. Indem Unternehmen und Individuen das Minimalprinzip anwenden, können sie ihre Effizienz steigern und ihre Wettbewerbsfähigkeit erhöhen.

Im Gegensatz zum Minimalprinzip steht das Maximalprinzip. Dieses Prinzip zielt darauf ab, mit gegebenen Mitteln das bestmögliche Ergebnis zu erzielen. Es geht darum, den Output zu maximieren, während die Inputs konstant bleiben. Das Maximalprinzip ist eng mit der Effizienz und Produktivität verbunden. Es betont die Optimierung der Nutzung vorhandener Ressourcen, um den größtmöglichen Nutzen zu erzielen.

Sowohl das Minimalprinzip als auch das Maximalprinzip sind grundlegende Ansätze zur Ressourcenallokation und Effizienzsteigerung im Kapitalismus. Während das Minimalprinzip darauf abzielt, die eingesetzten Ressourcen zu minimieren, um ein festgelegtes Ziel zu erreichen, konzentriert sich das Maximalprinzip darauf, den Ertrag aus den vorhandenen Ressourcen zu maximieren.

Vgl. Varian (2014).

682 Dieser Aspekt wurde bereits ausführlich in Kapitel DREI diskutiert.

- Förderung von Selbstwirksamkeit und Autonomie: Ein zentraler Aspekt des inneren Kapitalismus ist die Betonung der Selbstwirksamkeit und der individuellen Autonomie. Individuen werden ermutigt, ihre eigenen Ressourcen zu erkennen, zu bewerten und gezielt einzusetzen, um persönliche Ziele zu erreichen. Diese Selbstbestimmung stärkt das Gefühl der Kontrolle über das eigene Leben und erhöht die Motivation, kontinuierlich an sich zu arbeiten und sich weiterzuentwickeln. Die Vorstellung, dass man durch bewusste Anstrengungen und kluge Ressourcennutzung seine Lebensumstände verbessern kann, fördert ein positives Selbstbild und erhöht die Zufriedenheit.
- Förderung von Flexibilität und Anpassungsfähigkeit: Der innere Kapitalismus betont auch die Bedeutung von Flexibilität und Anpassungsfähigkeit. In einer sich ständig verändernden Welt ist die Fähigkeit, schnell auf neue Situationen zu reagieren und sich anzupassen, von entscheidender Bedeutung. Diese Flexibilität ermöglicht es Individuen, effizient mit Stress und Unsicherheit umzugehen und ihre Ressourcen neu zu verteilen, um Herausforderungen erfolgreich zu bewältigen. Die kontinuierliche Anpassung und Optimierung des eigenen Verhaltens und Denkens trägt zu einer resilienten und robusten Psyche bei.
- Langfristige Investitionen in das persönliche Wachstum: Ein weiterer positiver Aspekt des inneren Kapitalismus ist die Betonung langfristiger Investitionen in das persönliche Wachstum. Ähnlich wie wirtschaftliche Investitionen, die darauf abzielen, zukünftigen Gewinn zu maximieren, ermutigt der innere Kapitalismus Individuen, in ihre eigene Entwicklung zu investieren. Dies kann durch Bildung, Selbstreflexion, Meditation oder andere Formen der persönlichen Weiterentwicklung geschehen. Solche Investitionen fördern nachhaltiges Wachstum und langfristige Zufriedenheit, indem sie die Grundlagen für ein erfülltes und erfolgreiches Leben legen.
- Balance zwischen kurzfristigen und langfristigen Zielen: Der innere Kapitalismus hilft auch dabei, eine Balance zwischen kurzfristigen und langfristigen Zielen zu finden. Während kurzfristige Befriedigungen und Erfolge wichtig sind, um Motivation und Zufriedenheit aufrechtzuerhalten, sind langfristige Ziele entscheidend für die nachhaltige Entwicklung und das tiefere Wohlbefinden. Die Fähigkeit, zwischen diesen beiden Arten von Zielen zu balancieren, ermöglicht es Individuen, sowohl sofortige Bedürfnisse zu befriedigen als auch langfristige Visionen zu verfolgen, was zu einer harmonischen und ausgewogenen Lebensführung beiträgt.

- Psychologische Resilienz und Wachstum: Schließlich trägt der innere Kapitalismus zur psychologischen Resilienz bei, indem er die kontinuierliche Weiterentwicklung und Selbstverbesserung fördert. Durch die bewusste und strategische Nutzung ihrer Ressourcen können Individuen nicht nur aktuelle Herausforderungen besser bewältigen, sondern auch ihre Fähigkeiten und Kompetenzen kontinuierlich erweitern. Dies führt zu einem Gefühl der persönlichen Erfüllung und steigert die Fähigkeit, zukünftige Hindernisse erfolgreich zu überwinden.

Die drei Kernaussagen:

1. **Bewusste und wertschöpfende Gestaltung von Erinnerungen:** Erinnerungen sind keine passiven Aufzeichnungen, sondern entstehen durch aktives Erleben und bewusste Verarbeitung. Dieser Prozess des Erinnerungsaufbaus kann als ein ökonomischer, wertschöpfender Vorgang betrachtet werden, der bewusst gestaltet werden muss, um effektiv und nachhaltig zu sein. Indem Individuen bewusst Erinnerungen schaffen und selektieren, wird die Qualität und Relevanz dieser Erinnerungen erhöht. Dies trägt dazu bei, psychische Belastungen zu reduzieren und die Resilienz gegenüber psychischen Erkrankungen zu stärken. Der bewusste Umgang mit Erinnerungen ist vergleichbar mit einem Marktmechanismus, bei dem nur die bedeutsamsten und nützlichsten Erinnerungen langfristig bestehen bleiben.
2. **Integration bewusster, kreativer und reflexiver Prozesse zur Gedächtnisverwaltung:** Hybride Strategien, die bewusste Erlebnisse, kreative Prozesse und reflexive Praktiken kombinieren, fördern die Qualität und Nachhaltigkeit von Erinnerungen. Diese Strategien ermöglichen es, Erinnerungen nicht nur zu bewahren, sondern auch aktiv zu gestalten und in das tägliche Leben zu integrieren. Bewusste Erlebnisse intensivieren durch Achtsamkeitstechniken die emotionale Verbindung zu Erlebnissen, kreative Prozesse wie Schreiben oder Malen verankern Erinnerungen tiefer im Gedächtnis, und reflexive Praktiken wie Tagebuchschreiben oder therapeutische Sitzungen fördern das Verständnis der eigenen Lebensgeschichte. Solche Ansätze führen zu einer effizienteren Nutzung mentaler Ressourcen und unterstützen eine bessere emotionale Balance.

3. **Flexible und dynamische Identitätsbildung durch Anerkennung der Veränderlichkeit des Selbst:** Der Wegfall der Illusion einer konstanten Persönlichkeit fördert die kognitive Flexibilität und emotionale Resilienz. Indem Individuen die Veränderlichkeit ihres Selbst akzeptieren, können sie sich besser an neue Umstände anpassen und psychische Belastungen flexibler bewältigen. Diese dynamische Identitätsbildung ermöglicht es, neue Erfahrungen und Erkenntnisse kontinuierlich in das eigene Selbstbild zu integrieren. Dies stärkt die Fähigkeit zur bewussten Selbstreflexion und zur effektiven Verwaltung mentaler Ressourcen, was wiederum die individuelle Anpassungsfähigkeit und das psychische Wohlbefinden steigert. Die Flexibilität des Geistsystems wird so zu einer wertvollen Ressource, die sowohl persönliche als auch berufliche Herausforderungen besser meistern lässt.

SECHS: Die drei Kernaussagen in Kurzform:

1. **Integration der Ökonomie der Psyche in die Gedanken des Alltags:** Die Integration der Ökonomie der Psyche in alltägliches Denken und Handeln führt zu einem umfassenderen Verständnis der eigenen individuellen Entscheidungsprozesse und des Handelns und bietet neue Entwicklungsmöglichkeiten.
2. **Wertschöpfende Gestaltung von Erinnerungen:** Die bewusste und wertschöpfende Gestaltung von Erinnerungen ermöglicht es, psychische Belastungen zu reduzieren und die Resilienz gegenüber psychischen Erkrankungen zu stärken. Dies geschieht durch einen aktiven, bewussten Umgang mit Erinnerung, der zu einer höheren inneren Qualität und Relevanz führt.
3. **Bewusste Gedächtnisverwaltung:** Die Integration bewusster, kreativer und reflexiver Prozesse zur Gedächtnisverwaltung fördert die Qualität und Nachhaltigkeit von Erinnerungen, was zu einer effizienteren Nutzung mentaler Ressourcen und einer verbesserten emotionalen Balance führt. Dies unterstützt eine flexible, dynamische Identitätsbildung durch die Anerkennung der Veränderlichkeit des Selbst und ermöglicht eine bessere Anpassungsfähigkeit an neue Herausforderungen im Leben.

Epilog I – Was vom Leben bleibt

„He who binds to himself a joy
Does the winged life destroy;
But he who kisses the joy as it flies
Lives in eternity's sun rise."[683]

Gegen Ende dieses Buches möchte ich noch einmal an das Staunen erinnern. An das Staunen darüber, wie unser Geistsystem aufgebaut ist, welche Mechanismen es beherbergt und welche Ressourcen es nutzt.

Da wären Erinnerungen.

In der weiten Landschaft des menschlichen Geistes existiert ein selbst entworfenes Konstrukt, das die Zeit überdauert: die Erinnerung. Diese flüchtigen Fragmente unserer Vergangenheit tragen einen immensen Wert, der gerade im unreflektierten Alltag oft unbemerkt bleibt, aber tief in unser Sein eingewoben ist. Erinnerungen machen grundlegend das aus, was wir sind und zu sein glauben; sie sind nicht nur mentale Bilder oder Klänge, sondern auch die Farben, Düfte und Gefühle, die das Mosaik des individuellen Lebens bilden. Sie sind das unsichtbare Gewebe, das unsere Identität zusammenhält und uns den Sinn unseres Daseins definiert. In vielerlei Hinsicht sind wir nichts als Erinnerung.

In der Psychologie wird die Rolle von Erinnerungen nicht nur als Rekonstruktion vergangener Ereignisse verstanden, sondern auch als eine aktive Kraft, die gegenwärtiges Selbstverständnis und individuelles zukünftigen Handeln beeinflusst. Unsere Erinnerungen sind dabei in keiner Form statisch; sie sind dynamisch und formen sich immer wieder neu durch die Linse unserer aktuellen Erfahrungen und situativen Emotionen. Dieses (in diesem Buch viel diskutierte) Phänomen wird als rekonstruktive Natur

683 Blake (2013), S. 144.

des Gedächtnisses[684] bezeichnet und zeigt, wie Erinnerungen nicht nur vergangene Realität widerspiegeln, sondern auch unsere momentane Wahrnehmung und Interpretation beeinflussen.

Betrachtet man die Bedeutung der Erinnerung als meta-situatives Konstrukt seiner Selbst aus einer existenziellen Perspektive heraus, so stellt man rasch fest, dass dieses eine fundamentale Rolle in der Suche nach dem vielgescholtenen Sinn des Lebens spielt; hier wird der Sinn des Lebens oft in der Erfüllung von Erinnerungen verortet. Der inhärente Wert von Erinnerung zeigt sich gerade in extremen Situationen, in denen alles andere genommen wurde – hier zeigt sich der Wert von Erinnerung klar und lässt das Konzept einer inneren Ökonomie besser nachvollziehen.

Erinnerungen dienen auch als Brücke zwischen Generationen, indem sie das Erbe und die Geschichten der Vorfahren an die Nachkommen weitergeben. Familienerinnerungen und kulturelle Geschichten stärken das Gefühl der intersubjektiven Zugehörigkeit und Identität. In der modernen Psychologie wird diese transgenerationale Weitergabe als ein Mittel zur Resilienz betrachtet, besonders in Gemeinschaften, die traumatische Ereignisse erlebt haben. Die kollektive Erinnerung wird zu einem Bollwerk, das Gemeinschaften stärkt und sie in Zeiten der Not zusammenhält.[685]

Das Konzept der „autobiographischen Erinnerungen" beleuchtet weiterhin den Wert des Lebens aus einer introspektiven Sichtweise.[686]Diese Art von Erinnerungen ermöglicht es uns, unser Leben als zusammenhängende Erzählung zu betrachten, was zu einem kohärenten Selbstbild beiträgt. Indem wir auf signifikante Ereignisse zurückblicken und sie in unsere Lebensgeschichte integrieren, schaffen wir einen narrativen Sinn, der unsere Identität stützt und uns ein Gefühl der Kontinuität und des Zwecks verleiht.

Letztendlich sind Erinnerungen der Schlüssel, um das Leben in seiner ganzen Fülle zu schätzen. Sie geben uns die Möglichkeit, Vergangenes zu würdigen, in der Gegenwart Sinn zu finden und optimistisch in die Zukunft zu blicken. Erinnerungen sind der Schatz unseres Geistsystems, der uns daran erinnert, dass jeder Moment zum (auch wirklich in einem ökonomischen Sinne) wertvollen Mosaik unseres Lebens beiträgt. Sie sind der objektive Beweis dafür, dass unser Dasein Spuren hinterlässt – in uns selbst und in den Geistsystemen derer, die auf uns treffen. Ein kollektives,

684 Vgl. Roediger / Marsh (2007), S. 105f.
685 Vgl. Halbwachs (1992), S. 72ff.
686 Ebd.

transpersonelles und transzendentes Geflecht aus Identität und verknüpfter Erinnerung entsteht – welches inneren wie äußeren Wert definiert, sozial konstituiert und diesen so zu einem der wichtigsten mentalen Konzepte der menschlichen Psyche werden lässt.

Wichtig ist dabei auch die Rolle des aktiven, achtsamen und bewussten Durchlebens von mentalen Konzepten und Erkenntnissen. Denn im Gegensatz zu Wissen, das extern vermittelbar ist und durch Lehre, Lektüre oder Beobachtung erworben werden kann, ist Erkenntnis ein prozessualer Vorgang, der innerhalb des individuellen Geistsystems erarbeitet werden muss. Erkenntnis erfordert ein tiefes, persönliches Erleben und Verstehen, das über die bloße Aneignung von Informationen hinausgeht. Es impliziert eine innere Transformation und Integration, die nur durch aktive Auseinandersetzung und reflektiertes Durchleben von Erfahrungen erreicht werden kann.

Da wäre Achtsamkeit.

Denn in diesem Zusammenhang ist Achtsamkeit als mentale Ressource bedeutend. Achtsamkeit, verstanden als eine nicht-wertende, gegenwärtige Bewusstheit, ermöglicht es Individuen, ihre inneren Prozesse, Gedanken und Emotionen aufmerksam zu beobachten und zu reflektieren.[687] Durch achtsames Durchleben mentaler Konzepte können Individuen tiefer in ihre eigene Psyche eintauchen und unbewusste Aspekte ihres Geistsystems entdecken. Dieser Prozess fördert nicht nur das Bewusstsein für die eigenen inneren Dynamiken, sondern ermöglicht auch die Integration von Erkenntnissen auf einer tiefen, persönlichen Ebene.

Da wäre Erkenntnis.

Die mentale Ökonomie mit deren Konzept von einem nach ökonomischen Prinzipien arbeitenden Geistsystems, innerhalb dessen auch (oder gerade) Erinnerungen, Gefühle oder andere mentale Konstrukte einen realen, äußeren Wert genießen, basiert grundlegend auf der Vorstellung, dass der menschliche Geist eben auch wie ein wirtschaftliches System funktioniert, in dem Ressourcen verwaltet und im Einsatz für die eigenen Prozesse des Selbst optimiert werden müssen.[688] In diesem Modell werden mentale Prozesse als Transaktionen betrachtet, bei denen Erinnerungen, Emotionen

687 Vgl. Bishop (et. al) (2004), S. 236–241.
688 Vgl. Kahneman (2011), S. 187ff.

und Gedanken als „wertvolle" Ressourcen fungieren, die das psychische Wohlbefinden und die funktionale Effizienz des Individuums beeinflussen.

Diese ökonomische Sichtweise impliziert, dass das Geistsystem bestrebt ist, einen Gleichgewichtszustand zu erreichen, in dem die verschiedenen mentalen Ressourcen optimal genutzt und integriert werden. Ganz besonders Erinnerungen (als spezifische Abbilder mentaler Ressourcen) spielen eine essenzielle Rolle in diesem System – wie breit und umfassend in diesem Buch aufgezeigt. Sie bieten nicht nur eine Grundlage für die Selbstidentität des Geistsystems, sondern dienen auch als situative Referenzpunkte für die Bewertung gegenwärtiger Erfahrungen und die Planung zukünftiger Handlungen. Das Konzept des „mentalen Kapitals" wird hier relevant, da Erinnerungen (zunächst unabhängig von ihrer tatsächlichen Ausgestaltung; das Individuum tendiert dazu, viel zu schnell Erinnerungen in ein Raster von „gut" oder „schlecht" einzuteilen) als mentale Vermögenswerte betrachtet werden, die das gesamte emotionale Ökosystem befeuern. Spezielle negative Erinnerungen hingegen können in diesem Kontext auch als mentale Schulden angesehen werden, die Belastungen und inneren Konflikte verursachen.

Gefühle und andere mentale Konstrukte wie Überzeugungen und Gedankenmuster werden ebenfalls als Ressourcen innerhalb dieses ökonomischen Modells betrachtet. Emotionen fungieren als Indikatoren für die psychische „Marktlage" und beeinflussen die Entscheidungsprozesse sowie die allgemeine Stimmung und Motivation.[689]Die Fähigkeit, Emotionen zu regulieren, kann somit als eine Form der emotionalen Intelligenz verstanden werden, die zur Maximierung des psychischen Wohlstands beiträgt. In der ökonomischen Erkenntnistherapie wird daher wie ausgeführt sich darauf konzentriert, die Regulation und Integration von Emotionen zu fördern, um ein stabiles und funktionales Geistsystem zu ermöglichen beziehungsweise zu unterstützen.

Genauso verhält es sich mit der Integration unbewusster mentaler Prozesse oder Prozessanteile. Dies trägt ebenfalls zu einer effizienten mentalen Ökonomie bei, indem die Kohärenz des Geistsystems erhöht wird. Indem verdrängte „Schatten" bewusst gemacht und integriert werden, wird das mentale Geistsystem optimiert, da es ungenutzte Ressourcen aktivieren und zeitgleich bestehende innere Konflikte reduzieren kann, was wiederum die adaptive Kapazität eines Individuums im Umgang mit der äußeren Welt erhöht.

---

689 Ebd.

Die in diesem Buch vorgestellte mentale Ökonomie bietet somit einen breiten Rahmen, um individuell das Zusammenspiel von Erinnerungen, Emotionen und anderen mentalen Konstrukten systematisch zu verstehen und zu optimieren. Durch die Anwendung ökonomischer Prinzipien auf das Geistsystem kann eine wirklich holistische Sichtweise auf die menschliche Psyche entwickelt werden, die sowohl die individuellen Ressourcen als auch deren Interaktionen berücksichtigt, um ein harmonisches und effizientes inneres Gleichgewicht zu erreichen.

Und diese Sichtweise entlastet auch. Denn zum einen werden psychische Prozesse – auch wenn sie negativ sind oder sich negativ auf das Gesamtsystem auswirken – nicht länger als zu behandelnde Krankheit gesehen (was sie oft nicht sind)[690], sondern als natürlicher Teil eines komplexen – niemals widerspruchsfreien – Systems, das größtenteils nicht der bewussten Kontrolle, ja nicht mal dem Bewusstsein selbst unterliegt.

Trotz der vermeintlich technokratischen, kühlen Sichtweise auf die menschliche Psyche und deren Organisations- und Arbeitsprinzipien geht

---

690 Aus einer langfristigen und distanzierten Perspektive auf die Psychotherapie lässt sich feststellen, dass eine zunehmende Zahl von Menschen immer mehr psychische Diagnosen erhält. Parallel dazu steigt die Anzahl der Psychotherapeuten und psychologischen Berater, ja man kann von einer andauernden „Psychologisierung" der gesamten Gesellschaft sprechen.
Es lassen sich zwei unterschiedliche Auffassungen in der Psychotherapie identifizieren. Die erste Auffassung ist gekennzeichnet durch eine rationalistische und kognitive Herangehensweise, die wissenschaftlich fundiert ist. Dieser Ansatz betont die Eigenverantwortung des Individuums im systemischen Zusammenhang. Strenge Kriterien werden bei der Diagnosestellung angewendet, wobei oft das Prinzip der Minimalintervention, Zweckmäßigkeit, Effizienz und Kostenminimierung im Vordergrund steht. Hypothesen und Diagnosen werden falsifiziert; der Ansatz ist geprägt von Selbstkritik.
Die zweite Auffassung legt den Fokus auf eine helfende und unterstützende Haltung, betont den Opferstatus der betroffenen Individuen und nimmt deren Wahrnehmungen von psychischen Problemen als Wahrheit an. Beziehungen werden hervorgehoben, und unbewiesene Hypothesen werden als Erklärungen akzeptiert. Therapien werden fortgeführt, auch wenn keine Verhaltensänderungen erkennbar sind; Widersprüche werden ignoriert, und auch Alltagsphänomene, die früher als Gespräche im Bereich der Theologie oder Philosophie und Kunst verortet worden wären, werden nun therapeutisch betrachtet.
In den letzten Jahren ist eine allgemeine gesellschaftlich und fachliche Tendenz hin zur zweiten Auffassung zu beobachten. Die ökonomische Sichtweise auf das Geistsystem bietet allein schon inhaltlich eine Alternative und fühlt sich der ersten Auffassung tendenziell eher verbunden. Die Behandlung von psychischen Krankheiten kann schnell auch zur Krankheit selbst werden.
Vgl. auch Helbig / Jürgen (2007), S. 109–113.

es bei der ökonomischen Erkenntnistherapie und den ihr zugrundeliegenden theoretischen Modellen in erster Linie um den Wert des Lebens selbst.

Man darf nicht vergessen: Das übergeordnete Ziel der inneren Ökonomie ist die ökonomische Individuation, die nicht nur die Werdung dessen, was man bereits ist, ermöglicht, sondern auch die Effizienz der mentalen Transaktionsprozesse steigert.[691] Die ökonomische Erkenntnistherapie betrachtet das mentale Geistsystem als ein dynamisches Netzwerk, in dem verschiedene Anteile und Prozesse in ständiger Interaktion stehen. Diese Interaktionen sind nicht nur funktional, sondern auch als absolutes Phänomen bedeutungsvoll, da sie das subjektive Erleben und die Wahrnehmung des eigenen Lebens beeinflussen. Indem verdrängte Aspekte integriert und in einen positiv-pragmatischen Gesamtkontext gestellt werden, fördert die Therapieform ein holistischeres Selbstwertgefühl und – besonders in der entgrenzten, sich zunehmend auflösenden Postmoderne – eine authentische Lebensweise.

Darüber hinaus trägt die ökonomische Erkenntnistherapie zentral zur Selbsterkenntnis bei, indem sie Individuen ermutigt, ihre inneren Prozesse und Dynamiken zu reflektieren und zu verstehen – die ökonomische Erkenntnistherapie zeigt, dass die technokratische und analytische Betrachtung der menschlichen Psyche keineswegs im Widerspruch zu einer tiefen Wertschätzung des Bewusstseins und der Einzigartigkeit psychischer Güter steht. Im Gegenteil, sie bietet einen strukturierten und systematischen Ansatz, um das volle Potenzial des menschlichen Geistsystems zu entfalten und somit das Leben in seiner ganzen Fülle zu erleben. Durch die Integration des Schattens und die Harmonisierung der inneren Anteile über das humane Grundkonzept des ökonomischen Wertes[692] wird nicht nur die psychische Gesundheit gefördert, sondern auch ein tieferes Verständnis und eine größere Wertschätzung des eigenen Lebens ermöglicht.

Gerade in der Aussage „der Wert des Lebens“ steckt bereits die Grundlage des ökonomischen Geistsystems – individuelles Leben und Erleben hat einen intrinsischen Wert an sich, den es zu entdecken, erfassen und bewahren gilt.

Was vom Leben bleibt – ist Wert. Wert als absolute und gleichzeitig abstrakte Größe in uns selbst. Und dieser Wert steckt eben weit weniger in der äußeren Welt mit ihren physischen oder digitalen Gütern oder

691 Vgl. Jung (1994), S. 77ff.
692 Vgl. Kahneman / Tversky (2000), S. 84ff.

intersubjektiven Konzepten, sondern in unseren mentalen Ressourcen wie Erinnerungen und Erkenntnis.

Dieser innere Paradigmenwechsel ist entscheidend zum erfolgreichen Umgang mit dem eigenen Geistsystem, der eigenen Psyche. Im Kleinen kann dies einer Revolution gleichkommen.

Die drei Kernaussagen in Kurzform:

1. **Erinnerungen als Grundlage des mentalen Systems und Lebenswerte:** Erinnerungen sind nicht nur flüchtige mentale Bilder, sondern das unsichtbare Gewebe, das unsere Identität zusammenhält und den Sinn unseres Daseins definiert. Sie beeinflussen gegenwärtiges Selbstverständnis und zukünftiges Handeln durch ihre rekonstruktive Natur, indem sie sich dynamisch mit aktuellen Erfahrungen formen und unsere Wahrnehmung prägen.
2. **Transformative und transzendentale Bedeutung:** Erinnerungen dienen als Brücke zwischen Psyche und äußerer Welt und sind die Basis sämtlicher mentaler Transaktions- und Transformationsprozesse. Sie ermöglichen es, das Leben als zusammenhängenden Narrativ zu betrachten, was zu einem kohärenten Selbstbild und einem Gefühl der Kontinuität und des Zwecks führt.
3. **Ökonomische Erkenntnistherapie und der innere Wert:** Die ökonomische Erkenntnistherapie betont den Wert des Lebens durch die Integration verdrängter Aspekte des Geistsystems, was zu einem harmonischen inneren Gleichgewicht führt. Diese Methode betrachtet das mentale Geistsystem als dynamisches Netzwerk, in dem Ressourcen wie Erinnerungen, Emotionen und Gedanken optimal genutzt werden, um psychische Gesundheit und ein holistisches Selbstwertgefühl zu fördern. Die Therapie betont darüber hinaus Achtsamkeitsprozesse und aktive Durchlebung mentaler Prozesse, um tiefere Selbsterkenntnis und eine authentische Lebensweise zu fördern. Indem verdrängte Aspekte integriert werden, unterstützt sie die Entwicklung eines kohärenten Selbstbildes und stärkt das subjektive Erleben und die Wertschätzung des Lebens selbst.

Epilog II – Das, was darüber hinaus geht

«Die höchste Erkenntnis tut ab die Erkenntnis, höchste Liebe vergißt der Liebe. Höchste Tugend ist nicht Tugend.»[693]

„Rien n'est si insupportable à l'homme que d'être dans un plein repos, sans passions, sans affaire, sans divertissement, sans application. Il sent alors son néant, son abandon, son insuffisance, sa dépendance, son impuissance, son vide. Incontinent, il sortira du fond de son âme l'ennui, la noirceur, la tristesse, le chagrin, le dépit, le désespoir.“[694]

In der prozessualen Untersuchung der menschlichen Psyche und ihrer Dynamiken stoßen wir auf Konzepte, die unser Verständnis des Selbst und seiner Entwicklung grundlegend erweitern – die beiden obenstehenden Zitate spannen dabei das Feld auf, zwischen dessen Extremen jene Erkenntnis changiert. Zu deren Konzepten gehören Akzeptanz, Transformation, Transzendenz und Annahme – alles Konzepte und Begriffe aus dem vermeintlich spirituellen Umfeld. Diese Begriffe sind nicht nur zentral in der Psychologie, sondern auch in der Philosophie und nicht zuletzt der Ökonomie, da sie den Prozess des inneren Wachstums und der Selbstverwirklichung treffend und umfänglich beschreiben. Gemeinsam ermöglichen sie es uns, über die bloße Existenz hinauszugehen und eine tiefere, ganzheitliche Perspektive auf das Leben selbst zu gewinnen.

Ökonomische Prinzipien und spirituelle oder gar transzendente Aspekte des individuellen Lebens scheinen auf den ersten Blick unterschiedliche Bereiche zu sein. Während die Ökonomie sich mit materiellen Ressourcen,

693 Lü Bu We (1928), S. 296.

694 „Nichts ist für den Menschen so unerträglich, wie in völliger Ruhe zu sein, ohne Leidenschaften, ohne Geschäft, ohne Unterhaltung, ohne Fleiß. Dann fühlt er seine Nichtigkeit, seine Verlassenheit, seine Unzulänglichkeit, seine Abhängigkeit, seine Ohnmacht, seine Leere. Unaufhaltsam wird er aus den Tiefen seiner Seele Langeweile, Dunkelheit, Traurigkeit, Kummer, Verdruss, Verzweiflung hervorbringen.“ Pascal (1670), 136/139, „Divertissement“, o.Sz.

Produktionsprozessen und dem Austausch von Gütern und Dienstleistungen befasst, betrifft Spiritualität eher Fragen nach dem Sinn des Lebens, persönlicher Entwicklung und dem Streben nach innerem Frieden und Erfüllung.

Akzeptanz ist der erste Schritt in diesem Prozess. Sie bedeutet, die Realität so anzunehmen, wie sie ist, ohne Widerstand oder Verleugnung. In der Psychotherapie wird Akzeptanz oft als eine Form der radikalen Akzeptanz beschrieben, die es Individuen ermöglicht, ihre gegenwärtigen Erfahrungen vollständig zu erkennen und zu akzeptieren, ohne sie zu bewerten oder zu verändern. Diese Haltung erleichtert es, sich mit schwierigen Emotionen, traumatischen Erinnerungen und unerwünschten Aspekten des Selbst auseinanderzusetzen. Akzeptanz schafft Raum für Mitgefühl und Selbstliebe, was die Grundlage für tiefgreifende Veränderungen bildet.

Aufbauend auf der Akzeptanz folgt die **Transformation**. Dieser Prozess geht über die bloße Akzeptanz hinaus und beinhaltet eine aktive Veränderung und Umgestaltung des Selbst. Transformation ist ein dynamischer Prozess, bei dem das Individuum seine alten Muster, Überzeugungen und Verhaltensweisen überwindet und neue Wege des Seins entwickelt. In der Praxis bedeutet dies oft, dass Individuen ermutigt werden, sich ihren Ängsten und Unsicherheiten zu stellen, ihre verborgenen Potenziale zu entdecken und sich in eine neue Richtung zu bewegen. Transformation ist ein Zeichen von Wachstum und Entwicklung, das zu einem authentischeren und erfüllteren Leben führt. **Annahme** ist eng mit Akzeptanz verbunden und ein Katalysator für Transformation, geht aber in eine etwas andere Richtung, indem sie eine aktive Bereitschaft zur Aufnahme und Integration dessen, was ist, impliziert. Annahme bedeutet, die Realität nicht nur passiv zu akzeptieren, sondern sie aktiv zu begrüßen und in das eigene Leben zu integrieren. Dies beinhaltet die Anerkennung und Integration aller Aspekte des Selbst, sowohl der positiven als auch der negativen. Annahme schafft in letzter Konsequenz einen inneren Holismus und prozessuale Ausgeglichenheit, die es dem Individuum ermöglicht, in Kongruenz mit dem, was ist, zu leben.

Transzendenz schließlich geht noch einen Schritt weiter. Während Transformation eine tiefgreifende Veränderung des Selbst darstellt, bedeutet Transzendenz, über das individuelle Selbst in seinem momentanen Sein hinauszugehen. In der transpersonalen Psychologie wird Transzendenz als der Zustand beschrieben, in dem das Individuum das Ego überwindet und eine Verbindung zu etwas Größerem, oft als das Göttliche oder das Universelle beschrieben, erfährt.

Am Ende dieses Buches ist es mir wichtig zu betonen, dass eben jene Transzendenz Teil des grundlegenden ökonomischen Gefüges ist, in dem sich der menschliche Geist bewegt – Transzendenz ist kein spirituelles Konzept, sondern ein zutiefst ökonomisches. Es ist ein natürlicher Zustand, in dem das Individuum erkennt, dass es Teil eines größeren Ganzen ist und dass seine Existenz einen tieferen Sinn und gemeinsame Kohärenz hat. Insofern ist das Eintauchen in eine ökonomische Struktur innerhalb der Psyche ein zutiefst nativer Vorgang, welcher eine ganze Reihe von mentalen Phänomenen weit besser erklären kann als andere Ansätze und auch auf individualpsychologischer Basis konkrete und praktikable Implikationen liefert, welche zur Lösung von Problemen, Komplexen und inneren Konflikten herangezogen werden können. Transzendente Aspekte des ökonomischen Handelns und des menschlichen Wirtschaftens beziehen sich auf jene Dimensionen, die über rein materielle und monetäre Interessen hinausgehen und tiefere Bedeutungen und Auswirkungen in menschlichen Gesellschaften haben. Diese wechselseitigen Aspekte umfassen philosophische, ethische, soziale und sogar spirituelle Elemente, die das Verständnis und die Praxis der äußeren Wirtschaft beeinflussen.

Philosophisch betrachtet, geht es bei der Gestaltung des äußeren ökonomischen Systems nicht nur um die effiziente Allokation von Ressourcen oder das Erreichen von Wohlstand durch Wachstum, sondern auch um die Frage nach dem Zweck wirtschaftlicher Aktivitäten und ihrer Auswirkungen auf das individuelle und gesellschaftliche Wohlbefinden. Hier spielen moralische und ethische Überlegungen eine zentrale Rolle, da ökonomische Entscheidungen oft mit Fragen der Gerechtigkeit, Nachhaltigkeit und sozialen Verantwortung verbunden sind.

Wirtschaft ist zuallererst ein intersubjektives, soziales Konstrukt, das das Zusammenleben und die Interaktionen innerhalb einer Gesellschaft beeinflusst. Es geht darum, wie wirtschaftliche Entscheidungen und Institutionen das soziale Gefüge formen und strukturieren, indem sie Ressourcen verteilen, soziale Hierarchien verstärken oder abschwächen und Zugang zu Chancen und Gütern ermöglichen oder einschränken. Daher ist die Frage noch eine „guten" Ökonomie auch immer eine moralische und spirituelle Frage, die mit der Suche nach Bedeutung und dem Streben nach persönlicher Erfüllung verbunden ist. Dies schließt die Frage ein, wie ökonomische Praktiken und Institutionen zur Verwirklichung von individuellen und kollektiven Werten beitragen können, die über rein materielle Ziele hinausgehen.

Zusammengenommen bilden diese Konzepte einen umfassenden Rahmen für das Verständnis des menschlichen Wachstums und der Selbstverwirklichung in einem ökonomischen, klaren Regeln folgenden Gefüges. Akzeptanz ist der Ausgangspunkt, der es ermöglicht, die Realität so zu sehen, wie sie ist. Transformation ist der nächste Schritt, der aktive Veränderungen und ein neues Selbstbewusstsein bringt. Transzendenz erweitert das Bewusstsein über das individuelle Selbst hinaus und verbindet das Individuum mit dem größeren Ganzen. Annahme schließlich integriert alle Aspekte in einen universellen, ökonomischen Holismus.

Dieser Prozess des Über-sich-hinaus-Gehens ist in vielerlei Hinsicht das ultimative Ziel der individuellen menschlichen Entwicklung. Und auch der der Ökonomie. Er ermöglicht es uns, unser volles Potenzial zu entfalten, ein erfülltes und authentisches Leben zu führen und eine umfassende Verbindung zu unserem Geistsystem, zu anderen Entitäten und zur äußeren Welt zu erfahren. Indem wir Akzeptanz, Annahme, Transformation und Transzendenz in unser Leben integrieren, schaffen wir die Grundlage für ein Leben, das über die bloße Existenz hinausgeht und den wahren Wert und Sinn unseres Daseins enthüllt.

Die Zeit des Jetzt ist von einer zunehmenden Entfremdung des Individuums mit den ökonomischen Prinzipien seiner Umwelt geprägt. Man erlebt die Wirtschaft immer mehr als entfesselten, unmenschlichen Moloch, auf den man keinen Einfluss mehr nehmen kann und der sich nicht um individuelle Dimensionen schert.

In der Psychologie bezeichnet der Prozess der Entfremdung das Phänomen, bei dem Individuen eine zunehmende Distanz zu ihren eigenen Erinnerungen und Erfahrungen erleben. Diese Entfremdung kann durch verschiedene Faktoren verursacht werden, darunter traumatische Ereignisse, chronischer Stress oder mentale Gesundheitsprobleme. Ein zentrales Merkmal der Entfremdung ist das Gefühl der Dissoziation, bei dem die eigenen Erinnerungen als fremd oder unzusammenhängend wahrgenommen werden.[695] Nicht anders verhält es sich mit den ökonomischen Prinzipien im Inneren, es herrschen geradezu chaotische Verhältnisse; Gesellschaft wie Individuum strebt auseinander und werden doch immer enger aneinander gezwungen. Die ökonomische Erkenntnistherapie bietet den Ausweg der „umgekehrten Entropie der Seele“.

695 Vgl. Van der Kolk (2014), S. 179ff.

Dieser Begriff lässt sich metaphorisch auf die psychologische Dynamik anwenden, bei der Menschen durch bewusste Anstrengungen einen Zustand größerer innerer Ordnung und Kohärenz erreichen. Während die physikalische Entropie die Tendenz zur Unordnung in geschlossenen Systemen beschreibt, kann die umgekehrte Entropie der Seele als ein Prozess der Reorganisation und Integration verstanden werden, bei dem psychologische Ressourcen genutzt werden, um einen inneren Holismus zu schaffen.[696]

Dies reflektiert auch die menschliche Erfahrung, bei der das Streben nach Erkenntnis und Wahrheit oft zu einer Konfrontation mit den Grenzen des Verstehens führt. Je mehr wir also über das unser Geistsystem lernen, desto mehr erkennen wir die weiten, ausfransenden Räume dessen, was in uns noch unbekannt ist. Diese Dichotomie führt zu einer „Möglichkeiten der Leere und der Leere der Möglichkeiten"; ein Paradoxon zwischen Buddhismus und Materialismus (beziehungsweise dem übergeordneten westliche Rationalismus, insbesondere in seiner streng wissenschaftlichen Form), das tief in der existenziellen und psychologischen Reflexion verwurzelt ist.[697] Die Möglichkeiten der Leere beziehen sich auf das Potenzial, das im Zustand der Leere oder des Nichts liegt. In vielen spirituellen Traditionen und psychologischen Theorien wird die Leere nicht als völliges Nichts, sondern als ein Raum unendlicher Möglichkeiten betrachtet – Nichts und Alles sind keine Gegensätze, sondern fallen zusammen. Die Leere in uns bietet einen Zustand der Potenzialität, aus dem heraus völlig neue Ideen, Konzepte und Transformationen entstehen können.[698]

Auf der anderen Seite beschreibt die Leere der Möglichkeiten das Gefühl der Überforderung und Paralyse angesichts unbegrenzter Optionen. In einer Welt, in der nahezu jede Möglichkeit denkbar erscheint, können Individuen ein Gefühl der Orientierungslosigkeit und Entscheidungsunfähigkeit erleben, ähnlich wie in der heutigen äußeren, konsumistischen Ökonomie. Diese Leere entsteht aus der Unfähigkeit, eine klare Richtung oder

---

696 Vgl. Schore (2012), S. 122–146.

697 Es ist auch interessant, hier den Hinduismus in Betracht zu ziehen, besonders in seiner dualistischen Form wie im Vedanta-Philosophiesystem. Obwohl der Hinduismus und der Buddhismus viele Gemeinsamkeiten teilen und historisch eng miteinander verbunden sind, unterscheiden sie sich in wesentlichen philosophischen und metaphysischen Punkten. Der Hinduismus akzeptiert beispielsweise das Konzept einer ewigen Seele (Atman), während der Buddhismus die Lehre vom Nicht-Selbst (Anatta) vertritt, die die Existenz einer unveränderlichen, ewigen Seele verneint.

698 Vgl. Chalmers (1996), S. 285ff.

Bedeutung zu finden, was zu einem Zustand existenzieller Leere führen kann.

Insgesamt sind diese Konzepte umfassend miteinander verwoben und reflektieren die komplexe Natur menschlicher Existenz und Realität, bei der die Suche nach Bedeutung und Erkenntnis sowohl neue Horizonte eröffnet als auch die Grenzen bewussten Wissens und bewusster Erfahrung sichtbar macht. Diese Dimension der ökonomischen Erkenntnis wirft viele Fragen auf, die noch nicht umfassend behandelt wurden.

Ich möchte die *Ökonomie der Erinnerung* aber mit einem kurzen Ausblick auf eine letzte, oft entscheidende mentale Ressource beenden: Der **Dankbarkeit**.

Dankbarkeit ist ein komplexes und vielschichtiges Phänomen, das inhärent in das menschliche Erleben und die sozialen Interaktionen eingebettet ist. Es umfasst nicht nur das Erleben von Freude, sondern auch die geteilte Freude, die in zwischenmenschlichen Beziehungen entsteht. Freude und Dankbarkeit sind untrennbar miteinander verbunden und bedingen sich gegenseitig. Das überströmende Gefühl der Dankbarkeit wird bewusst wahrgenommen und kann sowohl evoziert als auch kommuniziert werden. Dabei ist eine hohe Schwelle notwendig, um echte Dankbarkeit zu empfinden und auszudrücken.

Die Formulierung von Dankbarkeit spielt eine entscheidende Rolle in der inneren Ökonomie – so wie das Wachstum das Ziel ihres äußeren Pendants sein mag, so ist Dankbarkeit ihr Ziel. Dankbarkeit ist inneres Wachstum. Sie ermöglicht es, bedeutungsvolle Beziehungen und die Externalität von Errungenschaften anzunehmen und zu akzeptieren. Dankbarkeit erfordert das Aushalten und Akzeptieren der eigenen Abhängigkeit von anderen und den Einfluss unzähliger externer Faktoren auf das eigene Leben. Dieser Prozess unterscheidet sich deutlich vom Neid, der laut IMMANUEL KANT destruktiv ist und zur Vereinzelung führt.[699] Neid entsteht oft aus dem Wunsch, andere zu übertreffen, und dem Frust darüber, dies nicht zu können. Im Gegensatz dazu fördert Dankbarkeit das aktive Wahrnehmen der Bereicherung, die Menschen und Situationen ins eigene Leben bringen, und trägt so zur "Weitung der Seele" bei.[700] Es ist unmöglich, echte Dankbarkeit einzufordern; sie entsteht ausschließlich freiwillig und authentisch.

699 Vgl. Kant (1977), S. 199–203.
700 Ebd.

Erich Fromm beschreibt den Übergang vom Haben zum Sein durch Dankbarkeit. Dieser Übergang betont die Bedeutung emotionaler Erfahrungen und Erlebnisse gegenüber materiellen Besitztümern. Dankbarkeit verwandelt das Bedürfnis nach Besitz in eine Wertschätzung des Seins, wodurch das Individuum ein tieferes, erfüllteres Leben führen kann.[701] Durch Dankbarkeit erlebt man eine Verschiebung von der Betonung auf das Haben, das oft mit materiellen Gütern und äußerem Erfolg verbunden ist, hin zum Sein, das das innere Wohlbefinden und die Qualität der Beziehungen in den Vordergrund stellt.

Man kann also behaupten, dass Dankbarkeit nicht nur eine Emotion, sondern eine teleologische Ressource des menschlichen Geistsystems und der sozialen Interaktionen ist; sie hat eine ökonomische Dimension. Indem man Dankbarkeit empfindet und ausdrückt, transformiert man seine Wahrnehmung und seine Erfahrung des Lebens, weg vom Haben, hin zum Sein. Und genau darum geht es in der inneren Ökonomie in vielen Kernbereichen. Ökonomie ist transzendent.

701 Vgl. Fromm (1991), S. 109–112.

Glossar

Archetypen: Archetypen sind tief verwurzelte psychische Muster, die universell im kollektiven Unbewussten vorhanden sind und sich in symbolischer Form manifestieren. Sie fungieren als Grundbausteine für die Konstruktion von Mythen, religiösen Überzeugungen, künstlerischen Ausdrucksformen und individuellen Träumen. Beispiele für Archetypen sind der Held, die Göttin, der Schatten und viele andere, die in verschiedenen Kulturen und Zeitaltern wiederkehren.

Dumpfheit: Dumpfheit ist ein psychologischer Zustand, der durch ein Gefühl der Schwere, Trägheit und mangelnder Klarheit im Denken und Fühlen gekennzeichnet ist. In wissenschaftlicher Hinsicht beschreibt Dumpfheit eine Beeinträchtigung der kognitiven und emotionalen Funktionen, die oft mit einer reduzierten Wachsamkeit und Reaktionsfähigkeit einhergeht. Menschen, die unter Dumpfheit leiden, berichten häufig von einem Gefühl der geistigen Nebelhaftigkeit, Schwierigkeiten, sich zu konzentrieren, und einer allgemeinen Verlangsamung des Denkprozesses. Dieser Zustand kann durch verschiedene Faktoren verursacht werden, einschließlich Schlafmangel, Stress, Depression, Angstzustände oder bestimmte medizinische Zustände wie Hypothyreose oder chronisches Erschöpfungssyndrom. In der Neurowissenschaft wird angenommen, dass Dumpfheit mit einer reduzierten Aktivität in bestimmten Gehirnregionen, wie dem präfrontalen Kortex, verbunden ist, der für komplexe kognitive Aufgaben und Entscheidungsfindung verantwortlich ist. Zudem kann eine Dysregulation von Neurotransmittern, wie Serotonin und Dopamin, eine Rolle spielen.

Ephemere Momente: "Ephemere Momente" bezieht sich auf flüchtige oder kurzlebige Augenblicke oder Ereignisse, die nur für einen kurzen Zeitraum bestehen oder wahrnehmbar sind. Diese Momente können sowohl positiv als auch negativ sein und können verschiedene Formen annehmen, wie z.B. Glücksmomente, flüchtige Gedanken, unerwartete Begegnungen oder spontane Emotionen. Der Begriff "ephemere Momente" betont die Vergänglichkeit und Einzigartigkeit dieser Erfahrungen, die oft einen bleibenden Eindruck hinterlassen können, auch wenn sie nur von kurzer Dauer sind.

Episodisches Gedächtnis: Das episodische Gedächtnis bezieht sich auf die Erinnerung an persönliche Ereignisse und Erfahrungen in einer bestimmten Zeit und Umgebung.

Explizites Gedächtnis (deklaratives Gedächtnis): Dies bezieht sich auf die bewusste Erinnerung an Fakten und Ereignisse, die verbalisiert werden können.

Geschmeidigkeit: Mentale Geschmeidigkeit ist die Fähigkeit, flexibel und anpassungsfähig auf unterschiedliche Situationen und Herausforderungen zu reagieren. Sie ermöglicht es Individuen, effektiv mit komplexen und unerwarteten Situationen umzugehen, indem sie ihre Denkstrategien, Perspektiven und Problemlösungsansätze dynamisch anpassen. Diese Fähigkeit geht über die bloße Intelligenz hinaus und umfasst Aspekte wie Kreativität, Anpassungsfähigkeit und Offenheit gegenüber neuen Erfahrungen und Ideen. Ein zentrales Merkmal der mentalen Geschmeidigkeit ist die Fähigkeit, von festgefahrenen Denkmustern abzurücken und alternative Sichtweisen zu entwickeln. Dies beinhaltet das aktive Hinterfragen von Annahmen und das Erkennen von Verbindungen zwischen scheinbar unzusammenhängenden Konzepten. Beispielsweise kann jemand mit hoher mentaler Geschmeidigkeit in einem Gespräch verschiedene Standpunkte einnehmen und komplexe Probleme aus verschiedenen Perspektiven betrachten, was zu innovativeren und umfassenderen Lösungen führt. Mentale Geschmeidigkeit spielt eine entscheidende Rolle in der heutigen, sich schnell verändernden Welt, in der technologische Fortschritte und gesellschaftliche Veränderungen kontinuierlich neue Herausforderungen und Chancen mit sich bringen. In beruflichen Kontexten ermöglicht sie es Fachleuten, sich schnell an neue Arbeitsbedingungen und Technologien anzupassen, kreative Lösungen zu entwickeln und effizient im Team zu arbeiten. In persönlichen Lebensbereichen fördert sie eine positive und proaktive Herangehensweise an Veränderungen und Herausforderungen, was zu einer höheren Lebenszufriedenheit und Resilienz führt. Die Entwicklung mentaler Geschmeidigkeit kann durch gezielte Übungen und Praktiken unterstützt werden. Auch die Praxis der Achtsamkeit und Meditation kann die mentale Flexibilität fördern, indem sie hilft, einen klaren und offenen Geist zu bewahren, der weniger anfällig für Stress und festgefahrene Denkweisen ist. In der psychologischen Forschung wird die Bedeutung der mentalen Geschmeidigkeit zunehmend erkannt, da sie als Schlüsselkompetenz für das Wohlbefinden und den Erfolg im 21. Jahrhundert gilt. Studien zeigen, dass Menschen mit hoher mentaler Flexibilität besser in der Lage sind, mit

Unsicherheit und Mehrdeutigkeit umzugehen, was sie widerstandsfähiger gegenüber den Herausforderungen des modernen Lebens macht.

Gewahrsein: Gewahrsein wird in der wissenschaftlichen Psychologie als ein Zustand des Bewusstseins definiert, der sich durch ein umfassendes, nicht-wertendes Wahrnehmen der gegenwärtigen Erfahrungen und Sinneseindrücke auszeichnet. Es handelt sich dabei um eine Art von Aufmerksamkeit, die sich durch Offenheit und Akzeptanz gegenüber den momentanen Erlebnissen und inneren Zuständen auszeichnet, ohne diese sofort zu analysieren oder zu bewerten. Im Kontext der Kognitionswissenschaft wird Gewahrsein oft in Abgrenzung zur fokussierten Aufmerksamkeit beschrieben. Während die fokussierte Aufmerksamkeit bestimmte Aspekte der Erfahrung isoliert und eingehend analysiert, ist das Gewahrsein holistischer und integrativer. Es erlaubt dem Individuum, viele verschiedene Sinneseindrücke gleichzeitig wahrzunehmen und in einem größeren Zusammenhang zu sehen, ohne die Notwendigkeit einer tiefgehenden kognitiven Verarbeitung jedes einzelnen Eindrucks. Neurobiologisch betrachtet, ist Gewahrsein mit spezifischen Gehirnaktivitäten verbunden, die sowohl kortikale als auch subkortikale Bereiche einbeziehen. Diese Aktivitäten unterstützen die simultane Verarbeitung von Informationen aus verschiedenen sensorischen Modalitäten und tragen dazu bei, ein kohärentes Bild der aktuellen Umgebung zu erzeugen. Untersuchungen haben gezeigt, dass Praktiken wie Achtsamkeitsmeditation das Gewahrsein fördern und dabei helfen können, die neuronalen Netzwerke zu stärken, die mit dieser Art der Wahrnehmung verbunden sind. Gewahrsein hat auch eine wichtige Rolle in der emotionalen Regulation. Indem Individuen ihre momentanen Gefühle und Gedanken ohne sofortige Bewertung wahrnehmen, können sie eine größere emotionale Balance erreichen und reaktives Verhalten reduzieren. Diese Fähigkeit, präsent und akzeptierend zu bleiben, ist zentral für viele therapeutische Ansätze, die auf Achtsamkeit basieren, wie zum Beispiel die achtsamkeitsbasierte kognitive Therapie (MBCT) und die dialektisch-behaviorale Therapie (DBT).

Immersion: Immersion im psychologischen Kontext beschreibt das Eintauchen eines Individuums in eine Tätigkeit oder Umgebung, wobei sie vollständig in das Erlebnis vertieft ist und die Außenwelt sowie das Zeitgefühl weitgehend ausgeblendet werden. Dieser Zustand ist charakterisiert durch intensive Konzentration, ein starkes Gefühl des persönlichen Engagements und häufig auch durch ein hohes Maß an emotionaler Erfüllung. Immersion wird oft in Zusammenhang mit Aktivitäten wie Lesen, Spielen und kreativen Tätigkeiten wie Malen und Schreiben erlebt. In diesem Zustand verschmilzt das Individuum mit der Erfahrung, wodurch ein Gefühl der Verbundenheit und der unmittelbaren Teilhabe entsteht. Der immersive Zustand ist häufig das Ergebnis eines optimalen Zusammenspiels zwischen Herausforderung und Fähigkeiten, was zu einem Flow-Erlebnis führt, in dem die Person vollkommen im Moment aufgeht. Psychologisch betrachtet, kann Immersion eine Form der Flucht vor der Realität bieten, gleichzeitig aber auch als wertvolles Werkzeug zur Förderung von Lernen, Kreativität und persönlichem Wachstum dienen.

Implizites Gedächtnis (nicht-deklaratives Gedächtnis): Implizites Gedächtnis bezieht sich auf das nicht-bewusste Erinnern an Fähigkeiten und Prozeduren, wie zum Beispiel das Fahrradfahren oder das Spielen eines Musikinstruments.

Individuation: In Carl Gustav Jungs Theorie ist die Individuation ein lebenslanger Prozess, der darauf abzielt, das individuelle Potenzial einer Person zu verwirklichen und eine umfassende psychische Gesundheit zu erreichen. Dieser Prozess beinhaltet die bewusste Auseinandersetzung mit verschiedenen Aspekten des Selbst, einschließlich bewusster und unbewusster Inhalte, persönlicher und kollektiver Erfahrungen sowie archetypischer Muster. Ein zentrales Konzept in Jungs Theorie der Individuation ist das des Selbst, das als das zentrale organisierende Prinzip der Psyche betrachtet wird. Das Selbst repräsentiert die vollständige, harmonische Integration aller psychischen Kräfte und ist das Ziel der Individuation. Durch den Prozess der Individuation strebt eine Person danach, ihr Selbst zu verwirklichen, indem sie ihre individuellen Potenziale entfaltet und eine tiefe innere Einheit erreicht. Ein weiterer wichtiger Aspekt der Individuation ist die Auseinandersetzung mit dem Schatten. Der Schatten umfasst diejenigen Aspekte des Selbst, die unbewusst, verdrängt oder unerwünscht sind. Im Rahmen der Individuation ist es wichtig, sich mit dem Schatten zu konfrontieren, um diese verborgenen Aspekte zu integrieren und eine Ganzheit des Selbst zu erreichen. Dieser Prozess kann schmerzhaft und herausfordernd sein, da er die Konfrontation mit unangenehmen oder negativen Aspekten der Persönlichkeit beinhaltet. Darüber hinaus beinhaltet die Individuation auch die Auseinandersetzung mit archetypischen Inhalten, die universelle, symbolische Muster darstellen, die in den Tiefen des Unbewussten wirken. Diese archetypischen Muster, wie zum Beispiel der Held oder die Göttin, können als Leitbilder dienen, die den individuellen Entwicklungsprozess lenken und unterstützen.

Kernkomplex und Archetyp: Die menschliche Psyche ist ein komplexes Geflecht aus Gefühlen, Gedanken, Wahrnehmungen und Erinnerungen, die sich in einer vielschichtigen Konstellation miteinander verweben. Diese Konstellationen, die auch als Komplexe bezeichnet werden, werden von einem Kernkomplex angezogen, der sich um spezifische Zusammenhänge formiert. Diese Zusammenhänge können von individuellen Erfahrungen und auch von archetypischen Strukturen des kollektiven Unbewussten geprägt sein. Der Kernkomplex, der in der Tiefe der Psyche verankert ist, schöpft aus einem Reservoir von Archetypen, die als gemeinsame strukturelle Elemente des menschlichen Geistes gelten. Diese Archetypen sind universelle Muster und Symbole, die tief in der menschlichen Kultur und Geschichte verwurzelt sind. Sie fungieren als Grundbausteine für die Konstruktion von Erfahrungen und den Aufbau von Bedeutung Es ist wichtig anzumerken, dass diese Komplexe sowohl bewusst als auch unbewusst sein können. Während einige bewusst wahrgenommen werden können, existieren andere in den tiefen Schichten des Unbewussten. Dennoch können auch die im Unbewussten verankerten Komplexe sich auf das Bewusstsein auswirken, indem sie als "Affekte" erscheinen. Diese Affekte können bewusste Absichten beeinflussen und so das Verhalten und die Wahrnehmung des Individuums beeinflussen. Die Besetzung dieser Komplexe kann sowohl positiv als auch negativ sein. Positive Komplexe können zu einem Gefühl von Wohlbefinden, Erfüllung und Sinn führen, während negativ besetzte Komplexe zu neurotischen Symptomen und psychischen Störungen führen können. Diese negativ besetzten Komplexe können aus traumatischen Erfahrungen, ungelösten Konflikten oder tief verwurzelten Ängsten resultieren und das emotionale Gleichgewicht des Individuums beeinträchtigen. In der Psychoanalyse und anderen psychologischen Ansätzen spielen die Konzepte von Komplexen und Kernkomplexen eine bedeutende Rolle bei der Erforschung und Behandlung von psychischen Störungen und persönlichem Wachstum. Durch das Verständnis und die Arbeit mit diesen Komplexen kann eine tiefgreifende Transformation des individuellen Bewusstseins und Wohlbefindens erreicht werden.

Kollektives Unbewusste: Das Konzept des kollektiven Unbewussten, eingeführt von Carl Gustav Jung, bildet eine fundamentale Säule in der Tiefenpsychologie und bietet einen Einblick in die kollektiven Aspekte der menschlichen Psyche. Im Gegensatz zum individuellen Unbewussten, das die persönlichen Erfahrungen, Traumata und inneren Konflikte eines Einzelnen umfasst, bezieht sich das kollektive Unbewusste auf eine gemeinsame Grundlage psychischer Funktionen, die über kulturelle und zeitliche Grenzen hinweg existieren. Das kollektive Unbewusste bildet somit eine Art psychologisches Erbe der Menschheit, das als Basis für die Entwicklung individueller Ich-Strukturen dient. Es ist von entscheidender Bedeutung, um die universellen Muster und Symbole zu verstehen, die in verschiedenen kulturellen Ausdrucksformen auftauchen, wie etwa Träume, Mythen, Märchen und Sagen. Diese kulturellen Manifestationen des kollektiven Unbewussten teilen viele gemeinsame Elemente, die auf archetypische Strukturen zurückzuführen sind. Die Entdeckung und Erforschung des kollektiven Unbewussten ermöglichen einen tieferen Einblick in die menschliche Psyche und ihre kulturellen Manifestationen. Sie zeigt auf, wie universelle psychische Strukturen die menschliche Erfahrung formen und beeinflussen. In der Psychotherapie kann die Arbeit mit dem kollektiven Unbewussten dazu beitragen, tiefsitzende psychische Konflikte zu verstehen und zu lösen, indem sie dem Individuum ermöglicht, sich mit den universellen Mustern und Symbolen seiner Psyche auseinanderzusetzen.

Komplex: Ein (psychischer) Komplex ist ein Konzept aus der Tiefenpsychologie, das eine komplexe und strukturierte Organisation von Gedanken, Emotionen, Vorstellungen und Erinnerungen beschreibt, die um ein zentrales Thema oder eine zentrale Erfahrung herum gruppiert sind. Diese Komplexe können sowohl bewusste als auch unbewusste Elemente enthalten und haben oft eine starke emotionale Ladung. Sie beeinflussen das Verhalten, die Wahrnehmung und die Reaktionen einer Person auf bestimmte Situationen, indem sie ihr Denken und Fühlen in Bezug auf das zentrale Thema prägen. Psychische Komplexe können durch traumatische Ereignisse, wiederkehrende Lebensmuster, kulturelle Einflüsse oder unbewusste Konflikte entstehen und spielen eine wichtige Rolle in der psychoanalytischen Therapie sowie in der Selbstreflexion und persönlichen Entwicklung.

Konsolidierung: Der Prozess, durch den Erinnerungen stabilisiert und langfristig im Gedächtnis gespeichert werden.

Kontextabhängiges Gedächtnis: Die Idee, dass die Erinnerung an Informationen präziser ist, wenn der Kontext während der Kodierung mit dem Kontext während des Abrufs übereinstimmt.

Kultur: Kultur ist ein vielschichtiges und facettenreiches Konzept, das verschiedene Bereiche des menschlichen Lebens umfasst und einen bedeutenden Einfluss auf individuelle und kollektive Verhaltensweisen, Normen, Werte, Überzeugungen, Traditionen, Kunst, Sprache, Religion, und Institutionen ausübt. In einem umfassenden Sinne kann Kultur als das gesamte soziale Erbe einer Gruppe oder Gesellschaft betrachtet werden, das sich über Generationen hinweg entwickelt und aktiv wie passiv weitergegeben wird. Diese Überlieferung und Weitergabe von kulturellem Wissen, Praktiken und Artefakten ermöglicht es den Mitgliedern einer Gemeinschaft, sich zu orientieren, soziale Bindungen zu formen, Identität zu konstruieren und ihre Welt zu interpretieren. Kultur prägt nicht nur das Verhalten und die Interaktionen der Menschen, sondern beeinflusst auch ihre Wahrnehmung von Zeit, Raum, Natur und Gesellschaft. Kultur manifestiert sich in verschiedenen Ebenen und Ausdrucksformen, darunter materielle Artefakte wie Kunstwerke, Architektur und Werkzeuge, sowie immaterielle Elemente wie Sprache, Musik, Rituale und Bräuche. Diese verschiedenen Aspekte der Kultur sind miteinander verwoben und bilden ein komplexes Gefüge, das die Identität einer Gemeinschaft oder Gesellschaft prägt und ihren Zusammenhalt stärkt. Es ist wichtig anzumerken, dass Kultur per se dynamisch ist und einem ständigen Wandel unterliegt, der durch soziale, wirtschaftliche, politische und technologische Veränderungen uns Weiterentwicklungen beeinflusst wird. Durch Interaktionen zwischen verschiedenen Kulturen können sich neue kulturelle Phänomene entwickeln, während gleichzeitig traditionelle Praktiken und Werte bewahrt oder transformiert werden können.

Kurzzeitgedächtnis (Arbeitsgedächtnis): Das Kurzzeitgedächtnis ist für die kurzfristige Speicherung und Verarbeitung von Informationen zuständig. Es hat eine begrenzte Kapazität und Dauer.

Langzeitgedächtnis: Das Langzeitgedächtnis ist für die langfristige Speicherung von Informationen verantwortlich. Es hat eine große Kapazität und kann Informationen über lange Zeiträume hinweg behalten.

Narratik: Die Narratik ist ein multidisziplinäres Feld, das sich mit der Struktur, Funktion und Interpretation von Erzählungen befasst. Sie untersucht die Art und Weise, wie Geschichten konstruiert sind, wie sie präsentiert werden und wie sie auf individueller und gesellschaftlicher Ebene wirken. Im Wesentlichen beinhaltet die Narratik die Analyse von Erzähltechniken, die Untersuchung von Erzählstrukturen und die Interpretation von narrativen Texten in verschiedenen Kontexten. Sie untersucht, wie Erzählungen dazu dienen, Identitäten zu formen, Werte zu vermitteln, soziale Normen zu etablieren, Wissen zu übermitteln und Erfahrungen zu teilen.

Psychische Probleme: Psychische Probleme beziehen sich auf eine Vielzahl von Zuständen, die das Denken, Fühlen, Verhalten oder die sozialen Interaktionen einer Person beeinträchtigen können. Diese Probleme können von vorübergehender Natur sein oder langfristig bestehen bleiben und unterschiedliche Schweregrade aufweisen. Psychische Probleme können verschiedene Formen annehmen, darunter Angststörungen, Depressionen, Essstörungen, Suchterkrankungen, Persönlichkeitsstörungen, posttraumatische Belastungsstörungen (PTBS) und viele andere. Sie können durch eine Vielzahl von Faktoren verursacht werden, darunter genetische Veranlagung, biochemische Ungleichgewichte im Gehirn, traumatische Ereignisse, belastende Lebensumstände, ungesunde Lebensgewohnheiten oder eine Kombination verschiedener Faktoren. Symptome psychischer Probleme können von Person zu Person variieren, können aber Stimmungsänderungen, übermäßige Ängste oder Sorgen, Schlafstörungen, Veränderungen im Essverhalten, Rückzug von sozialen Aktivitäten, Probleme bei der Bewältigung von Alltagsaufgaben, irritierendes Verhalten, körperliche Beschwerden ohne klare Ursache und andere Verhaltensänderungen umfassen. Es ist wichtig zu betonen, dass psychische Probleme keine Schwäche darstellen und jeden betreffen (können), unabhängig von Alter, Geschlecht, ethnischer Zugehörigkeit oder sozialem Status. Sie können jedoch mit angemessener Unterstützung behandelt werden, sei es durch Psychotherapie, Medikation, Selbsthilfestrategien oder eine Kombination verschiedener Ansätze. Frühzeitiges Erkennen und eine angemessene Intervention sind entscheidend, um das Leiden zu lindern und eine bessere Lebensqualität zu fördern.

Psychosynthese: Die Psychosynthese (entwickelt von Roberto Assagioli im frühen 20. Jahrhundert) ist eine psychologische Schule, die die Integration von verschiedenen Aspekten des menschlichen Seins betont, um ein umfassendes Verständnis und eine ganzheitliche Entwicklung des Individuums zu fördern. Zentral für die Psychosynthese ist die Idee, dass die menschliche Psyche aus verschiedenen Teilen besteht, die integriert und harmonisiert werden müssen, um ein erfülltes Leben zu führen.

Sehnsucht: Sehnsucht wird als ein komplexes emotionales Phänomen verstanden, das sich durch eine intensive, oft bittersüße Mischung aus Freude und Schmerz auszeichnet. Sie bezieht sich auf ein tiefes Verlangen oder eine nostalgische Sehnsucht nach einem idealisierten Zustand, einer Person, einem Ort oder einer Zeit, die entweder in der Vergangenheit existierten, in der Gegenwart unerreichbar sind oder in der Zukunft erhofft werden.

Sehnsucht beinhaltet oft ein Spektrum von Gefühlen, einschließlich Glückseligkeit, Hoffnung, Trauer und Verlust. Diese Emotionen sind eng miteinander verwoben und schaffen ein intensives inneres Erlebnis; sie ist oft sowohl retrospektiv als auch prospektiv. Ein zentraler Aspekt der Sehnsucht ist das Gefühl des Mangels oder der Unvollständigkeit. Das Objekt der Sehnsucht erscheint oft unerreichbar oder nur schwer erreichbar, was die Intensität des Verlangens verstärkt. Die Objekte der Sehnsucht sind häufig idealisiert und transzendieren die Realität, was zu einer Verzerrung der Wahrnehmung führen kann, bei der das Verlangte als perfekter empfunden wird, als es tatsächlich war oder sein könnte. Sehnsucht hat auch kognitive und motivationale Komponenten. Kognitiv umfasst sie das Nachdenken über und Erinnern an das Verlangte. Motivational bezieht sich auf die Handlungsimpulse und das Streben, die durch die Sehnsucht ausgelöst werden, sei es in Form von Bemühungen, das Verlangte zu erreichen, oder durch die Suche nach ähnlichen Erlebnissen oder Zuständen.

Selbst: Das Selbst ist ein empirischer Begriff, der sowohl in der Psychologie als auch in der Psychotherapie von fundamentaler Bedeutung ist. Es fungiert nicht nur als theoretisches Konzept, sondern auch als Leitprinzip für die therapeutische Praxis. In seiner Essenz repräsentiert das Selbst die Einheit und Ganzheit sämtlicher psychischer Phänomene im Menschen, die sich zur Gesamtpersönlichkeit vereinen. Diese Gesamtpersönlichkeit beinhaltet sowohl bewusste als auch unbewusste Anteile des Individuums. Während bewusste Elemente direkt erfahrbar sind, umfasst das Selbst auch Unerfahrbares sowie noch nicht Erfahrenes, die im Unbewussten verortet sind. Diese ganzheitliche Perspektive auf das Selbst betont die Vielschichtigkeit der menschlichen Psyche und die kontinuierliche Entwicklung im Laufe des Lebens. Das Selbst dient als Ausgangs- und Zielpunkt eines lebenslangen Individuationsprozesses, der darauf abzielt, die verschiedenen Aspekte des Unbewussten dem Bewussten anzunähern. Dieser Prozess der Annäherung wird oft als Anpassungsleistung verstanden, bei der das Individuum seine persönlichen Erfahrungen, Überzeugungen und Werte integriert, um eine kohärente Identität zu formen. Eine zentrale Komponente dieses individuellen Entwicklungsprozesses ist die Ich-Selbst-Achse. Diese Achse stellt die Verbindung zwischen dem bewussten Ich und dem umfassenderen Selbst dar. Durch die Exploration und Integration von unbewussten Inhalten kann das Individuum eine tiefere Verbindung zu seinem Selbst herstellen und ein höheres Maß an Selbstverwirklichung und psychischem Wohlbefinden erreichen. In der psychotherapeutischen Praxis spielt das Konzept des Selbst eine entscheidende Rolle, da es als Leitfaden für den Prozess der Selbstreflexion, Selbstakzeptanz und persönlichen Transformation dient. Therapeutische Ansätze, die sich auf die Stärkung des Selbst fokussieren, zielen darauf ab, das individuelle Wachstum und die Entwicklung zu fördern, indem sie dem Individuum helfen, eine tiefere Verbindung zu seinem wahren Selbst herzustellen und eine authentische Lebensführung zu erreichen.

Semantisches Gedächtnis: Das semantische Gedächtnis bezieht sich auf das Wissen über Fakten, Konzepte und sprachliche Informationen, das nicht an eine bestimmte Zeit oder einen bestimmten Ort gebunden ist.

Sensorisches Gedächtnis: Das sensorische Gedächtnis bezieht sich auf die kurzfristige Speicherung sensorischer Informationen wie Sehen (ikonisches Gedächtnis) und Hören (echoisches Gedächtnis).

Stimmungsabhängiges Gedächtnis: Die Tendenz, sich besser an Informationen zu erinnern, wenn die emotionale Stimmung während der Kodierung mit der Stimmung während des Abrufs übereinstimmt.

Wahrnehmung: Wahrnehmung ist im psychologisch-wissenschaftlichen Kontext ein komplexer Prozess, bei dem sensorische Informationen aus der Umwelt durch unsere Sinnesorgane aufgenommen, organisiert und interpretiert werden. Dieser Prozess ermöglicht es uns, die Welt um uns herum zu verstehen und darauf zu reagieren. Wahrnehmung ist nicht nur die passive Aufnahme von Reizen, sondern ein aktiver und konstruktiver Vorgang, bei dem unser Gehirn sensorische Daten filtert, strukturiert und mit früheren Erfahrungen, Erinnerungen sowie unserem Wissen verknüpft. Dies führt dazu, dass wir Sinn und Bedeutung in dem finden, was wir sehen, hören, riechen, schmecken und fühlen. Unterschiedliche kognitive Prozesse wie Aufmerksamkeit, Lernen und Gedächtnis spielen eine zentrale Rolle bei der Wahrnehmung und beeinflussen, wie wir Informationen verarbeiten und interpretieren. Wahrnehmung ist somit ein grundlegender Bestandteil des menschlichen Erlebens und Handelns, der es uns ermöglicht, uns in unserer Umwelt zu orientieren und angemessen zu agieren.

Weisheit: Weisheit ist ein komplexes Konstrukt, das in der wissenschaftlichen Literatur aus verschiedenen Perspektiven betrachtet wird. Psychologisch kann Weisheit als die Fähigkeit definiert werden, tiefes Wissen und Einsicht in das menschliche Leben und Verhalten zu besitzen, kombiniert mit der Fähigkeit, dieses Wissen in konstruktive und adaptive Weise anzuwenden. Weisheit umfasst kognitive, reflektive und affektive Dimensionen und manifestiert sich in der Fähigkeit, komplexe Probleme zu lösen, ethische Entscheidungen zu treffen und ein ausgeglichenes Leben zu führen. Kognitiv bezieht sich Weisheit auf ein umfangreiches Wissen über die grundlegenden Paradoxien und Unsicherheiten des Lebens. Es beinhaltet ein tiefes Verständnis für die Bedingungen und Dynamiken des menschlichen Daseins sowie die Fähigkeit, dieses Wissen in unterschiedlichen Lebenssituationen anzuwenden. Menschen, die als weise gelten, verfügen über die Fähigkeit, unterschiedliche Perspektiven zu berücksichtigen und das größere Ganze im Blick zu behalten. Reflektive Weisheit beinhaltet die Fähigkeit zur Selbstreflexion und Selbstregulation. Weisen Menschen gelingt es, sich selbst und ihre Erfahrungen aus einer distanzierten Perspektive zu betrachten, was ihnen erlaubt, voreingenommene Urteile zu vermeiden und ihre eigenen Überzeugungen und Werte kritisch zu hinterfragen. Diese Fähigkeit zur Reflexion ermöglicht es, aus Erfahrungen zu lernen und persönliche Reife zu entwickeln. Affektive Dimensionen der Weisheit beziehen sich auf Empathie, Mitgefühl und emotionale Regulation. Weise Individuen zeigen eine hohe emotionale Intelligenz, die es ihnen ermöglicht, die Gefühle anderer zu verstehen und auf sie einfühlsam zu reagieren. Sie sind in der Lage, ihre eigenen Emotionen zu regulieren und in Einklang mit ethischen und moralischen Prinzipien zu handeln. Weisheit ist somit eine integrative Eigenschaft, die Individuen ermöglicht, Wissen zum Wohl anderer und zum eigenen Wohl anzuwenden.

Weiterführende Literatur

Dem eigentlichen Literaturverzeichnis möchte ich ein anderes Verzeichnis voranstellen – nämlich das von Büchern, welche ich als besonders hilfreich und ergiebig erachte; Werke, die besonders zu meiner eigenen Arbeit und Forschung beigetragen haben – kurz: Literatur, die besonders wertvoll für die Erschließung der Ökonomie der Psyche ist.

Ich bitte darum zu beachten, dass diese Auswahl rein subjektiv – wenn auch subjektiv-begründet – ist.

Chalmers, David J. (1996): The Conscious Mind: In Search of a Fundamental Theory, Oxford: Oxford University Press.

Das Buch gilt als ein Meilenstein in der Philosophie des Geistes und der Bewusstseinsforschung und stellt eine detaillierte Untersuchung und eine fundierte theoretische Grundlage für das Verständnis von Bewusstsein dar. Chalmers' Werk hat einen erheblichen Einfluss auf die moderne Bewusstseinsforschung gehabt. Es hat die Debatte um die Natur des Bewusstseins belebt und zu zahlreichen weiteren Forschungen geführt.

Fromm, Erich (1991): Haben oder Sein. Die Seelische Grundlage für eine neue Gesellschaft, 20. Auflage, München: Deutscher Taschenbuch Verlag.

Haben oder Sein ist ein inspirierendes und provokatives Buch, das dazu anregt, eigene Werte und Lebensweisen zu hinterfragen. Es fordert eine radikale Neuausrichtung unserer Gesellschaft und bietet gleichzeitig eine hoffnungsvolle Perspektive für eine erfüllendere und menschlichere Zukunft. Das Buch ist ein zeitloses Werk, das tiefgründige Einsichten in die menschliche Existenz bietet und zu einem grundlegenden Wandel in Denken und Handeln anregt.

Gunturu, Vanamali (2020): Yoga – Geschichte, Philosophie, Praxis, München: C.H. Beck.

Das Buch ist eine ausgezeichnete Einführung in die Welt des Yoga. Es bietet eine ausgewogene Mischung aus theoretischem Wissen und praktischen Anleitungen und ist sowohl informativ als auch inspirierend und zeichnet sich durch eine sorgfältige und detaillierte Aufarbeitung der verschiedenen historischen und philosophischen Aspekte von Yoga aus.

Jung, Carl G. (2022): Archetypen – Urbilder und Wirkkräfte des kollektiven Unbewussten, 6. Auflage, Ostfildern: Patmos.

Jung, Carl G. (2022): Die Beziehung zwischen dem Ich und dem Unbewussten, 5. Auflage, Ostfildern: Patmos.

Diese beiden Bücher stellen eine fundierte Einführung in die zentralen Aspekte von Jungs Werk dar – meiner Meinung nach ist der tiefenpsychologische Zweig Jungs sehr vital und bietet der modernen Psychologie zahlreiche Konzepte, die noch nicht zur Gänze reflektiert wurden.

Kahneman, Daniel (2011): Thinking, fast and slow, New York: Farrar, Straus and Giroux.

Das Buch ist ein bahnbrechendes Werk, das die Dualität unseres Denkens erforscht; Kahneman bietet hier tiefgreifende Einblicke in die Funktionsweise des menschlichen Geistes. Es ist ein unverzichtbares Werk für alle, die verstehen wollen, warum wir so denken und handeln, wie wir es tun.

Kast, Verena (1995): Imagination als Raum der Freiheit. Dialog zwischen Ich und Unbewußtem, München: Deutscher Taschenbuch Verlag.

Jenes Buch beleuchtet die transformative Kraft der Imagination im psychologischen Prozess. Es bietet wertvolle Perspektiven auf die Nutzung der inneren Bilderwelt zur persönlichen Entwicklung. Kasts klare Sprache und fundierte Beispiele machen es zu einem inspirierenden Werk über die Möglichkeiten der inneren Freiheit.

Lü Bu We (1928): Frühling und Herbst des Lü Bu We (Lüshi chunqiu), übersetzt von Richard Wilhelm, Jena: Eugen Diederichs.

Dieses Buch (für mich persönlich eine der interessantesten Neuentdeckungen beim Schreiben dieses Buches) bringt die Weisheiten und philosophischen Einsichten eines der einflussreichsten Minister der Qin-Dynastie näher. Das Werk vereint historische Erzählungen, moralische Lehren und philosophische Reflexionen, die heute sehr frisch zu lesen sind. Es ist ein wertvolles Werk, da es eine recht eigene Perspektive auf die chinesische Philosophie und Spiritualität in sich trägt.

Newell, Allan (1994): Unified Theories of Cognition, 3rd edition, Cambridge: Harvard University Press.

Das Buch bietet eine bahnbrechende Perspektive auf die Kognitionswissenschaft, indem es versucht, eine umfassende Theorie zu entwickeln, die sämtliche Aspekte des menschlichen Denkens integriert. Newells Ansatz, unterschiedliche kognitive Phänomene unter einem einheitlichen theoretischen Rahmen zu vereinen, stellt eine intellektuelle Herausforderung und zugleich eine inspirierende Vision für die Zukunft der kognitiven Forschung dar.

Nhat Hanh, Thich (1999): The Miracle of Mindfulness: An Introduction to the Practice of Meditation, Boston: Beacon Press.

Osho (2009): Das Buch der Geheimnisse – 112 Meditations-Techniken zur Entdeckung der inneren Wahrheit, München: Arkana.

Yates, Culadasa J. (2015): The Mind illuminated, Chicago: Dharma Treasure Press.

Diese drei Bücher stellen für mich eine umfassende Darstellung, was Meditation ist, dar. Mit ihnen kann man sich das Thema Meditation und Achtsamkeit eigenständig erschließen und darüber hinaus noch ganz andere mentale Entwicklungen durchschreiten. Überraschend ist das „Vigyan Bhairav Tantra", interpretiert von Osho. Und das Werk von Yates hat mich erst auf einige Mechanismen der inneren Ökonomie stoßen lassen.

Literaturverzeichnis

Abraham, Anna (2015): How Social Dynamics Shape Our Understanding of Reality, in: Warnick, J. / Landis, D. (Hrsg.): Neuroscience in Intercultural Contexts. International and Cultural Psychology, S. 243–256, New York: Springer.

Abraham, Anna (2018): The Wandering Mind: Where Imagination Meets Consciousness, Journal of Consciousness Studies, Volume 25, Numbers 11–12, 2018, S. 34–52(19).

Achtziger, Anja (et al.) (2014): The neural basis of belief updating and rational decision making, Social cognitive and affective neuroscience 9.1 (2014): S. 55–62.

Aghion, Philippe (et al.) (1998): Endogenous growth theory, Cambridge: MIT Press.

Alberini, C. M. (2005): Mechanisms of memory stabilization: are consolidation and reconsolidation similar or distinct processes?, in: Trends in Neurosciences, 28(1), S. 51–56.

Álvarez-Pérez, Yolanda (et. al.) (2022): Effectiveness of Mantra-Based Meditation on Mental Health: A Systematic Review and Meta-Analysis, International Journal of Environmental Research and Public Health, 13; 19(6): 3380.

Anderson, Michael C. / Levy, Benjamin J. (2009): Imagining the Past: The Impact of Imagination on Memory, in: Markman, K. D. / Klein, W. M. P. / Suhr, J. A. (Hrsg.): Handbook of Imagination and Mental Simulation, S. 187–202, Hove: Psychology Press.

Andy, Clark / Chalmers, David (1998): The extended mind, Analysis 58 (1): S.7 – 19.

Apperly, Ian A. (2012): What is "theory of mind"? Concepts, cognitive processes and individual differences, Quarterly Journal of Experimental Psychology, 65(5), S. 825–839.

Aristoteles (1956): Nikomachische Ethik. Übersetzt und herausgegeben von Franz Dirlmeier, Berlin: Akademie Verlag.

Aristoteles (2021): Parva naturalia – De memoria et reminiscentia, Berlin: de Gruyter.

Assagioli, Roberto (1933): Dynamic psychology and psychosythesis, Hibbert Journal, Vol. 32, S. 184–192.

Assagioli, Roberto (1937): Spiritual development and its alternative maladies, Hibbert Journal, Vol. 36, S. 69–84.

Assmann, Jan (1988): Kollektives Gedächtnis und kulturelle Identität, in: Assmann, Jan / Hölscher, Tonio; Kultur und Gedächtnis, S. 9–19, Frankfurt am Main: Suhrkamp.

Assmann, Jan (2018): Das kulturelle Gedächtnis Schrift, Erinnerung und politische Identität in frühen Hochkulturen, 8. Auflage, München: C.H. Beck.

Ates, Murat (2023): Phänomenologie des Traums, Felix Meiner Verlag.

Atkinson, R. C. / Shiffrin, R. M. (1968): Human memory: A proposed system and its control processes, in: K. W. Spence, J. T. Spence: The psychology of learning and motivation, Academic Press, Band 2, S. 89–195.

Audi, Robert (2011): Epistemology: A Contemporary Introduction to the Theory of Knowledge, 3rd edition, New York: Routledge.

Austin, James H. (2011): Selfless Insight. Zen and the Meditative Transformations of Consciousness, 2nd edition, Cambridge: MIT Press.

Baars, Bernard J. (2002): The conscious access hypothesis: Origins and recent evidence, Trends in Cognitive Sciences, 6(1), S. 47–52.

Baddeley, Alan D. (1992): Working memory, Science, 255 (5044), S. 556–559.

Baddeley, Alan D. / Hitch, Graham / Allen, Richard (2020): A Multicomponent Model of Working memory, in: Logie, Robert / Camos, Valérie / Cowan, Nelson (Hrsg.): Working memory: The state of the science, S. 10–43, New York: Oxford University Press.

Baer, Ruth (2010): Assessing mindfulness and acceptance processes in clients: Illuminating the theory and practice of change, Oakland: New Harbinger Publications.

Baltes, Paul B. (2008): Positionspapier: Entwurf einer Lebensspannen-Psychologie der Sehnsucht: Utopie eines vollkommenen und perfekten Lebens, Psychologische Rundschau 59 (2), S. 77–86.

Baltes, Paul B. / Baltes, Margret M. (1990): Psychological perspectives on successful aging: The model of selective optimization with compensation, in: Baltes P. B. / Baltes, M. M. (Hrsg.): Successful aging: Perspectives from the behavioral sciences, S. 1–34, Cambridge: Cambridge University Press.

Baltes, Paul B. / Lindenberger, U. / Staudinger, U. M. (1998): Life span theory in developmental psychology, in: Lerner, R. M. (Hrsg.): Handbook of child psychology: Theoretical models of human development, 5th edition, Vol. 1, S. 1029–1143, New York: Wiley.

Baltes, Paul B. / Staudinger, U. M. (2000): Wisdom: A Metaheuristic (Pragmatic) to Orchestrate Mind and Virtue Toward Excellence, American Psychologist, 55(1), S. 122–136.

Bamberg, Michael (1999): Is there anything behind discourse? Narrative and the local accomplishment of identities, in: Maiers, W. (et. al.) (Hrsg.): Challenges to theoretical psychology. Selected and edited proceedings of the seventh Beannial, Conference of The International Society for Theoretical Psychology Berlin (1997), S. 220–227, North York: Captus University Publications.

Bartlett, Frederic C. (1932): Remembering: A Study in Experimental and Social Psychology, Cambridge: Cambridge University Press.

Baumann, Peter (2006): Erkenntnistheorie, Stuttgart: Metzler.

Baumeister, R. F. / Vohs, K. D. / Tice, D. M. (2007): The Strength Model of Self-Control, In: Baumeister, R. F. / Vohs, K. D. (Hrsg.): Handbook of Self-Regulation: Research, Theory, and Applications, S. 351–373, New York: Guilford Press.

Beauregard, Mario / O'Leary, Denyse (2008): The Spiritual Brain. A neuroscientist's case for the existence of the soul, New York: HarperCollins Publishers.

Beck, Aaron T. (et.al.) (2024): Cognitive Therapy of Depression, 2nd edition, New York: Guilford Press.

Beck, Aaron T. / Alford, B. A. (2009): Depression: Causes and Treatment, Philadelphia: University of Pennsylvania Press.

Beck, Judith S. (2011): Cognitive Behavior Therapy – Basics and Beyond, 2nd edition, New York: Guilford Press.

Beck, Judith S. (2011): Cognitive Behavioral Therapy: Basics and Beyond, 2nd edition, New York: Guilford Press.

Becker, Gary S. (2013): The Economic Approach to Human Behavior, 2. Auflage, Chicago: University of Chicago Press.

Benoit, Roland (2019): Erinnerungen an die Zukunft, Leipzig: Max-Planck-Institut für Kognitions- und Neurowissenschaften.

Berger, Peter / Luckmann, Thomas (2023): The social construction of reality, in: Longhofer, W. / Winchester, D. (Hrsg.): Social Theory Re-Wired: New Connections to Classical and Contemporary Perspectives, 3rd edition, S. 92–101, New York: Routledge.

Bergson, Henri (1903): Introduction à la métaphysique, in: Revue de métaphysique et de morale 11/1:1, S. 1–36.

Bergson, Henri (1948): Denken und schöpferisches Werden. Aufsätze und Vorträge, Meisenheim am Glan: Westkulturverlag Anton Hain.

Bernard, Claude (1865): Introduction à l'étude de la médicine expérimentale, Paris: Édition Garnier.

Berne, Eric (2005): Transaktionsanalyse der Intuition: ein Beitrag zur Ich-Psychologie (Vol. 45), 4. Auflage, Paderborn: Junfermann Verlag.

Bhagavadgita (1998): Übersetzung von Sri Aurobindo, 2. Auflage, Freiburg im Breisgau: Herder.

Biegoń, Dominica / Nullmeier, Frank (2014): Narrationen über Narrationen. Stellenwert und Methodologie der Narrationsanalyse, in: Gadinger, F. / Jarzebski, S. / Yildiz, T. (Hrsg.) Politische Narrative: Konzepte – Analysen – Forschungspraxis, S. 39–65, Wiesbaden: Springer VS.

Billhardt, Felix / Storck, Timo (2021): Wahrnehmung und Gedächtnis – Psychoanalyse und Allgemeine Psychologie, Psychoanalyse im 21. Jahrhundert, Stuttgart: W. Kohlhammer Verlag.

Bishop, S. R. (et. al.) (2004): Mindfulness: A proposed operational definition, Clinical Psychology: Science and Practice, 11(3), S. 230–241.

Bishop, Scott R. (et. al) (2004): Mindfulness: A proposed operational definition. Clinical Psychology: Science and Practice, 11 (3), S. 230–241.

Blake, William (2013): Zwischen Feuer und Feuer, Poetische Werke, zweisprachige Ausgabe, 3. Auflage, München: Deutscher Taschenbuch Verlag.

Blau, Evelyne (1995): Krishnamurti 100 Jahre, Grafing: Aquamarin.

Blum, Ulrich / Dudley, Leonard / Leibbrand, Frank / Weiske, Andreas (2015): Angewandte Institutionenökonomik: Theorien — Modelle — Evidenz, Wiesbaden: Gabler Verlag.

Bödeker, Wolfgang/ Friedrichs, Michael (2011): Kosten der psychischen Erkrankungen und Belastungen in Deutschland, in: Lothar Kamp, Klaus Pickshaus (Hrsg.): Regelungslücke psychische Belastungen schließen, Düsseldorf: Hans-Böckler-Stiftung.

Bohleber, Werner (2004): Erinnerung, Trauma und historische Realität. Erinnern. Freiburger literaturpsychologische Gespräche. Jahrbuch für Literatur und Psychoanalyse, Königshausen & Neumann, S. 43–53.

Bohleber, Werner (2007): Erinnerung, Trauma und kollektives Gedächtnis – der Kampf um die Erinnerung in der Psychoanalyse. Psyche, 61(4), S. 293–321.

Bohleber, Werner (2019): Von der Orthodoxie zur Pluralität – Kontroversen über Schlüsselbegriffe der Psychoanalyse, Göttingen: Vandenhoeck & Ruprecht.

Boltanski, Luc / Chiapello, Eve (2006) [1999]: Der neue Geist des Kapitalismus, Konstanz: UKV.

Boltanski, Luc und Chiapello, Eve (2006) [1999]: Der neue Geist des Kapitalismus, Konstanz: UKV.

Borghardt, Tilmann/ Erhardt, Wolfgang (2016): Buddhistische Psychologie – Grundlagen und Praxis, München: Arkana.

Bovensiepen, Gustav (2019): Die Komplextheorie: Ihre Weiterentwicklungen und Anwendungen in der Psychotherapie, Stuttgart: W. Kohlhammer Verlag.

Brand, Cordula (2013): Die Narration der Narration – Eine Kritik in drei Akten, in: Gasser, Georg / Schmidhuber, Martina (Hrsg.): Personale Identität, Narrativität und Praktische Rationalität. Die Einheit der Person aus metaphysischer und praktischer Perspektive, S. 181–199, Paderborn: Brill mentis.

Breyer, Till, et al. (2015): Ökonomische Utopien, Berlin: Neofelis Verlag.

Brooke, John H. (1991): Science and Religion: Some Historical Perspectives, Cambridge: Cambridge University Press.

Brown, K. W. / Creswell, J. D. / Ryan, R. M. (2015): Handbook of Mindfulness: Theory, Research, and Practice, New York: Guilford Press.

Brown, K. W. / Ryan, R. M. (2003): The benefits of being present: Mindfulness and its role in psychological well-being. Journal of Personality and Social Psychology, 84(4), S. 822–848.

Brown, R. P. / Gerbarg, P. L. (2005): Sudarshan Kriya Yogic Breathing in the Treatment of Stress, Anxiety, and Depression: Part I—Neurophysiologic Model, Journal of Alternative and Complementary Medicine, 11(1), S. 189–201.

Brüllmann, Philipp / Rombach, Ursula / Wilde, Cornelia (2014): Einleitung: Imagination, Transformation und die Entstehung des Neuen, in: Brüllmann, Philipp / Rombach, Ursula / Wilde, Cornelia (Hrsg.): Imagination, Transformation und die Entstehung des Neuen, S. 1–22, Berlin, München, Boston: De Gruyter.

Bruner, Jerome (1987): Life as narrative, Social research, Vol. 54, No. 1, S.11 – 32.

Bruner, Jerome (1991): The Narrative Construction of Reality, Critical Inquiry, 18(1), S. 1–21.

Buber, Martin (2023): Das dialogische Prinzip: Ich und Du. Zwiesprache. Die Frage an den Einzelnen. Elemente des Zwischenmenschlichen. Zur Geschichte des dialogischen Prinzips, München: Gütersloher Verlagshaus.

Bucher, Anton A. (2014): Psychologie Der Spiritualität: Handbuch, 2., vollständig überarbeitete Auflage, Weinheim Basel: Beltz.

Bude, Heinz (1991): Die Rekonstruktion kultureller Sinnsysteme, in: von Rosenstiel, Lutz (et. al.) (Hrsg.): Handbuch qualitative Forschung: Grundlagen, Konzepte, Methoden und Anwendungen, S. 101–112, München: Beltz - Psychologie Verlags Union.

Bürmann, Ilse (1997): Überwindung des Dualismus von Person und Sache, Bad Heilbrunn: Klinkhardt.

Butler, L. D. (et. al.) (2008): Mediation with trauma survivors: Immediate and long-term effects of mindfulness-based stress reduction on posttraumatic stress symptoms, Journal of Clinical Psychology, 64(1), S. 100–111.

Camerer, Colin F. / Loewenstein, George (2004): Behavioral Economics - Past, Present, Future, in: Camerer, Colin F. / Loewenstein, George / Rabin, Matthew: Advances in behavioral economics, Princeton: Princeton university press.

Carroll, Noël (1998): Art and Cultural Identity, The Journal of Aesthetics and Art Criticism, 56 (2), S. 181–194.

Casey, Edward S. (2000): Remembering: A phenomenological study, 2nd ed., Bloomington, Indianapolis: Indiana University Press.

Cermak, Laird S. (2014): Memory as a processing continuum. In New Directions in Memory and Aging (PLE: Memory): Proceedings of the George A. Talland Memorial Conference, S. 261–278, London: Psychology Press.

Chalmers, David J. (1996): The Conscious Mind: In Search of a Fundamental Theory, Oxford: Oxford University Press.

Chan, Cecilia / Sik Ying Ho, Petula / Chow, Esther (2002): A body-mind-spirit model in health: an Eastern approach, Social work in health care, 34.3 - 4, S. 261–282.

Chiesa, A. / Serretti, A. (2009): A systematic review of neurobiological and clinical features of mindfulness meditations, Psychological Medicine, 40(8), S. 1239–1252.

Chlupsa, Christian (2016): Der Einfluss unbewusster Motive auf den Entscheidungsprozess: Wie implizite Codes Managemententscheidungen steuern, Wiesbaden: Springer Fachmedien.

Chopra, Deepak (2023): Leben in Fülle. Der innere Weg zu Reichtum, München: Irisana Verlag.

Christie, Thomas S. / Schrater, Paul (2015): Cognitive cost as dynamic allocation of energetic resources. Frontiers in neuroscience. Vol. 9: S.289 - 311.

Christoff, K. / Gordon, A. M. / Smallwood, J. / Smith, R. / Schooler, J. W. (2009): Experience sampling during fMRI reveals default network and executive system contributions to mind wandering, Proceedings of the National Academy of Sciences, 106(21), S 8719–8724.

Chrudzimski, Arkadiusz (2013): Intentionalität, Zeitbewusstsein und Intersubjektivität: Studien zur Phänomenologie von Brentano bis Ingarden, Vol. 3, Berlin: Walter de Gruyter.

Chung, Sung J. (2012): The Science of Self, Mind and Body, Open Journal of Philosophy, 2, S. 171–178.

Churchland, Patricia S. (1989): Neurophilosophy: Toward a unified science of the mind-brain, Cambridge: MIT Press.

Claessens, B. J. / van Eerde, W. / Rutte, C. G. / Roe, R. A. (2007): A review of the time management literature, Personnel Review, 36(2), S. 255–276.

Clark, Andy (2008): Supersizing the Mind: Embodiment, Action, and Cognitive Extension, New York: Oxford University Press.

Conway, M. A. / Pleydell-Pearce, C. W. (2000): The Construction of Autobiographical Memories in the Self-Memory System, Psychological Review, 107(2), S. 261–288.

Cozolino, Louis (2010): The Neuroscience of Psychotherapy: Healing the Social Brain, 2nd edition, New York: W.W. Norton & Company.

Craik, Fergus I. M. / Lockhart, Robert S. (1972): Levels of processing: A framework for memory research. Journal of Verbal Learning and Verbal Behavior, 11 (6), S. 671–684.

Csikszentmihalyi, Mihály (2002): Flow: The Classic Work on how to Achieve Happiness, New York: Harper & Row.

Cyrulnik, Boris (2009): Résilence et adaptation, in: Nader-Grosbois, N. (Hrsg.) : Résilience, régulation et qualité de vie, Paris : UCL, S. 21–29.

Cyrulnik, Boris (2018): Scham: Die vielen Facetten eines tabuisierten Gefühls, Munderfing: Fischer & Gann.

Cyrulnik, Boris (2021): Narrative Resilience. Multisystemic Resilience: Adaptation and Transformation in Contexts of Change, 100, S. 135–147.

Dalai Lama (2002): Der Weg zum Glück. Sinn im Leben finden, 9. Auflage, Freiburg im Breisgau: Herder.

Dalai Lama / Cutler, Howard C. (1998): The Art of Happiness: A Handbook for Living, New York: Riverhead Books.

Damasio, Antonio R. (1994): Descartes' Error: Emotion, Reason, and the Human Brain, New York: Putnam Publishing.

Damasio, Antonio R. (2000): Ich fühle also bin ich. Die Entschlüsselung des Bewusstseins, München: List Verlag.

Daniel, T. O. / Stanton, C. M. / Epstein, L. H. (2013): The future is now: Reducing impulsivity and energy intake using episodic future thinking, Psychological Science 24 (11), S. 2339–2342.

De Beauvoir, Simone (1947): Pour une morale de l'ambiguïté, Paris: Gallimard.

Deco, Gustavo / Rolls, Edmund T. (2005): Attention, short-term memory, and action selection: a unifying theory, Progress in neurobiology, 76 (4), S. 236–256.

Deimer, Klaus, et al. (2017): Optimale Ressourcenallokation und Markt. Ressourcenallokation, Wettbewerb und Umweltökonomie: Wirtschaftspolitik in Theorie und Praxis, Berlin, Heidelberg: Springer Gabler.

Dennett, Daniel C. (2017): Brainstorms: Philosophical essays on mind and psychology, Cambridge: MIT Press.

DePaul, M. R. / Ramsey, W. M. (1998): Rethinking intuition: The psychology of intuition and its role in philosophical inquiry, Oxford: Rowman & Littlefield.

Dessí, Roberta (2008): Collective Memory, Cultural Transmission, and Investments. The American Economic Review, 98(1), S. 534–560.

Dieckmann, Hans (2013): Komplexe: Diagnostik und Therapie in der analytischen Psychologie, Berlin Heidelberg: Springer.

Diener, Ed / Seligman, Martin E. P. (2004): Beyond money: Toward an economy of well-being. Psychological Science in the Public Interest, 5(1), S. 1–31.

Dijksterhuis, A. / Bos, M. W. / Nordgren, L. F. / van Baaren, R. B. (2006): On Making the Right Choice: The Deliberation-Without-Attention Effect, Science, 311 (5763), S. 1005–1007.

Dipper, Lea (2016): Erinnerung und Stimmung: Nutzung einer Ressource und Bearbeitung einer Belastung (Doctoral dissertation, Universität Ulm).

Dörner, Dietrich (2013): Wollen im Wahrnehmungshandeln und Denken – Denken und Wollen: Ein systemtheoretischer Ansatz, in: Heckhausen, Heinz / Gollwitzer, Peter M. / Weinert, Franz E. (Hrsg.): Jenseits des Rubikon: Der Wille in den Humanwissenschaften, 2. Auflage, S. 238–250, Berlin Heidelberg: Springer.

Drobe, Christina (2016): Menschsein als Selbst- und Fremdbestimmung: Eine theologische Reflexion philosophischer, literarischer und sozialwissenschaftlicher Zugänge zur Identitätsfrage, Berlin: De Gruyter.

Drüe, Hermann (1963): Edmund Husserls System der phänomenologischen Psychologie, in: Graumann, C.F. / Linschroten, J.: Phänologisch-psychologische Forschungen, Band 4, Berlin: De Gruyter.

Ebbinghaus, Hermann (1885): Über das Gedächtnis: Untersuchungen zur experimentellen Psychologie. Leipzig: Duncker & Humblot.

Ebbinghaus, Hermann / Dürr, Ernst (1913): Grundzüge der Psychologie, Leipzig: Veit & Companie.

Eccles, Jacquelynne S. / Wigfield Allan (2002): Motivational beliefs, values, and goals. Annual review of psychology 53.1 (2002): 109–132.

Egger, Josef W. (2015): Selbstwirksamkeit – Ein kognitives Konstrukt, in: Integrative Verhaltenstherapie und psychotherapeutische Medizin. Integrative Modelle in Psychotherapie, Supervision und Beratung, S. 283–311, Wiesbaden: Springer.

Eisenhardt, Kathleen M. / Graebner, Melissa E. (2007): Theory Building from Cases: Opportunities and Challenges, in: Academy of Management Journal, Vol. 50, No.1, (2007), S. 25–32.

Erikson, Erik H. (1968): Identity: Youth and crisis, New York: W.W. Norton & Company.

Erikson, Erik H. (1973): Identität und Lebenszyklus, Frankfurt am Main: Suhrkamp.

Erll, Astrid / Rigney, Ann (2009): Introduction: Cultural Memory and its Dynamics. In Erll, A. / Rigney, A. (Hrsg.), Mediation, Remediation, and the Dynamics of Cultural Memory (S. 1–14). Berlin, New York: De Gruyter.

Erreich, Anne (2016): Unbewusste Phantasie als spezielle Kategorie der psychischen Repräsentationen, Psyche, 70(6), S. 481–507.

Essen, Siegfried (2012): Systemische Therapie und Spiritualität Von der Notwendigkeit szenischer Theologie, in: Baier, Karl: Handbuch Spiritualität: Zugänge, Traditionen, interreligiöse Zugänge, S. 112- 126, Darmstadt: Wissenschaftliche Buchgesellschaft.

Euler, Werner (2004): Bewußtsein - Seele - Geist. Untersuchungen zur Transformation des Cartesischen „Cogito" in der Psychologie Christian Wolffs, in: Rudolph, Oliver-Pierre / Goubet, Jean-François: Die Psychologie Christian Wolffs: Systematische und historische Untersuchungen, S. 11–50, Berlin, Boston: Max Niemeyer Verlag.

Fehr, Ernst / Schwarz, Gerhard (Hrsg.) (2002): Psychologische Grundlagen der Ökonomie - Über Vernunft und Eigennutz hinaus, Zürich: Verlag Neue Zürcher Zeitung.

Fehr, Ernst / Schwarz, Gerhard (Hrsg.) (2002): Psychologische Grundlagen der Ökonomie Über Vernunft und Eigennutz hinaus, Zürich: Verlag Neue Zürcher Zeitung.

Fetscher, Rolf (1985): Das Selbst, das Es und das Unbewußte, Psyche, 39 (3), S. 241–275.

Feuerstein, Georg (1998): Tantra: The Path of Ecstasy, Boulder: Shambhala Publications.

Flatscher, Matthias (2010): Fremde und eigene Gegenwart. Über Anderheit, Selbst und Zeit, in: Flatscher, Matthias / Loidolt, Sophie: Das Fremde im Selbst - das Andere im Selben. Transformationen der Phänomenologie, S. 50–63, Würzburg: Königshausen & Neumann.

Fodor, Jerry A. (1983): The Modularity of Mind: An Essay on Faculty Psychology, Cambridge: MIT Press.

Fouillée, Alfred (1890): La liberté et le déterminisme, 3ème ed., Paris : Felix Alcan.

Fredrickson, Barbara L. (2001): The role of positive emotions in positive psychology: The broaden-and-build theory of positive emotions, American Psychologist, 56(3), S. 218–226.

Freeman, Mark (2006): Autobiographische Erinnerung und das narrative Unbewusste, in: Welzer, Harald / Markowitsch, Hans J. (Hrsg.): Warum Menschen sich erinnern können, S. 78–94, Stuttgart: Klett-Cotta.

Freiherr von Hardenberg, Georg P. F. L. (1960): Novalis Schriften, Bd. 2, Hrsg. von Paul Kluckhohn und Richard Samuel, 3. Auflage, Stuttgart: Kohlhammer.

Freire, Paolo (2022): Pädagogik der Unterdrückten, in: Bauer, U. / Bittlingmayer, U.H. / Scherr, A. (Hrsg.): Handbuch Bildungs- und Erziehungssoziologie. Bildung und Gesellschaft, Wiesbaden: Springer VS.

Freud, Sigmund (1946): Das Unbewusste, in: Ders., Gesammelte Werke, Band 10, Frankfurt am Main: Fischer.

Freud, Sigmund (1988) [1915]: Das Unbewusste, in: Gesammelte Werke, Band 10, München: DTV.

Freud, Sigmund (2009): Das Unbehagen in der Kultur. Und andere kulturtheoretische Schriften, Frankfurt am Main: Fischer Taschenbuch Verlag.

Frey, Bruno S. / Frey-Marti, Claudia (2010): Glück—Die Sicht der Ökonomie, Wirtschaftsdienst 90 (7), S. 458–463.

Frey, Bruno S., / Benz, Matthias (2001): Ökonomie und Psychologie: eine Übersicht. Working paper/Institute for Empirical Research in Economics, 92. Jg., o.O.

Frey, Dieter (2007): Innovation und Kreativität, Enzyklopädie der Psychologie, 6, S. 810–845.

Frey, Dieter / Jonas, Eva / Maier, Günther W. (2007): Psychologie des Geldes, in: Frey Dieter / von Rosenstiel, Lutz (Hrsg.): Wirtschaftspsychologie: Wirtschafts-Organisations- und Arbeitspsychologie (Enzyklopädie der Psychologie), S. 75–148, Göttingen: Hogrefe.

Friston, Karl (2010): The free-energy principle: A unified brain theory?, Nature Reviews Neuroscience, 11(2), S. 127–138.

Fromm, Erich (1971): Psychoanalyse und Zen-Buddhismus, in: Fromm, Erich / Suzuki, Daisetz T. / Martino, Richard de (Hrsg.): Zen-Buddhismus und Psychoanalyse, Frankfurt am Main: Suhrkamp.

Fromm, Erich (1991): Haben oder Sein. Die Seelische Grundlage für eine neue Gesellschaft, 20. Auflage, München: Deutscher Taschenbuch Verlag.

Garbe, Richard (1894): Die Sâmkhya-Philosophie. Eine Darstellung des indischen Rationalismus, Leipzig: H. Haessel.

Gazzaniga, Michael S. (2005): The Ethical Brain: The Science of Our Moral Dilemmas, New York: Harper Perennial.

Geertz, Clifford (1973): The Interpretation of Cultures, New York: Basic Books.

Geimer, Alexander (2012): Bildung als Transformation von Selbst- und Weltverhältnissen und die dissoziative Aneignung von diskursiven Subjektfiguren in posttraditionellen Gesellschaften, Zeitschrift für Bildungsforschung, 3(2), S. 229–242.

Gergen, Kenneth J. (2009): An Invitation to Social Construction, 2nd ed., London: SAGE Publications.

Germer, Christopher / Siegel, Ronald D. (2014): Weisheit und Mitgefühl, in: Germer, Christopher / Siegel, Ronald D. (Hrsg): Weisheit und Mitgefühl in der Psychotherapie: achtsame Wege zur Vertiefung der therapeutischen Praxis, S. 1–38, Freiburg: Arbor Verlag.

Glück, Judith (et. al.) (2013): How to measure wisdom: Content, reliability, and validity of five measures, Frontiers in Psychology, 4, 405.

Goldenberg, Georg (2007): Neuropsychologie: Grundlagen, Klinik, Rehabilitation, 4. Auflage, München: Elsevier, Urban & Fischer.

Goldie, Peter (2003): One's Remembered Past: Narrative Thinking, Emotion, and the External Perspective, Philosophical Papers 32 (3): 301–319, o.O.

Goldie, Peter (2013): Narratives Denken, Emotion und Planen. in: Koroliov, Sonja (Hrsg.): Emotion und Kognition (S. 187–203), Berlin, Boston: De Gruyter.

Gollwitzer, Peter M. / Bayer, Ute C. / Wicklund, Robert A. (2002): Das handelnde Selbst: Symbolische Selbstergänzung als zielgerichtete Selbstentwicklung, in: Frey, Dieter, (Hrsg.): Zentrale Theorien der Sozialpsychologie (S. 191–212), Bern: Huber.

Gothe, Neha P. (2013): The acute effects of yoga on executive function, Journal of Physical Activity and Health, 10(4), S. 488–495.

Goyal, Madhav (et. al.) (2014): Meditation programs for psychological stress and well-being: A systematic review and meta-analysis, JAMA Internal Medicine, 174(3), S. 357–368.

Green, Melanie C. / Brock, Timothy C. (2002): In the mind's eye: Transportation-imagery model of narrative persuasion, in: Green, M. C. / Strange, J. J. / Brock, T. C. (Hrsg.): Narrative impact: Social and cognitive foundations, S. 315–341, Mahwah: Lawrence Erlbaum.

Greenberg, L. S. / Paivio, S. C. (1997): Working with Emotions in Psychotherapy, New York: Guilford Press.

Greene, R. R. / Galambos, C. / Lee, Y. (2004): Resilience theory: Theoretical and professional conceptualizations. Journal of human behavior in the social environment, 8(4), S. 75–91.

Gregorio, Serena et. al. (Hrsg.) (2024): Geist und Imagination: Zur Bedeutung der Vorstellungskraft für Denken und Handeln, Berlin: Suhrkamp Verlag.

Groeben, Norbert / Christmann, Ursula (2012): Narration in der Psychologie, in: Aumüller, Matthias (Hrsg.): Narrativität als Begriff. Analysen und Anwendungsbeispiele zwischen philologischer und anthropologischer Orientierung, S. 299–321, Berlin: de Gruyter.

Groeben, Norbert / Scheele, Brigitte (1977): Argumente für eine Psychologie des Reflexiven Subjekts: Paradigmawechsel vom behavioralen zum epistemologischen Menschenbild, Darmstadt: Dr. Dieter Steinkopff Verlag.

Gunturu, Vanamali (2020): Yoga – Geschichte, Philosophie, Praxis, München: C.H. Beck.

Guttmacher, Sally (1979): Whole in body, mind & spirit: holistic health and the limits of medicine, Hastings Center Report, S. 15–21.

Hadot, Pierre (2002): Philosophy as a Way of Life: Spiritual Exercises from Socrates to Foucault, Oxford: Blackwell.

Halbwachs, Maurice (1992): On Collective Memory, Chicago: University of Chicago Press.

Hannover, Bettina / Kühnen, Ulrich (2003): Kultur, Selbstkonzept und Kognition, Zeitschrift für Psychologie, 211, S. 212–224.

Hansch, Dieter (2013): Psychosynergetik: Die fraktale Evolution des Psychischen. Grundlagen einer Allgemeinen Psychotherapie. Deutschland, Opladen: Westdeutscher Verlag.

Hany, Ernst A. / Heller, Kurt A. (1993): Entwicklung kreativen Denkens im kulturellen Kontext, in: Mandl, Heinz / Dreher, Michael / Kornadt, Hans-Joachim (Hrsg.): Entwicklung und Denken im kulturellen Kontext, S. 99–115, Göttingen: Hogrefe.

Hardy, Jean (1987): A Psychology with a Soul. Psychosynthesis in Evolutionary context, London: Routledge & Kegan Paul.

Hardy, Jean / Whitmore, Diana (1990): Psychosynthese – Eine kurze Einführung in den historischen Hintergrund und die Arbeitsweise, in: Rowan, John / Dryden, Windy (Hrsg.): Neue Entwicklungen der Psychotherapie, Bremen: Transform Verlag.

Hartmann, Dirk (1998): Philosophische Grundlagen der Psychologie, Darmstadt: Wissenschaftliche Buchgesellschaft.

Haußer, Karl (1995): Identitätspsychologie, Berlin Heidelberg: Springer.

Hautzinger, Martin / Pössel, Patrick (2017): Kognitive Interventionen, Göttingen: Hogrefe Verlag.

Headey, Bruce / Wearing, Alexander (1989): Personality, life events, and subjective well-being: Toward a dynamic equilibrium model. Journal of Personality and Social Psychology, 57(4), S. 731–739.

Heckhausen, Heinz (2013): Wollen als Gegenstand alltäglicher Erfahrung: Wünsche – Wählen – Wollen, in: Heckhausen, Heinz / Gollwitzer, Peter M. / Weinert, Franz E. (Hrsg.): Jenseits des Rubikon: Der Wille in den Humanwissenschaften, 2. Auflage, S. 1–9, Berlin Heidelberg: Springer.

Heidegger, Martin (1988): Vom Wesen der Wahrheit: Zu Platons Höhlengleichnis und Theätet (Freiburger Vorlesung, Wintersemester 1931/1932). Gesamtausgabe, herausgegeben von Hermann Mörchen, Band 34, 8. Auflage, Frankfurt am Main: Vittorio Klostermann.

Heiner, Keupp (2008): Identitätskonstruktionen in der spätmodernen Gesellschaft. Riskante Chancen bei prekären Ressourcen, ZPS 7, S. 291–308.

Heinz, Andreas (2016): Psychische Gesundheit: Begriff und Konzepte (Horizonte der Psychiatrie und Psychotherapie), Stuttgart: W. Kohlhammer Verlag.

Helbig, Sylvia / Jürgen Hoyer (2007): Hilft wenig viel? Eine Minimalintervention für Patienten während der Wartezeit auf ambulante Verhaltenstherapie, Verhaltenstherapie 17 (2): S. 109–115.

Helsper, Werner (2013): Selbstkrise und Individuationsprozeß: Subjekt- und sozialisationstheoretische Entwürfe zum imaginären Selbst der Moderne (Vol. 17), Berlin: Springer.

Henning, Christoph (2016): Grenzen der Kunst, in: Kauppert, M., Eberl, H. (Hrsg.) Ästhetische Praxis. Kunst und Gesellschaft, Wiesbaden: Springer.

Henninger, Mirka (2016): Resilienz, in: In: Frey, Dieter (Hrsg.) Psychologie der Werte: Von Achtsamkeit bis Zivilcourage (Basiswissen aus Psychologie und Philosophie), Berlin Heidelberg: Springer, S. 157–165.

Herles, Benedikt (2011): Wert im Spiegel ökonomischer Rationalität: eine kritische Betrachtung, Siegburg: Eul Verlag.

Hermans, Hubert J. M. / Gieser, T. (2012): Handbook of Dialogical Self Theory, Cambridge: Cambridge University Press.

Hermans, Hubert J. M. (1999): Self-narrative as meaning construction: The dynamics of self-investigation, Journal of clinical psychology, 55(10), S. 1193–1211.

Hermans, Hubert J.M. / Hermans-Jansen, Els (1995): Self-narratives: The construction of meaning in psychotherapy, New York: Guilford Press.

Herrmann, Ulrike (2022): Das Ende des Kapitalismus, 3. Auflage, Köln: Kiepenheuer & Witsch.

Hoell, Andreas / Salize, H. J. (2019): Soziale Ungleichheit und psychische Gesundheit, Der Nervenarzt, 90(11), S. 1187–1206.

Hoffmann, E. T. A. (2022): Die Elixiere des Teufels, Göttingen: Literatur- und Wissenschaftsverlag.

Hoffmann, Oliver (2014): Innovation neu denken – Histozentrierte Analyse der Innovationsmechanismen der Uhrenindustrie, Wiesbaden: Springer Gabler.

Hoffmann, Oliver (2020): Vom nützlichen Luxus, Kulmbach: Börsenbuchverlag.

Hofmann, Felix (2023): REFRAME-Die Psychologie der Innovation, Regensburg: Metropolitan.

Hofmann, S. G. / Asnaani, A. / Vonk, I. J. J. / Sawyer, A. T. / Fang, A. (2012): The Efficacy of Cognitive Behavioral Therapy: A Review of Meta-analyses, Cognitive Therapy and Research, 36(5), S. 427–440.

Hofmann, S. G. / Sawyer, A. T. / Witt, A. A. / Oh, D. (2010): The effect of mindfulness-based therapy on anxiety and depression: A meta-analytic review, Journal of consulting and clinical psychology, 78(2), S. 169–183.

Hofmannsthal, Hugo von (1979): Gesammelte Werke in zehn Einzelbänden: Reden und Aufsätze III. Aufsätze über Dichtung und Kunst. Reisebuch, Frankfurt am Main: Fischer.

Hofstede, Geert (1980): Culture's Consequences: International Differences in Work-Related Values. Beverly Hills, London: Sage Publications.

Holland, Alisha C. / Kensinger, Elizabeth A. (2010): Emotion and autobiographical memory, Physics of life reviews 7.1 (2010): S. 88–131.

Holmes, E. A. / Mathews, A. (2010): Mental imagery in emotion and emotional disorders, Clinical psychology review, 30(3), S. 349–362.

Hommes, Jakob (1953): Zwiespältiges Dasein. Die existentiale Ontologie von Hegel bis Heidegger, Freiburg: Herder.

Huber, Carlo E. (1964): Anamnesis bei Plato, München: Max Hueber.

Hummell, Hans J. (1971): Die Reduzierbarkeit von Soziologie auf Psychologie: Eine These, ihr Test und ihre theoretische Bedeutung, Braunschwaig: Vieweg+Teubner Verlag.

Husserl, Edmund (1968): Gesammelte Werke (Kritische Edition), Band IX: Phänomenologische Psychologie 2. Auflage, Berlin: Springer.

Husserl, Edmund (1980): Gesammelte Werke (Kritische Edition), Band XXIII: Phantasie, Bildbewusstsein, Erinnerung. Zur Phänomenologie der anschaulichen Vergegenwärtigungen. Texte aus dem Nachlass (1898–1925), Berlin: Springer.

Husserl, Edmund (2004): Gesammelte Werke (Kritische Edition), Band XXXVIII: Wahrnehmung und Aufmerksamkeit. Texte aus dem Nachlass (1893–1912), Berlin: Springer.

Hutchins, Edwin (1995): Cognition in the Wild, Cambridge: MIT Press.

James, William (1890): Principles of Psychology, New York: Henry Holt & Co.

Jäncke, Lutz (2021): Neuroplastizität – formbares Gehirn, Zürich: Spektrum Verlag.

Jerath, R. / Edry, J. W. / Barnes, V. A. / Jerath, V. (2006): Physiology of long pranayamic breathing: Neural respiratory elements may provide a mechanism that explains how slow deep breathing shifts the autonomic nervous system, Medical Hypotheses, 67(3), S. 566–571.

Johnson-Laird, Philip N. (1995): Mental Models: Towards a Cognitive Science of Language, Inference, and Consciousness, 6th edition, Cambridge: Harvard University Press.

Johnstone, Brick (et al.) (2016): Selflessness as a foundation of spiritual transcendence: Perspectives from the neurosciences and religious studies, The International Journal for the Psychology of Religion, 26. (4), S. 287–303.

Jung, Carl G. (1921) [1960]: Definitionen, in: Ders., Gesammelte Werke VI: Psychologische Typen, Hg. von Dieter Baumann und Lilly Jung-Merker, Olten Freiburg: Walter Verlag.

Jung, Carl G. (1944) [1972]: Traumsymbole des Individuationsprozesses, in: Ders., Gesammelte Werke XII: Psychologie und Alchemie, Hg. von Dieter Baumann und Lilly Jung-Merker, Olten Freiburg: Walter Verlag.

Jung, Carl G. (1954): Archetypen und das kollektive Unbewusste, in: Ders., Gesammelte Werke, Band IX/I, Hg. von Dieter Baumann und Lilly Jung-Merker, Olten Freiburg: Walter Verlag.

Jung, Carl G. (1975): Letters, Volume 2: 1951–1961, herausgegeben von Gerhard Adler und Aniela Jaffé, Priceton: Princeton University Press.

Jung, Carl G. (1994): Psychologische Typen, in: Ders., Gesammelte Werke, Band VI, Hg. von Dieter Baumann und Lilly Jung-Merker, Olten Freiburg: Walter Verlag.

Jung, Carl G. (2001a): Briefe I: 1906–1945, Olten Freiburg: Walter Verlag.

Jung, Carl G. (2001b): Aion. Beiträge zur Symbolik des Selbst, in: Ders., Gesammelte Werke, Band IX/II, Hg. von Dieter Baumann und Lilly Jung-Merker, Olten Freiburg: Walter Verlag.

Jung, Carl G. (2022): Archetypen – Urbilder und Wirkkräfte des kollektiven Unbewussten, 6. Auflage, Ostfildern: Patmos.

Jung, Carl G. (2022): Die Beziehung zwischen dem Ich und dem Unbewussten, 5. Auflage, Ostfildern: Patmos.

Kabat-Zinn, Jon (1990): Full Catastrophe Living: Using the Wisdom of Your Body and Mind to Face Stress, Pain, and Illness. New York: Delta.

Kabat-Zinn, Jon (2003): Mindfulness-Based Interventions in Context: Past, Present, and Future. Clinical Psychology: Science and Practice, 10(2), S. 144–156.

Kabat-Zinn, Jon (2013): Mindfulness for Beginners: Reclaiming the Present Moment—and Your Life, Boulder: Sounds True.

Kahneman, Daniel (2011): Thinking, fast and slow, New York: Farrar, Straus and Giroux.

Kahneman, Daniel / Tversky, Amos (2000): Choices, Values, and Frames. Cambridge: Cambridge University Press.

Kaiser-El-Safti, Margret (2001): Die Idee der wissenschaftlichen Psychologie: Immanuel Kants kritische Einwände und ihre konstruktive Widerlegung, Würzburg: Königshausen & Neumann.

Kanfer, Frederick (2013): Wollen und Störungen des Wollens im Handeln – Selbstregulierung und Verhalten, in: Heckhausen, Heinz / Gollwitzer, Peter M. / Weinert, Franz E. (Hrsg.): Jenseits des Rubikon: Der Wille in den Humanwissenschaften, 2. Auflage, S. 286–299, Berlin Heidelberg: Springer.

Kant, Emanuel (1787): Kritik der reinen Vernunft [KdrV B], 2., erweiterte und überarbeitete Auflage, Riga: Johann Friedrich Hartknoch.

Kant, Immanuel (1977): Die Metaphysik der Sitten, herausgegeben von Wilhelm Weischedel, Frankfurt am Main: Suhrkamp Verlag.

Kast, Verena (1995): Imagination als Raum der Freiheit. Dialog zwischen Ich und Unbewußtem, München: Deutscher Taschenbuch Verlag.

Kast, Verena (2010): Was wirklich zählt, ist das gelebte Leben. Die Kraft des Lebensrückblicks, Freiburg im Breisgau: Kreuz Verlag.

Kast, Verena (2014): Die Tiefenpsychologie nach C.G. Jung – eine praktische Orientierungshilfe, Ostfildern: Patmos.

Kast, Verena (2017): Der schöpferische Sprung, Ostfildern: Patmos Verlag.

Kellermann, Henry (1980): A Structural Model of Emotion and Personality: Psychoanalytic and Sociobiological Implications, in: Plutchik, Robert / Kellerman, Henry (Hrsg.): Theories of emotion (Vol. 1), S. 349–384, New York: Academic press.

Kempert, Sebastian / Schalk, Lennart / Saalbach, Henrik (2019): Sprache als Werkzeug des Lernens: Ein Überblick zu den kommunikativen und kognitiven Funktionen der Sprache und deren Bedeutung für den fachlichen Wissenserwerb, in: Psychologie in Erziehung und Unterricht, 66(3), S. 176–195.

Kernis, Michael H. / Goldman, Brian M. (2006): A multicomponent conceptualization of authenticity: Theory and research, Advances in experimental social psychology, 38. Jg., S. 283–357.

Keupp, Heiner (1999): Identitätskonstruktionen. Das Patchwork der Identitäten in der Spätmoderne, Reinbek bei Hamburg: Rowohlt.

Kirchgässner, Gebhard (2013): Homo Oeconomicus: Das ökonomische Modell individuellen Verhaltens und seine Anwendung in den Wirtschafts- und Sozialwissenschaften, Tübingen: Mohr Siebeck.

Klessmann, Michael (2018): Ambivalenz und Glaube: Warum sich in der Gegenwart Glaubensgewissheit zu Glaubensambivalenz wandeln muss, Stuttgart: W. Kohlhammer Verlag.

Knoblauch, Hubert (2009): Populäre Religion: auf dem Weg in eine spirituelle Gesellschaft, Frankfurt am Main, New York: Campus Verlag.

Knoblauch, Hubert (2012): Soziologie der Spiritualität, in: Baier, Karl: Handbuch Spiritualität: Zugänge, Traditionen, interreligiöse Zugänge, S. 91- 111, Darmstadt: Wissenschaftliche Buchgesellschaft.

Knoblauch, Steven H. (2019): Fluidität der Emotionen, Psyche, 73(4), S 235–263.

Koch, Stefan / von Rosenstiel, Lutz (2007): Werte, Wertewandel und Konsumverhalten, in: von Rosenstiel, Lutz (Hrsg.): Wirtschaftspsychologie: Wirtschafts- Organisations- und Arbeitspsychologie (Enzyklopädie der Psychologie), S. 745–782, Göttingen: Hogrefe.

Köhler, Wolfgang (1947): Gestalt Psychology. New York: Liveright.

Kokoska, M. S. / Nicholson, H. (2005): Mapping Emotions: The Image of Emotion and Emotion of Image, Behavior Research Methods, 37(3), S. 388–399.

Kölbl, Carlos / Straub, Jürgen (2010): Zur Psychologie des Erinnerns, in: Gudehus, Christian / Eichenberg, Ariane / Welzer, Harald (Hrsg.): Gedächtnis und Erinnerung - Ein interdisziplinäres Handbuch, S. 22–44, Stuttgart: J.B. Metzler.

Komes, J., / Wiese, H. (2013): Gedächtnisfehler–die Grenzen des intakten Gedächtnisses. Gedächtnisstörungen: Diagnostik und Rehabilitation, S. 40–48.

Kornfield, Jack (2008): Das weise Herz. Die universellen Prinzipien buddhistischer Psychologie, 2. Auflage, München: Goldmann Arkana.

Kosslyn, Stephen M. / Ganis, Giorgio / Thompson, William L. (2013): Mental imagery and the human brain. Progress in Psychological Science around the World. Volume 1 Neural, Cognitive and Developmental Issues, Psychology Press, S. 195–209.

Kounios, J. (et. al.) (2006): The Origins of Insight in Resting-State Brain Activity. Neuropsychologia, 44(13), S. 2811–2820.

Kraus, Wolfgang (2000): Das erzählte Selbst: Die narrative Konstruktion von Identität in der Spätmoderne, Herbolzheim: Centaurus Verlag & Media.

Küchle, Sabine (2012): Dilemmastrukturen in Wirtschaftsethik und Sozialpsychologie: ein Vergleich, Münster: Lit Verlag.

Kuhn, Tamara (2016): Struktur und Einflussfaktoren gruppenorientierten Metawissens: Einflüsse sozialer Identifikation und deren Foci auf transaktive Gedächtnissysteme in Teams und Organisationen (Doctoral dissertation, Universität Duisburg-Essen).

Kuss, D. J. / Griffiths, M. D. (2011): Online social networking and addiction—a review of the psychological literature. International Journal of Environmental Research and Public Health, 8(9), S. 3528–3552.

Lagneau, Jules (1925): De l'existence de Dieu, Paris : F. Alcan.

Lawley, James / Tompkins, Penny (2000): Metaphors in Mind: Transformation through Symbolic Modelling, London: The Developing Company Press.

Lazar, Sara W. (et. al.) (2005): Meditation experience is associated with increased cortical thickness, Neuroreport, 16(17), S. 1893–1897.

Lazarus, Richard S. / Kanner, Allen D. / Folkman, Susan (1980): Emotions: A Cognitive-phenomenological Analysis, in: Plutchik, Robert / Kellerman, Henry (Hrsg.): Theories of emotion (Vol. 1), S. 189–218, New York: Academic press.

LeDoux, Joseph E. (1996): The Emotional Brain: The Mysterious Underpinnings of Emotional Life, New York: Simon & Schuster.

Leibbrand, Frank (1998): Theoretische Diskussion und abstrakte Handlungstheorie: Ein methodologisches Abstraktionsstufenmodell und seine Anwendung in der Handlungsökonomik, Erfahrung und Denken, Band 82, Berlin: Duncker & Humblot.

Leipner, Ingo (2018): Digital Mindset - Hybris des digitalen Zeitalters, in: Keuper, F., Schomann, M., Sikora, L., Wassef, R. (Hrsg.): Disruption und Transformation Management, Wiesbaden: Springer Gabler, S. 123–144.

Leu, Barbara (2019): Angst, Verlust, Trauer und die Frage nach dem Sinn, Wiesbaden: Springer.

Leutz, Grete A. (1974): Psychodrama: Theorie und Praxis, Berlin Heidelberg: Springer.

Leuzinger-Bohleber, Marianne, / Pfeifer, Rolf (1998): Erinnern in der Übertragung–Vergangenheit in der Gegenwart? Psychoanalyse und embodied cognitive science: ein interdisziplinärer Dialog zum Gedächtnis, Psyche 52 (9–10), S. 884–918.

Lichtenberg, Georg C. (2017): Sudelbücher, 14. Auflage, Frankfurt am Main: Suhrkamp.

Linden, Michael / Strauß, Bernhard (2018): Risiken und Nebenwirkungen von Psychotherapie, 2. Auflage, Berlin: Medizinisch-Wissenschaftliche Verlagsgesellschaft.

Lloyd, Genevieve (1996): Spinoza and the Ethics, London: Routledge.

Logie, Robert / Camos, Valérie / Cowan, Nelson (2020): The state of the science of Working memory – an introduction, in: Logie, Robert / Camos, Valérie / Cowan, Nelson (Hrsg.): Working memory: The state of the science, S. 1–9, New York: Oxford University Press.

Lomas, T. / Cartwright, T. / Edginton, T. / Ridge, D. (2014): A qualitative analysis of experiential challenges associated with meditation practice, Mindfulness, 5(2), 167–173.

Lü Bu We (1928): Frühling und Herbst des Lü Bu We (Lüshi chunqiu), übersetzt von Richard Wilhelm, Jena: Eugen Diederichs.

Lucius-Hoene, Gabriele (2000): Konstruktion und Rekonstruktion narrativer Identität, Forum Qualitative Sozialforschung, Vol. 1. No. 2, Art. 18, o.Sz.

Luhmann, Niklas (1975): Allgemeine Theorie organisierter Sozialsysteme, in: Soziologische Aufklärung 2, 4. Auflage, Wiesbaden: Verlag für Sozialwissenschaften.

Luhmann, Niklas (1988): Erkenntnis als Konstruktion, Bern: Benteli Verlag.

Lüthi, Max (1976): Psychologie des Märchens, in: Ders.: Märchen, 6. Auflage, S. 109–117, Stuttgart: J.B. Metzler.

Lutz, A. / Greischar, L. L. / Rawlings, N. B. / Ricard, M. /Davidson, R. J. (2004): Long-term meditators self-induce high-amplitude gamma synchrony during mental practice, Proceedings of the national Academy of Sciences, 101(46), S. 16369–16373.

Lutz, A. / Slagter, H. A. / Dunne, J. D. / Davidson, R. J. (2008): Attention regulation and monitoring in meditation, Trends in Cognitive Sciences, 12(4), S. 163–169.

Mallinson, James / Singleton, Mark (2017): The Roots of Yoga, London: Penguin Classics.

Malter, Rudolf / Rickert, Heinrich / Lask, Emil (1969): Vom Primat der transzendentalen Subjektivität zum Primat des gegebenen Gegenstandes in der Konstitution der Erkenntnis, Zeitschrift für philosophische Forschung, (H. 1), S. 86–97.

Mandler, George (1980): The Generation of Emotion: A Psychological Theory, in: Plutchik, Robert / Kellerman, Henry (Hrsg.): Theories of emotion (Vol. 1), S. 219–244, New York: Academic press.

Marcia, James E. (1966): Development and validation of ego-identity status, Journal of Personality and Social Psychology, 3(5), S. 551–558.

Marcia, James E. (1980): Identity in adolescence, in: Adelson, J. (Hrsg.): Handbook of Adolescent Psychology, S. 159–187, New York: Wiley.

Mauser, Wolfgang / Pfeiffer, Joachim (Hrsg.) (2004): Erinnern, Jahrbuch für Literatur und Psychoanalyse, Band 23, Würzburg: Königshausen & Neumann.

McAdams, Dan P. (1993): The Stories We Live By: Personal Myths and the Making of the Self, New York: Guilford Press.

McDowell, Ian (2023): Mental Processes and Health: The Mind-Body Connection, in: Ders., Understanding Health Determinants. Explanatory Theories for Social Epidemiology, Cham: Springer.

McKenzie, Stephen P. (2022): Reality psychology: A new perspective on wellbeing, mindfulness, resilience and connection, Cham: Springer Nature.

McKibben, E.C. / Nan, K.M.J. (2017): Enhancing Holistic Identity through Yoga: Investigating Body-Mind-Spirit Interventions on Mental Illness Stigma across Culture–A Case Study. Open Journal of Nursing, 7, S. 481–494.

McNally, Richard J. (2005): Remembering trauma, Cambridge: The Belknap Press of Harvard University Press.

Merleau-Ponty, Maurice (1974): Phänomenologie der Wahrnehmung. Berlin: de Gruyter.

Mezirow, Jack (1991): Transformative Dimensions of Adult Learning, San Francisco: Jossey-Bass.

Minsky, Marvin (1985): The Society of Mind, New York: Simon & Schuster.

Moon, Jennifer A. (2004): A Handbook of Reflective and Experiential Learning: Theory and Practice, New York: Routledge.

Moser, Klaus / Soucek, Roman (2007): Wirtschaftspsychologie und die Natur des Menschen, in: Moser, Klaus (Hrsg.): Wirtschaftspsychologie, S. 401–415, Berlin Heidelberg: Springer.

Moulton, S. T. / Kosslyn, S. M. (2009): Imagining predictions: mental imagery as mental emulation, Philosophical Transactions of the Royal Society B: Biological Sciences, 364(1521), S. 1273–1280.

Mühling, Markus (2020): Narration und Kontingenz, Post-Systematische Theologie I, Leiden: Brill Fink.

Müller, Ralph-Axel (1991): Der (un) teilbare Geist: Modularismus und Holismus in der Kognitionsforschung, Berlin: Walter de Gruyter.

Mummendey, Hans D. (2006): Psychologie des 'Selbst' – Theorien, Methoden und Ergebnisse der Selbstkonzeptforschung, Göttingen: Hogrefe.

Münster, Gernot (2022): Was ist die Zeit? – Gedanken eines Physikers, Deutsche Version eines Beitrags zum "Symposium on Time" der Europäischen Psychoanalytischen Föderation (EPF), Brüssel, April 2022.

Musil, Robert (2000): Der Mann ohne Eigenschaften, II. Aus dem Nachlaß, herausgegeben von Adolf Frisé, Reinbek bei Hamburg: Rowohlt.

Neisser, Ulric (1994): Self-narratives: True or false, in: Neisser, Ulric / Fivush, Robyn: The remembering self: Construction and accuracy in the self-narrative, No. 6., S. 1–18, Cambridge: Cambridge University Press.

Neumann, Birgit (2005): Erinnerung – Identität – Narration: Gattungstypologie und Funktionen der "Fictions of Memory", Berlin: De Gruyter.

Newell, Allan (1994): Unified Theories of Cognition, 3rd edition, Cambridge: Harvard University Press.

Nhat Hanh, Thich (1999): The Miracle of Mindfulness: An Introduction to the Practice of Meditation, Boston: Beacon Press.

Nietzsche, Friedrich (1968): Also sprach Zarathustra, in: Nietzsche Werke, Kritische Gesamtausgabe, Band 6, herausgegeben von Giorgio Colli und Mazzino Montinari. Berlin: Walter de Gruyter.

Nolen-Hoeksema, S. / Wisco, B. E. / Lyubomirsky, S. (2008): Rethinking Rumination, Perspectives on Psychological Science, 3(5), S. 400–424.

Norretranders, Tor (1997): Spüre die Welt – Die Wissenschaft des Bewusstseins, Berlin: Rowohlt Verlag.

OECD (2005): Wie funktioniert das Gehirn? auf dem Weg zu einer neuen Lernwissenschaft, Stuttgart: Schattauer.

Ong, A. D. / Bergeman, C. S. / Bisconti, T. L. / Wallace, K. A. (2006): Psychological resilience, positive emotions, and successful adaptation to stress in later life, Journal of personality and social psychology, 91 (4), S. 730–749.

Osho (2009): Das Buch der Geheimnisse – 112 Meditations-Techniken zur Entdeckung der inneren Wahrheit, München: Arkana.

Osranek, Regina (2017): Nachhaltigkeit in Unternehmen. Überprüfung eines hypothetischen Modells zur Initiierung und Stabilisierung nachhaltigen Verhaltens, Wiesbaden: Springer Fachmedien.

Pargament, K. I. / Exline, J. J. / Jones, J. W. (Hrsg.) (2013): APA handbook of psychology, religion, and spirituality (Vol. 1): Context, theory, and research, Washington: American Psychological Association.

Pascal, Blaise (1670): Les Pensées, Paris : Les Pensées de M. Pascal sur la religion et sur quelques autres sujets, qui ont été trouvées après sa mort parmy ses papiers, Paris : Guillaume Desprez.

Pearson, D. G. / Deeprose, C. / Wallace-Hadrill, S. M. A. / Burnett Heyes, S. / Holmes, E. A. (2013): Assessing mental imagery in clinical psychology: A review of imagery measures and a guiding framework, Clinical psychology review, 33(1), S. 1–23.

Pennebaker, James W. / Smyth, Joshua M. (2016): Opening Up by Writing It Down: How Expressive Writing Improves Health and Eases Emotional Pain, New York: Guilford Press.

Pessoa, Fernando (2008): Das Buch der Unruhe, 3. Auflage, Frankfurt am Main: Fischer Taschenbuch Verlag.

Peterson, Christopher / Seligman, Martin E. P. (2004): Character Strengths and Virtues: A Handbook and Classification, New York: Oxford University Press.

Pfister, Hans-Rüdiger / Jungermann, Helmut / Fischer, Katrin (2010): Die Psychologie der Entscheidung, Vol. 3, Heidelberg: Spektrum Akademischer Verlag.

Pietsch, Detlef (2020): Prinzipien moderner Ökonomie: ökologisch, ethisch, digital, Wiesbaden: Springer.

Pilard, Nathalie (2018): C.G. Jung and intuition: from the mindscape of the paranormal to the heart of psychology, Journal of Analytical Psychology, 63(1), S. 65–84.

Pine, B. Joseph / Gilmore, James H. (1999): The Experience Economy: Work Is Theatre & Every Business a Stage, Boston: Harvard Business School Press.

Plutchik, Robert (1980): A general psychoevolutionary Theory of Emotion, in: Plutchik, Robert / Kellerman, Henry (Hrsg.): Theories of emotion (Vol. 1), S. 3–34, New York: Academic press.

Poe, Edgar Allan (1849): Marginalia, The Southern Literary Messenger, Vol. 29.

Pohl, Rüdiger (2007): Das autobiographische Gedächtnis: Die Psychologie unserer Lebensgeschichte, Stuttgart: W. Kohlhammer Verlag.

Polkinghorne, Donald E. (1988): Narrative knowing and the human sciences, Albany: State University of New York Press.

Polkinghorne, Donald E. (1991): Narrative and self-concept, Journal of narrative and life history 1.2 - 3, S. 135–153.

Polkinghorne, Donald E. (1996): Explorations of narrative identity, Psychological Inquiry, 7, S. 363–367.

Polkinghorne, Donald E. (1998): Narrative Psychologie und Geschichtsbewußtsein. Beziehungen und Perspektiven, in: Straub, J. (Hrsg.): Erzählung, Identität und historisches Bewußtsein. Die psychologische Konstruktion von Zeit und Geschichte. Erinnerung, Geschichte, Identität I, S.12 - 45, Frankfurt am Main: Suhrkamp.

Potter, Jonathan (2005): Gedanken zu einer post-kognitiven Psychologie, Psychologie und Gesellschaftskritik, 29(3/4), S. 59–73.

Priddat, Birger P. (2017): Schöpferische Zerstörung als 'agens movens' der Ökonomie? (No. 2017–44). Wittener Diskussionspapiere zu alten und neuen Fragen der Wirtschaftswissenschaft, Wien: o.Verl.

Pritzel, Monika / Markowitsch, Hans J. (2017): Warum wir vergessen: Psychologische, natur- und kulturwissenschaftliche Erkenntnisse, Berlin: Springer.

Proust, Marcel (2000): Auf der Suche nach der verlorenen Zeit, Bände 1–3, Bd. 3: Die wiedergefundene Zeit, Frankfurt am Main: Suhrkamp.

Quante, Michael (1993): Mentale Verursachung: Die Krisis des nicht-reduktiven Physikalismus. Zeitschrift Für Philosophische Forschung, 47(4), S. 615–629.

Raab, Thomas (2023): Phantasie, Verdrängung und Motivation in einem ökologischen Gedächtnismodell, in: Wieners, Oswald (Hrsg.): Theorie des Denkens: Gespräche und Essays zu Grundfragen der Kognitionswissenschaft, S. 297–339, Berlin: de Gruyter.

Reckwitz, Andreas (2012): Die Erfindung der Kreativität: Zum Prozess gesellschaftlicher Ästhetisierung, Berlin: Suhrkamp.

Renesch, John (2008): Humanizing capitalism: vision of hope; challenge for transcendence, Journal of Human Values, 14(1), S. 1–9.

Richins, Marsha L. / Dawson, Scott (1992): A consumer values orientation for materialism and its measurement: Scale development and validation, Journal of consumer research, 19(3), S. 303–316.

Ricœur, Paul (2014): La mémoire, l'histoire, l'oubli, Paris : Le Seuil.

Rinofner-Kreidl, Sonja (2009): Scham und Schuld. Zur Phänomenologie selbstbezüglicher Gefühle, Phänomenologische Forschungen, Vol. 1, S. 137–173.

Roediger III, Henry L. / Dudai, Yadin / Fitzpatrick, Susan M. (2007): Science of memory: Concepts, New York: Oxford University Press.

Roediger III, Henry L. / Marsh, E. J. (2007): The positive and negative consequences of false memories: Remembering words not presented in lists, in: Nairne, James S. (Hrsg.), The foundations of remembering: Essays in honor of Henry L. Roediger, III, S. 105–116, New York: Psychology Press.

Roesler, Christian (2006): A narratological methodology for identifying archetypal story patterns in autobiographical narratives, The Journal of Analytical Psychology, 51 (4), S. 574–596.

Rosa, Hartmut (2018): Resonanz, in: Kölbl, Carlos / Sieben, Anna (Hrsg.): Stichwörter zur Kulturpsychologie, S. 347–354, Gießen: Psychosozial-Verlag.

Rosenberg, Gregg H. (1999): On the intrinsic nature of the Physical, in: Kaszniak, Alfred W. / Chalmers, David / Hameroff, Stuart R. (Ed.): Toward a Science of Consciousness III: The Third Tucson Discussions and Debates, Cambridge: MIT Press, S. 33–48.

Rosenberg, Gregg H. (2004): A Place for Consciousness. Probing the deep structure of the natural world, New York: Oxford University Press.

Roth, Gerhard (2010): Wie einzigartig ist der Mensch? Die lange Evolution der Gehirne und des Geistes, Heidelberg: Spektrum Akademischer Verlag.

Rüegg-Stürm, Johannes (1998): Neuere Systemtheorie und unternehmerischer Wandel – Skizze einer systematisch-konstruktivistischen „Theory oft the Firm", in: Die Unternehmung, Jg. 52, Heft 2 (1998), S. 3–17.

Rüegg-Stürm, Johannes (2001): Organisation und organisationaler Wandel: Eine theoretische Erkundung aus konstruktivistischer Sicht, Opladen/ Wiesbaden: Westdeutscher Verlag.

Rugg, M. D., / Vilberg, K. L. (2013): Brain networks underlying episodic memory retrieval, in: Current Opinion in Neurobiology, 23(2), S. 255–260.

Russell, C. A. (2013): The Meditative Mind in Popular Film, New York: Routledge.

Ryan, R. M. / Sheldon, K. M. / Kasser, T. / Deci, E. L. (1996): All goals are not created equal: An organismic perspective on the nature of goals and their regulation, in: Gollwitzer, P. M./ Bargh, J. A. (Hrsg.): The psychology of action: Linking cognition and motivation to behavior, S. 7–26, New York: The Guilford Press.

Ryba, Alica (2018): Die Rolle unbewusster und vorbewusst-intuitiver Prozesse im Coaching unter besonderer Berücksichtigung der Persönlichkeitsentwicklung des Klienten. Göttingen: Vandenhoeck & Ruprecht.

Sachs, Sybille / Hauser, Andrea (2002): Das ABC der betriebswissenschaftlichen Forschung – Anleitung zum wissenschaftlichen Arbeiten, Zürich: Versus.

Saldanha, Arun (2008): Psychedelic White: Goa Trance and the Viscosity of Race, Minneapolis: University of Minnesota Press.

Samide, Rosalie / Ritchey, Maureen (2021): Reframing the past: Role of memory processes in emotion regulation, Cognitive Therapy and Research, 45, S. 848–857.

Sartre, Jean-Paul (1952): Das Sein und das Nichts, Reinbek bei Hamburg: Rowohlt Verlag.

Sartre, Jean-Paul (1964) [1939]: Die Transzendenz des Ego: Philosophische Essays 1931–1939, Reinbek bei Hamburg: Rowohlt Verlag.

Sawyer, R. Keith (2012): Explaining Creativity: The Science of Human Innovation, New York: Oxford University Press.

Schacter, Daniel L. / Benoit, R. G. / Szpunar, K. K. (2017): Episodic future thinking: Mechanisms and functions, Current Opinion in Behavioral Sciences 17, S,41–50.

Schacter, Daniel L. (1996): Searching for Memory: The Brain, the Mind, and the Past, New York: Basic Books.

Schacter, Daniel L. (2002): The seven sins of memory: How the mind forgets and remembers, Bosten: Houghton Mifflin Company.

Schacter, Daniel. L. (et. al.) (1995): Memory Distortion: How Minds, Brains, and Societies Reconstruct the Past, Cambridge: Harvard University Press.

Schaeffler, Richard (2019): Themen der individuellen und der sozialen Anthropologie, in: Philosophische Anthropologie. Das Bild vom Menschen und die Ordnung der Gesellschaft, Wiesbaden: Springer VS.

Schäfer, Christina S. (2012): Außergewöhnliche Erfahrungen: Konstruktion von Identität und Veränderung in autobiographischen Erzählungen (Vol. 1.), Münster: LIT Verlag.

Scheibe, S. / Freund, A. M. / Baltes, P. B. (2007): Toward a developmental psychology of Sehnsucht (life longings): The optimal (utopian) life, Developmental Psychology, 43(3), S. 778–795.

Scheibe, Susanne / Freund, Alexandra M. (2008): Approaching Sehnsucht (life longings) from a life-span perspective: The role of personal utopias in development, Research in Human Development 5 (2), S. 121–133.

Scheidt, Carl E. (et. al.) (2015): Narrative Bewältigung von Trauma und Verlust, Stuttgart: Schattauer.

Schein, Edgar H. (1985): Organizational Culture and Leadership, San Francisco: Jossey-Bass.

Schiller, Friedrich (1903): Über die ästhetische Erziehung des Menschen in einer Reihe von Briefen, in: Schillers Werke, Nationalausgabe, Band 7, herausgegeben von Julius Petersen, Berlin: G. Grote'sche Verlagsbuchhandlung.

Schlager, Sabine (2020): Theoretische Fundierung des Konstrukts „Oberflächlichkeit», in: Zur Erforschung des Zusammenhangs zwischen Sprachkompetenz und Mathematikleistung (Essener Beiträge zur Mathematikdidaktik), S. 81–119, Wiesbaden: Springer Spektrum.

Schlegel, Leonhard (1995): Die transaktionale Analyse: eine Psychotherapie, die kognitive und tiefenpsychologische Gesichtspunkte kreativ miteinander verbindet, Stuttgart: Schäffer-Poeschel.

Schlicht, Ekkehart (2007): Psychologie in der Wirtschaftslehre, in: Frey Dieter / von Rosenstiel, Lutz (Hrsg.): Wirtschaftspsychologie: Wirtschafts- Organisations- und Arbeitspsychologie (Enzyklopädie der Psychologie), S. 1–6, Göttingen: Hogrefe.

Schmid, Hans B. (2000): Subjekt, System, Diskurs: Edmund Husserls Begriff transzendentaler Subjektivität in sozialtheoretischen Bezügen (Vol. 158), Dordrecht: Kluwer Academic Publishers.

Schmidt, Johannes B. (2019): Das Transzendente in der Psychotherapie: Über Spiritualität und Präsenz im therapeutischen Wirken, München: Kösel-Verlag.

Schmidt, Manfred G. (2003): Inszenieren, Erinnern, Erzählen – Zur Abfolge therapeutischer Veränderung, Psyche, 57(9–10), S. 889–903.

Schönhammer, Rainer (2013): Einführung in die Wahrnehmungspsychologie, 2. Auflage, Stuttgart: UTB.

Schöpf, Alfred (2014): Philosophische Grundlagen der Psychoanalyse (Psychoanalyse im 21. Jahrhundert – Disziplinen, Konzepte, Anwendungen), Stuttgart: Kohlhammer Verlag.

Schore, Allan N. (2007): Affektregulation und die Reorganisation des Selbst, Stuttgart: Klett-Cotta.

Schore, Allan N. (2012): The Science of the Art of Psychotherapy, New York: W. W. Norton & Company.

Schubert, Franz-Christian (2012): Psychische Ressourcen – Zentrale Konstrukte in der Ressourcendiskussion, in: Knecht, Alban / Schubert, Franz-Christian (Hrsg.): Ressourcen im Sozialstaat und in der Sozialen Arbeit: Zuteilung–Förderung–Aktivierung, S. 205–223, Stuttgart: Kohlhammer.

Schwartz, Richard C. / Sweezy, M. (2019): Internal Family Systems Therapy, 2nd edition, New York: Guilford Press.

Seidel, Wolfgang (2004): Emotionale Kompetenz. Gehirnforschung und Lebenskunst, München: Elsevier, Spektrum Akademischer Verlag.

Seifert, C. M. (et. al.) (1995): Demystification of Cognitive Insight: Opportunistic Assimilation and the Prepared-Mind Perspective. Cognitive Psychology, 27(2), 181–238.

Seligman, Martin E. P. (2002): Authentic Happiness: Using the New Positive Psychology to Realize Your Potential for Lasting Fulfillment, New York: Free Press.

Seligman, Martin E. P. / Csikszentmihalyi, Mihály (2000): Positive psychology: An introduction, American Psychologist, 55(1), S. 5–14.

Shapiro, Stuart L. (et. al.) (2006): Mechanisms of mindfulness, Journal of Clinical Psychology, 62(3), S. 373–386.

Shweder, Richard A. (1991): Thinking Through Cultures. Expeditions in Cultural Psychology, Cambridge: Harvard University Press.

Singer, Jerome L. (1975): The Inner World of Daydreaming, New York: Harper & Row.

Smallwood, J. / Schooler, J. W. (2015): The science of mind wandering: Empirically navigating the stream of consciousness, Annual Review of Psychology, 66, S. 487–518.

Soucek, Roman (et al.) (2018): Achtsamkeit im organisationalen Kontext: Der Einfluss individueller und organisationaler Achtsamkeit auf resilientes Verhalten, psychische Gesundheit und Arbeitsengagement, Gruppe. Interaktion. Organisation. Zeitschrift für Angewandte Organisationspsychologie (GIO), 49.2 (2018), S. 129–138.

Southwick, Steven M. (et. al.) (2014): Resilience definitions, theory, and challenges: interdisciplinary perspectives. European journal of psychotraumatology, 5(1), S.25338 - 25355.

Spinoza, Baruch de (1677) [1994]: Ethics, in: Curley, E. (Hrsg.), A Spinoza Reader: The Ethics and Other Works, Princeton: Princeton University Press.

Spitzer, Manfred (1999): The Mind within the Net: Models of Learning, Thinking, and Acting, Cambridge: MIT Press.

Squire, L. R., / Zola-Morgan, S. (1991): The medial temporal lobe memory system, Science, 253(5026), S. 1380–1386.

Steel, Piers (2007): The nature of procrastination: A meta-analytic and theoretical review of quintessential self-regulatory failure, Psychological Bulletin, 133(1), S. 65–94.

Stein, A. H. (1996): The self-organizing psyche: Nonlinear and neurobiological contributions to psychoanalysis, in: Nonlinear dynamics in human behavior, S. 256–275.

Storck, Timo (2022): Ich und Selbst (Grundelemente psychodynamischen Denkens), Stuttgart: Kohlhammer Verlag.

Storp, Carina (2009): Zur Entstehung der individuellen Wirklichkeit und ihrer Bedeutung in der Medizin, (Doctoral dissertation, LMU München).

Straus, Erwin (2013): Vom Sinn der Sinne: ein Beitrag zur Grundlegung der Psychologie, Berlin: Springer.

Streeter, Chris C. (et. al.) (2012): Effects of yoga on the autonomic nervous system, gamma-aminobutyric-acid, and allostasis in epilepsy, depression, and post-traumatic stress disorder, Medical Hypotheses, 78(5), S. 571–579.

Sugden, Robert (2008): Credible Worlds: The Status of Theoretical Models in Economics, in: Hausman, Daniel M. (Hrsg.): The Philosophy of Economics. An Anthology, 3rd edition, S. 476–510, Cambridge: Cambridge University Press.

Sutter, Hansjörg (2013): Bildungsprozesse des Subjekts, Heidelberg: Westdeutscher Verlag.

Suzuki, Shinichi (1969): Nurtured by Love: The Classic Approach to Talent Education, Los Angeles: Alfred Publishing.

Sweller, John / Ayres, Paul / Kalyuga, Slava (2011): Cognitive Load Theory, New York: Springer.

Tajfel, Henri / Turner, John C. (2004a): The social identity theory of intergroup behavior, Political psychology, Psychology Press, S. 276–293.

Tajfel, Henri / Turner, John C. (2004b): An integrative theory of intergroup conflict, in: Hatch, Mary J. / Schultz, Majken: Organizational identity: A reader, S. 56–65, New York: Oxford University Press.

Tang, Y. Y. / Hölzel, B. K. / Posner, M. I. (2015): The neuroscience of mindfulness meditation, Nature Reviews Neuroscience, 16(4), S 213–225.

Tang, Y. Y. / Posner, M. I. (2013): Tools of the trade: Theory and method in mindfulness neuroscience, Social Cognitive and Affective Neuroscience, 8(1), S. 118–120.

Thaler, Richard H. (2015): Misbehaving: The Making of Behavioral Economics, London: W.W. Norton & Company.

Thaler, Richard H., / Sunstein, Cass R. (2008): Nudge: Improving Decisions About Health, Wealth, and Happiness, Yale: Yale University Press.

Thomä, Dieter (2004): Vom Glück in der Moderne, Frankfurt am Main: Suhrkamp.

Thomä, Dieter (2007): Erzähle dich selbst: Lebensgeschichte als philosophisches Problem, Frankfurt am Main: Suhrkamp.

Thomas, Alexander / Utler, Astrid (2013): Kultur, Kulturdimensionen und Kulturstandards, in: Genkova, P. / Ringeisen, T. / Leong, F. (Hrsg.): Handbuch Stress und Kultur, S. 41–58, Wiesbaden: Springer VS.

Thompson, Evan (2007): Mind in Life: Biology, Phenomenology, and the Sciences of Mind, Cambridge: Harvard University Press.

Thompson, Richard F. (2016): Das Gehirn – von der Nervenzelle zur Verhaltenssteuerung, Berlin: Springer.

Tillich, Paul / Siemsen, Gertie (1965): Der Mut zum Sein, Berlin: De Gruyer.

Traue, Harald C. / Kessler, Henrik (2003): Psychologische Emotionskonzepte, in: Stephan, Achim / Walter, Henrik (Hrsg.): Natur und Theorie der Emotion, S. 20–33, Paderborn: Mentis Verlag.

Triandis, Harry C. (1994): Culture and social behavior, New York: McGraw-Hill.

Trigo, Abril (2011): De memorias, desmemorias y antimemorias/On Memories, Unmemories and Anti-memories, Taller de letras, (49), S. 17–28.

Tulving, Endel (2002): Episodic memory: From mind to brain, Annual review of psychology, 53(1), S. 1–25.

Tulving, Endel (2011): Are there 256 different kinds of memory?, in: Nairne, James S. (Hrsg.): The foundations of remembering, S. 39–52, New York: Psychology Press.

Urban, Hugh B. (2003): Tantra: Sex, Secrecy, Politics, and Power in the Study of Religion, Berkeley: University of California Press.

Vago, D. R. / Silbersweig, D. A. (2012): Self-awareness, self-regulation, and self-transcendence (S-ART): a framework for understanding the neurobiological mechanisms of mindfulness, Frontiers in Human Neuroscience, 6, 296.

van der Kolk, Bessel (2014): The Body Keeps the Score: Brain, Mind, and Body in the Healing of Trauma, London: Penguin Books.

van Rullen, Rufin / Koch, Christof (2003): Is perception discrete or continuous?, Trends in cognitive sciences, 7(5), S. 207–213.

Varela, F. J. / Thompson, E. T. / Rosch, E. (1991): The Embodied Mind: Cognitive Science and Human Experience, Cambridge: MIT Press.

Varian, Hal R. (2014): Intermediate Microeconomics: A Modern Approach, 9th edition, New York: W. W. Norton & Company.

Vessel, E. A. / Starr, G. G. / Rubin, N. (2012): Aesthetic experiences and the default mode network, Psychology of Aesthetics, Creativity, and the Arts, 6(3), S. 255–260.

Viehöver, Willy (2011): Diskurse als Narrationen, in: Keller, Rainer / Hirseland, Andreas / Schneider, Werner / Viehöver, Willy (Hrsg.): Handbuch sozialwissenschaftliche Diskursanalyse, Band 1: Theorien und Methoden, 3. Auflage, S. 193–224, Wiesbaden: Verlag für Sozialwissenschaften.

von Contzen, Eva (2018): Diachrone Narratologie und historische Erzählforschung. Eine Bestandsaufnahme und ein Plädoyer. Beiträge zur Erzählforschung, Jahrgang 1 (2018), S. 16–37.

von der Weth, Rüdiger (2019): Sinnmaschinen – Innovatives menschliches Handeln in soziotechnischen Systemen, Journal der Psychologie des Alltagshandelns, Vol. 12 (1), S. 5–22.

von Franz, Marie-L. (1971): The Interpretation of Fairy Tales, New York: Spring Publications.

von Kutschera, Franz (2003): Jenseits des Materialismus, Leiden: Brill mentis.

von Kutschera, Franz (2014): Drei Formen des Bewusstseins – Die Ontologie intentionalen Denkens, Leiden: Brill mentis.

Vygotsky, Lew S. (1978): Mind in Society: The Development of Higher Psychological Processes, Cambridge: Harvard University Press.

Wagoner, Brady (2017): The constructive mind: Bartlett's psychology in reconstruction. Cambridge University Press.

Walsh, Roger / Shapiro, S. L. (2006): The meeting of meditative disciplines and Western psychology: A mutually enriching dialogue, American Psychologist, 61(3), S. 227–239.

Walsh, Roger (1998): States and stages of consciousness: Current research and understandings, in: Kaszniak, Alfred W. / Hameroff, Stuart R. / Scott, Alwyn C. (Ed.): Toward a Science of Consciousness II: The Second Tucson Discussions and Debates, Cambridge: MIT Press, S. 678–686.

Walsh, Roger / Vaughan, Frances (1993): Paths Beyond Ego: The Transpersonal Vision, New York: Penguin Publishing Group.

Watson, Burton (1968): The Complete Works of Chuang Tzu, New York: Columbia University Press.

Weber, Simon (2017): Wie Geschichten wirken – Grundzüge narrativer Psychologie, in: Chlopczyk, Jaques (Hrsg.): Beyond Storytelling, S. 11–21, Berlin Heidelberg: Springer Gabler.

Wegmann, Wolfgang (1970): Der ökonomische Gewinn, Wiesbaden: Gabler.

Weil, Annemarie P. (1976): Der psychische Urkern, Psyche, 30(5), S. 385–404.

Wells, Adrian (2011): Metacognitive Therapy for Anxiety and Depression, New York: Guilford Press.

Wentura, Dirk / Frings, Christian (2013): Kognitive Psychologie, Wiesbaden: Springer VS Verlag für Sozialwissenschaften.

Westerkamp, Dirk (2023): Semantischer Holismus und Theorie der Reflexionsbegriffe: Topik, Logik oder Synonymik?, in: Bondeli, Martin / Westerkamp, Dirk (Hrsg.): Vorstellung, Denken, Sprache: Philosophie zwischen rationalem Realismus und transzendentalem Idealismus, S. 175–196, Berlin, Boston: De Gruyter.

Westermann, Rainer (2013): Strukturalistische Theorienkonzeption und empirische Forschung in der Psychologie, Berlin Heidelberg: Springer.

White, David G. (2000): Tantra in Practice, Princeton: Princeton University Press.

White, Michael / Epston, David (1990): Narrative Means to Therapeutic Ends, New York: W. W. Norton & Company.

Wiest, Gerald (2010): Hierarchien in Gehirn, Geist und Verhalten: ein Prinzip neuraler und mentaler Funktion, Berlin: Springer.

Wilber, Ken (1977): The Spectrum of Consciousness, Wheaton: Theosophical Publishing House.

Will, Herbert (2018): Wie ungesättigte Deutungen entstehen – Die Arbeit der Figurabilität, Psyche, 72(5), S. 374–396.

Wils, Jean-Pierre (2023): In der Grenzenlosigkeit – Anmerkungen zu einer halbierten Anthropologie, in: Die Illusion grenzenloser Verfügbarkeit, S. 19–28, Gießen: Psychosozial-Verlag.

Winogard, Eugene (1994): The authenticity and utility of memories, in: Neisser, Ulric / Fivush, Robyn: The remembering self: Construction and accuracy in the self-narrative, No. 6., S. 243–251, Cambridge: Cambridge University Press.

Winter, Rainer (2010): Symbolischer Interaktionismus, in: Mey, Günter / Mruck, Katrin (Hrsg.): Handbuch Qualitative Forschung in der Psychologie, S. 79–93, Wiesbaden: Springer VS Verlag für Sozialwissenschaften.

Wittgenstein, Ludwig (2019): Tractatus logico-philosophicus, Werkausgabe Band 1, 23. Auflage, Frankfurt am Main: Suhrkamp.

Wundt, Wilhelm (1896): Grundriß der Psychologie. Leipzig: Engelmann.

Yates, Culadasa J. (2015): The Mind illuminated, Chicago: Dharma Treasure Press.

Yeats, William Butler (1916) [1914]: Responsibilities and Other Poems, Dublin: Cuala Press.

Zauner, Christoph (2018): Intuition in psychotherapy: Four perspectives on intuition. Zeitschrift für Psychodrama und Soziometrie, 17, S. 307–317.

Zeidan, F. / Johnson, S. K. / Diamond, B. J. / David, Z. / Goolkasian, P. (2010): Mindfulness meditation improves cognition: Evidence of brief mental training, Consciousness and Cognition, 19(2), S. 597–605.

Register

K

M

N

O

P

R

S

T

U

V

W